毒ガスの夜明け

第一次世界大戦と化学戦の真実

井上尚英

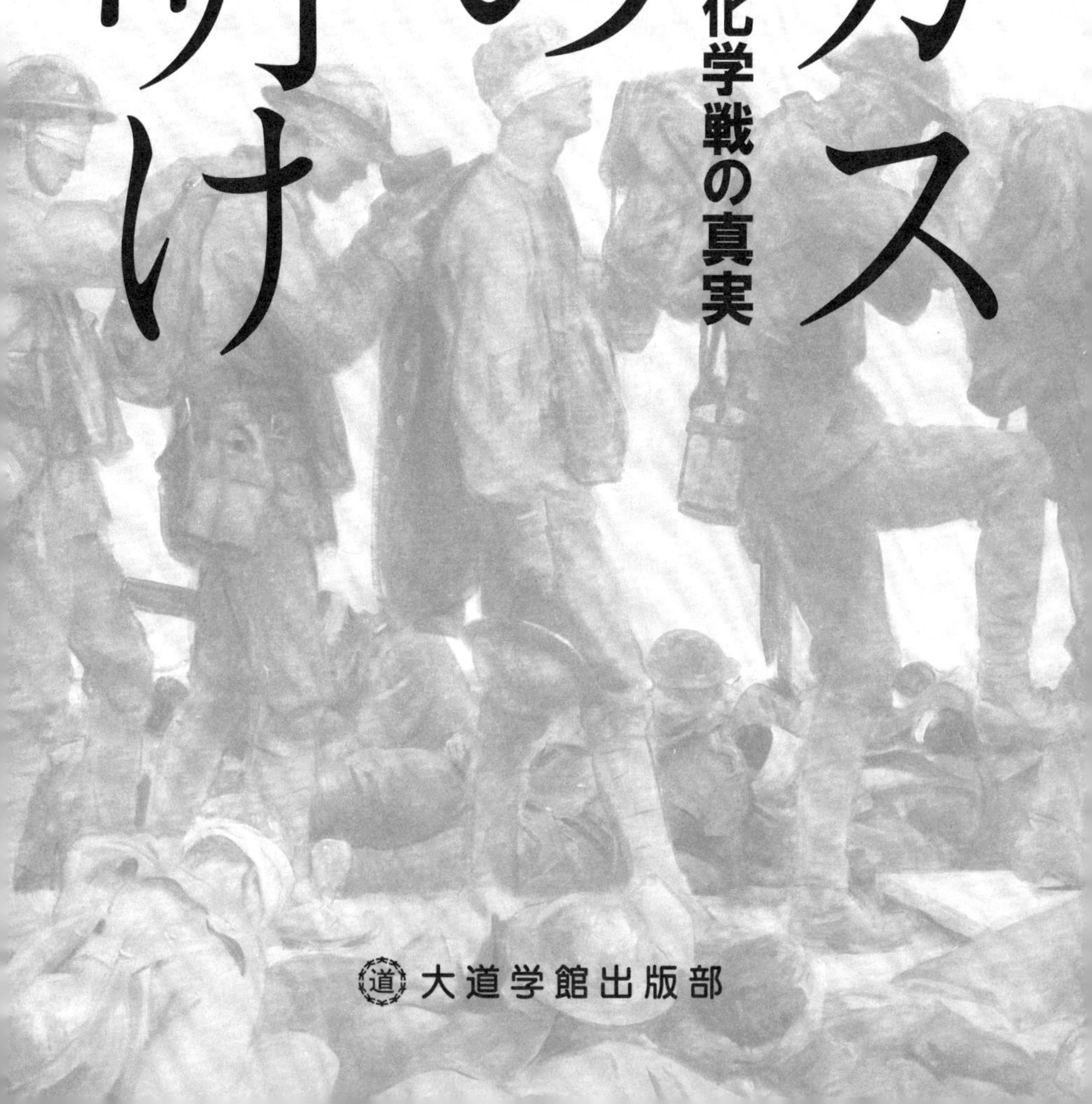

大道学館出版部

推薦のことば

本書執筆の経緯については、あとがきで著者自身が述べられています。

これはたいへんな傑作であり、わが国で数少ない中毒学の専門家として、生涯をかけた労作です。第一次世界大戦を詳細に記述した本書は、日本人が手にする初めての歴史書ではないでしょうか。さらにそこに、あの苛酷極まる毒ガスの化学戦の実際の推移が加わるのですから、本作品の価値はますます輝きます。

末尾に添えられた敗戦国ドイツの化学者たちが手にする栄光も、感動的な物語になっています。

2018年10月

帚木蓬生

目次
contents

01

ハプスブルク帝国皇帝フランツ・ヨーゼフ1世の決断

ハプスブルク帝国の悲劇

１８４８年、ハプスブルク帝国皇帝フランツ・ヨーゼフ１世が即位した。そのころ帝国内では、多民族国家の通例として内乱が相次いで発生し、騒然としていた。統治の面では難問題が山積していたのである。オーストリアは、ハンガリー人や数多くのスラブ系民族を抱えており、民族主義を全面的に抑えることができないまま、逆に諸民族の民族的要求に妥協することで生き延びようとしていた。そして19世紀中ごろ、ロシアを中心とする汎《はん》スラブ主義が広まってくる。そこで１８６７年、ハンガリーの独立を抑えるため、ハンガリーのみをオーストリアと対等の地位に引き上げてオーストリア＝ハンガリー二重帝国を造った。それでもなお、この二重帝国を支えることが困難になってくる。

１８７８年、オーストリア＝ハンガリー帝国は、トルコ領であったボスニア・ヘルツェゴヴィナを強引に統治下におき、1908年に併合する。これはフランツ・ヨーゼフ1世が治世中に獲得した唯一の領土であった。ここにはセルビア人とクロアチア人が多く居住しており、この併合に対して大セルビア主義をとなえていたスラブ系のセルビア人たちが憤慨する。とにかくオーストリア＝ハンガリーにとってボスニア・ヘルツェゴヴィナは、セルビアのアドリア海への進出を抑えておくうえで、きわめて重要な戦略的拠点であった。とはいえ、この併合によってオーストリア＝ハンガリーは国際的に孤立していくのである。

一方、ハプスブルク家内部でも、フランツ・ヨーゼフ1世は人知れぬ不幸に悩まされていた。皇弟マクシミリアンはナポレオン3世の策略によってメキシコで傀儡《かいらい》皇帝となっていたが、1867年に反乱軍によって捕らえられ、銃殺されたのである。

次いで帝位継承者であった唯一の王子ルドルフは、妻子ある身であったにもかかわらず、1889年、ウィーン近郊で若い男爵令嬢と心中する。この死去によって皇弟のカール・ルートヴィヒに継承権が移った。しかしこの皇弟も1896年に死去する。このためカールの長子であるフランツ・フェルディナント大公［図1］が、皇太子としてその継承権を受け継ぐ結果となった。

1898年、フランツ・ヨーゼフ1世の統治50周年記念の祝賀行事がとりおこなわれる。そして、この最中に痛恨の悲劇が起きる。最愛の皇后エリザベートがジュネーブに滞在中、

図1　フランツ・フェルディナント大公

イタリアの無政府主義者によって刺殺されたのである。その報せを受けるや、彼はその場でこうつぶやいたのである。「この世のあらゆる災いが余につきまとう」と。

さらに1914年6月28日、フランツ・ヨーゼフ1世が最終的に頼りにしていたフランツ・フェルディナント大公までが、軍事演習の視察で訪れたボスニア・ヘルツェゴヴィナの首都サライエボで、待ちかまえていたアピスたちセルビア人テロ組織によって暗殺される。この暗殺がオーストリア＝ハンガリー帝国の威信を台なしにした。これを機に、自ら「平和の皇帝」と称していたフランツ・ヨーゼフ1世は、元来は自国の属国であったセルビアに対して7月28日、宣戦を布告する。これはあくまでもセルビアへの恫喝であり、二国間の局地戦を想定していた。政府も軍も含め、国民のほとんどが本格的な大戦争へ突入するとは夢にも考えていなかったが、この決断によって大火が生じ、それがヨーロッパ文明の多くを、そしてそれとともにオーストリア＝ハンガリーを中心とした巨大帝国を解体する結果を生むのである。

三国同盟とフェルディナントの外交

１８８１年、フランスは北アフリカへ大がかりに進出しようとしていた。同じもくろみを抱いていたイタリアは、これを抑えるためにドイツの協力が不可欠と感じ、プロイセン首相オットー・フュルスト・フォン・ビスマルクに接近し、同盟の働きかけをする。ビスマルクは、フランスのドイツへの復讐を抑え、フランスを孤立させるためオーストリア＝ハンガリーも抱き込み、１８８２年に三国同盟を結んだ。イタリアにとってこの三国同盟は、大国にふさわしい地位と威信を与えてくれるとともに、他の二国を利用して自国の権益を伸ばす手段にもなる。ところが、１８９０年代になってロシアとフランスが同盟を結ぶと、三国同盟はそれに対抗する陣営になっていく。

三国同盟のなかでも、オーストリア＝ハンガリーにはイタリア人が多く居住するチロル地方など、「未回収のイタリア」が存在するといった難題が内在していた。フェルディナント大公は、イタリアはやがてはオーストリア＝ハンガリーに反旗をひるがえすだろうと読んでいた。

一方で、フェルディナント大公は結婚前からドイツに反感を抱いていた。とくにボスニア・ヘルツェゴヴィナ併合を痛烈に罵倒したドイツ皇帝フリードリヒ・ヴィルヘルム2世［図2］については平常の冷静さを失って非難の言葉を投げかけていた。ただし、ヴィルヘルム2世のほうは、将来オーストリア＝ハンガリー帝国を継承するフェルディナントを敵にまわしては、ドイツ・オーストリア同盟関係が崩壊していくものと案じるようになった。そこでヴィルヘルム2世は、両国関係を改善するためにたびたびウィーンのヴェルヴェデーレ宮殿を訪れ、フェルディナント大公妃であるホーテックのご機嫌をとったのである。

図2　ドイツ皇帝フリードリヒ・ヴィルヘルム2世

ほどなくヴィルヘルム2世とフェルディナント大公夫妻は緊密に交際するようになる。ヴィルヘルム2世は、大公夫妻をベルリンに招待して至れり尽くせりの歓待をした。また他方でフェルディナント大公に二国間の軍事的連携の必要性を説き、オーストリア＝ハンガリーが強国になるためにはいかなる援助も惜しまないと確約する。こうして両者に信頼関係が生まれ、大公夫妻はヴィルヘルム2世の熱烈な信者となっていった。

フランツ・ヨーゼフ1世は、依然として大公夫妻の結婚に対してわだかまりを持っていたものの、老齢になるにつれ、政務の重要な部分を信頼する高齢の3人の補佐官に全面的に任せるようになった。1914年ごろになると専制君主というよりも、大統領のほうにずっと近い存在になっていた。そして何をしでかすかわからないフェルディナント大公を、故意に政治から遠ざけることをもくろんだ。

ところが、いつの間にか陸軍および海軍の実権をフェルディナント大公ににぎられてしまう。大公は皇帝とその補佐官たちの偏見と反対を押し切って、陸軍とくに砲兵隊の改革を積極的におこなっていった。さらにヴィルヘルム2世の援助によって陸軍をドイツ化し、ドイツはまた大量の最新兵器と有能な青年将校を多数送り込む。こうしてフェルディナント大公のおかげで、ドイツとオーストリア＝ハンガリーは軍事的連携を深めていく。フェルディナント大公は、オーストリア＝ハンガリー軍の改革と近代化に大いに貢献したのである。

オーストリア＝ハンガリー帝国の救世主、コンラート参謀総長

こうして1908年のオーストリア＝ハンガリーによるボスニア・ヘルツェゴヴィナの

併合は、思いがけず国の内外で大きな反響をもたらした。諸大国が当初に示した反応は一様に批判的で、ロシアはオーストリア＝ハンガリーにとってもはや和解不能な敵になった。ドイツのヴィルヘルム2世でさえ、オーストリア＝ハンガリーのとった強引な措置は〝恐るべき愚行〟だと評し、イギリスとフランス政府はこれによってともにロシアへ急接近しつつあった。イタリアでは、世論はオーストリア＝ハンガリーのとった帝国主義的侵略に対してきわめて敵対的であった。セルビアは侮辱されたと感じ、ボスニア・ヘルツェゴヴィナにおける彼ら自身の野心がつぶされたと怒り狂った。

図3　オーストリア＝ハンガリー軍参謀総長に起用されたフランツ・コンラート大将

１９０６年、フェルディナント大公は陸軍改革の任務をフランツ・コンラート・フォン・ヘッツエンドルフ（通称コンラート）［図３］に託し、陸軍における平時および戦時の最高の地位を与えた。こうしてオーストリア＝ハンガリー軍の参謀総長に任命されたコンラートは、同国のタカ派中のタカ派といわれていた人物である。強固な意志をもった彼は、いかなる人間もいかなる事件をも恐れず、ただひたすらに任務を、皇帝のため国のためにささげることになる。

1914年7月5日、コンラートはシェーンブルン宮殿に呼び出され、フランツ・ヨーゼフ1世から直々に拝謁を仰せつかった。その際、ドイツは本当にオーストリア＝ハンガリーを支援してくれるかどうか尋ねられ、コンラートはドイツが必ずや協力してくれると奏上する。このころの彼は皇帝からも絶大な信頼を受けていたことがうかがえる。彼は、オーストリア＝ハンガリーが生き延びてゆくためには、前もってイタリアおよびセルビアに対して予防戦争をしておくべきであると主張していた。彼にとっての問題は、オーストリア＝ハンガリーが戦争をすべきかどうかではなく、いつするかだったのである。コンラートにとって大公の暗殺事件は、オーストリア＝ハンガリーに行動を強いたというよりも、開戦への理由と機会を提供したといえる。コンラートは、イタリアとの戦いを想定して国境に強固な防御陣地を構築した。

そしてそのうえで7月28日、セルビア政府に対して宣戦布告をする。皮肉にもそれを契機として、宣戦布告をした当のフランツ・ヨーゼフ1世は、84歳の誕生日を前にして帝国の事実上の支配者を降り、シェーンブルン宮殿に閉じこもってしまった。その結果、政治・経済から軍事に至るすべての権限が、コンラートを頂点とする参謀本部に集中する結果になった。

オーストリア＝ハンガリーの新陸軍の立役者となった参謀総長コンラートについては、大戦勃発時には国外でほとんど知られていなかった。しかしながら彼は、この大戦で大きな役割を演じ、大戦中のほとんど全期間を通じてオーストリア＝ハンガリー軍の直接指揮にあたったのである。すなわち、作戦計画を立て、動員を監督し、すべての作戦の指揮をとったのがコンラートである。

とくに、後述するガリツィア防衛とセルビア侵攻という二つの作戦で大いに実力を発揮する。

ウインストン・チャーチルは、「彼は軍人であると同時に外交家、また戦術家であると同時に政治家であった」とし、「（のちにドイツ軍の最高実力者となる）エーリヒ・フリードリヒ・ヴィルヘルム・ルーデンドルフに勝るとも劣らない恐るべき逸材であった」と高く評している。

02 思いがけなかった大戦争

全世界規模の大戦争に突入す

サライエボ事件に激怒したオーストリア＝ハンガリー政府は、1914年7月23日、セルビア政府を厳しく非難し、きわめて侮辱的かつ受諾しがたい、期限つきの最後通牒を突きつけた。しかしセルビアはなんの反応も示さない。怒ったオーストリア＝ハンガリー政府は7月28日、セルビアに対して宣戦布告をする。

これに対し、7月29日の未明になってセルビアを支援してきたロシアが、皇帝アレクサンドロヴィッチ・ニコライ2世［図1］の名のもとに、部分的動員令を発する。さらに7月31日には、ロシア軍に総動員令が下る。このロシアのおどろくべき速さで発せられた総動員令が、サライエボ事件による点火を大戦争に結びつけたと多くの歴史家は述べている。

オーストリア＝ハンガリーと同盟を結んでいたドイツは、当然のことながらロシアとの戦争はもはや絶対に避けられないと判断し、あわてて非常事態宣言を布告した。そして8月1日には、ドイツはロシアに最後通牒を送りロシアに対して宣戦を布告する。こうして事態は思いがけない方向に展開していったのである。

この日、フランスの大統領レイモン・ポアンカレは、国内の各地に動員令を発していた。また、ドイツ、オーストリア＝ハンガリーも動員を開始。8月3日、ドイツがフランスに宣戦布告する。一方8月4日、イギリスはベルギーに対する中立侵犯を理由にしてドイツに宣戦布告した。イギリスはあくまでも、ベルギーの中立と独立を支援するという大義名分のために戦争に加担することとなった。イギリスは国をあげて本格的に参戦に向かっていた。同日、ドイツはベルギーに宣戦布告し、ベルギーに侵入する。さらにリエージュ要塞を攻撃する。

ロシアで500万もの兵士が動員され、夥《おびただ》しい数の軍用列車がコサック騎兵、歩兵部隊や砲兵隊、それに軍馬を満載して続々とドイツとオーストリア＝ハンガリー国境に向かっ

図1　ロシア皇帝アレクサンドロヴィッチ・ニコライ2世

た。これを知ったオーストリア＝ハンガリー政府は、8月6日にロシアに対して宣戦布告をおこなった。

一方、ドイツはといえば、まだ大規模な戦争の準備はまったくできていなかったが、それでもなんとか兵をまとめて東プロイセンにある東部戦線に送り込んだ。こうしてドイツは、オーストリア＝ハンガリーと連合してロシアと立ち向かうはめになり、世界中の多くの国々を巻き込む前代未聞の大戦争、のちにいう〝第一次世界大戦〟の口火が切られたのである。

ドイツの対応

ドイツはどのようなかたちで第一次世界大戦に参戦していったのであろうか。すでに述べたように、サライエボ事件が起きた当初、オーストリア＝ハンガリーと同盟を結んでいたドイツは、やむをえずロシアと直接対決せずにはいられなくなった。ロシアが総動員令を発したとき、ドイツ皇帝ヴィルヘルム2世はロシアがこのように素早く動いてくるとは思っていなかっただけに、すっかり悲観的になった。「世界は凄まじき大戦の瀬戸際にいる。その究極の目的はドイツの壊滅である。イギリス、フランスとロシアはわが国の壊滅をたくらんでいる」と悔やんだ。戦争の瀬戸際になって、ヴィルヘルム2世はなかば絶望し、ドイツ軍参謀本部もなかば恐怖に襲われ、フランスとロシアに挟み撃ちになる前に先制攻勢（シュリーフェン作戦）に出ようとしていた。じつのところまだ十分整ってはいなかった戦力で、やむなく参戦に踏み切ろうとしていたのである。

１９１４年の初頭の時点では、ドイツの大半の人々にとっては戦争はおどろきであった。戦争になるかもしれないとたびたび人の口にのぼっていたものの、誰もそれをまじめに受け取らなかった。

だが戦争が現実にはじまったとなると、愛国主義の怒濤の渦がすべての政治的確執を飲み込んでしまった。反戦運動を展開すると思われた社会主義者たちまでが、帝国議会で開戦に向けて軍備増強のため積極的に賛成票を投じた。この思いがけない議会決議を知ったヴィルヘルム2世は、歓喜のあまり「ドイツは挙国一致して敵に立ち向かうこととする」と宣言する。皇帝は、宮殿に押し寄せた大群衆の歓呼にこたえ、バルコニーから自信に満ちた言葉で何度も「余は国民を栄光の時代へ導こう」と繰り返した。この熱狂的な群衆の中にアドルフ・ヒトラーもいた。こうしてドイツでは、急速に臨戦態勢ができあがっていく。

シュリーフェン作戦発動

フランスとロシアは植民地獲得と自国防衛のため、1894年に露仏同盟を結んでいた。これに対してドイツ、オーストリア、イタリアは三国同盟を締結しており、どこか一方の国が攻撃された場合、他方の国が軍事的支援をおこなうことが定められていた。

1906年に高齢を理由に引退した参謀総長アルフレッド・シュリーフェン元帥［図2］は、雄大な作戦計画をたてていた。つまり「ドイツがロシアとフランスと二正面で戦うことになった場合、ドイツ軍はまずは5分の4の大軍をもって、西側のフランドルからフランスの首都パリの西側を反時計まわりに大まわりしてパリを占領する。その後にフランス軍全軍を取り囲むようにして、1か月半内にフランスを敗北に追い込む。次いで全軍をもってロシアの首都サ

図2　前ドイツ軍参謀総長アルフレッド・シュリーフェン元帥

図3　ドイツ軍参謀総長ヘルムート・フォン・モルトケ将軍

ンクトペテルブルクに向けて反攻・進撃する」という構想である。

この作戦に基づき、新任のドイツ軍参謀総長ヘルムート・フォン・モルトケ「図3」はまず、ドイツ軍の最右翼であるアレクサンダー・フォン・クルック将軍の率いる第1軍が、中立国ルクセンブルグとベルギーに侵攻する計画をたてた。この作戦では、中立国ベルギーはドイツ軍が領土内を通過することを黙って見過ごすことが前提となっていたが、現実に戦争がはじまってみると、ドイツ軍の想定はまったくまちがっていたことがあきらかになる。ベルギー政府はドイツ軍の通過を断固拒否するという声明を出したのである。とはいえ、誰もが戦争が起きたとしても短期戦に終わるものと信じていた。

にもかかわらず、8月の最初の1週間のうちに、西ヨーロッパでは重大な出来事が次々と発生していく。

チャーチルは第一次世界大戦を振り返って「露仏同盟があり、ロシアの大規模な動員さえなければこのような大戦争は起きなかった」と述懐している。

思いがけないベルギーの抵抗

ベルギーの国王アルベール・レオポルド1世は、あくまでもドイツ軍の侵攻を拒否するとともに、徹底抗戦をつらぬくと宣言した。こうしてベルギーもただちに動員令を発する。8月2日、ドイツはベルギー国内の自由通過を要求した。ベルギーはこれを拒否し、イギリスもこれを即座に拒否。イギリスのハーバート・ヘンリー・アスキス首相は、国会で「法と名誉の名において、ベルギーの中立を保護する義務がある」とイギリス政府の立場を強く表明した。こうしてイギリスの世論は次第に参戦に大きくかたむいていく。8月3日、ドイツはフランスに宣戦布告をする。その日、ドイツ軍の一部がベルギーの国境を越えたという報告を受けたベルギー政府は、ただちに国境にある、ヨーロッパ最強で難攻不落といわれたリエージュ要塞に迎撃の命令を発した。

8月4日の夜、ドイツ第2軍（26万人）はリエージュ要塞に対して本格的な攻撃を開始する。このドイツ軍の攻撃に対してベルギー軍は機関銃をならべて応戦し、攻撃してきた歩兵部隊を次々と粉砕した。翌朝、ドイツ軍は新たに騎兵部隊を投入する。しかしこれもみごとに壊滅され、ドイツ軍兵士の死骸は累々《るいるい》と積み重なっていった。この光景はじつに筆舌に尽くしがたい悲惨なものであったといわれている。これに対してドイツ軍は、当時最大の重砲（42センチ榴弾砲）を数多く投入し、反撃に移った。この砲撃によってリエージュ市は大打撃を受け、市民に多数死傷者を出し、大伽藍《がらん》や大学は徹底的に破壊された。このため市はついに降伏する。リエージュ要塞は2週間ほど抵抗を続けたが、ドイツ軍の重砲攻撃を前についに力つきて壮絶な最期を遂げ、8月16日陥落した。

このリエージュ要塞攻防戦で、ドイツ攻撃軍指揮官であったエーリヒ・ルーデンドルフ少将は大きな功績をあげ、一躍有名となった。とはいえ、リエージュ要塞攻防戦においてベルギー軍が2週間にわたってドイツ軍先鋒部隊の前進を阻止したおかげで、フランス、イギリス、ひいてはロシアの軍隊に集中動員の余裕を与える結果になった。

ドイツ第1軍（26万人）が、8月19日にルーヴァンに到達するころには予想以上のベルギーの抵抗にあい、ドイツ軍兵士たちは憤慨し、一般市民に対しても攻撃的態度をとるようになる。8月25日には、ルーヴァンで市民からも発砲されたと信じたドイツ兵は、報復として市長や大学の学長、警察官を含む多くの市民を銃殺し、略奪の限りを尽くした。さらには、15世紀に建てられた教会や、25万冊の書物が所蔵されていたヨーロッパで由緒ある大学図書館までが焼き払われるといった悲劇が起きる。その後、歴史のあるランスの大聖堂さえも砲撃され、壊滅的な被害を受けた。こうしてベルギーでは、１１００もの建物が破壊され、民間人約5000人が殺害された。これらのドイツ第1軍の蛮行は、アメリカをはじめ世界中でドイツ軍に対するイメージを大いに損なう原因になった。このあともドイツ軍は、ベルギーで厳しい抵抗を受けながらも着実に進撃を続けていく。

フランス軍の戦略とイギリスの支援

一方、8月4日、フランス軍は同国南部から攻撃に出ようとしていた。これはフランス軍の立てていた「第17号計画」という作戦に基づくものである。この計画は、普仏戦争の講和条約でドイツ領になっていたアルザス＝ロレーヌ地方をまず奪回し、ドイツ南方からベルリンをめざして進撃してゆくというフランスの念願が込められた作戦である。フランス軍参謀総長ジョセフ・ジョフル将軍は、ドイツ軍の主力軍隊がベルギーから進撃してくるとはまったく予想していなかったため、主力軍隊のほとんどをフランス南部に終結させていた。こうしてドイツとフランスは、国境会戦と呼ばれる広大な一連の戦闘を開始する。8月8日、フランス軍はアルトキルヒとミュルーズを占領。だがドイツ軍の攻撃でフランス軍は敗北。このフロンティアの戦い（8月4日～25日）で連合国軍150万人中20万人以上が死傷。ドイツ軍は兵力145万人で損害は不明。同日、ベルギー軍と共同作戦に出ることを決定する。こうしてドイツ・フランス南部国境からルクセンブルグとベルギーにつらなる、延々とした西部戦線が形成されていった。フランス軍は、開戦最初の4日間で14万人もの損害をこうむり大敗する。8月15日、あわてたフランス政府はパリ要塞防御の準備をはじめ、ジョフルはパリ要塞司令官にジョセフ・サイモン・ガリエニ将軍を起用する。彼は籠城戦では勝ち目がないと判断し、あらゆる限りの兵力を総動員した。

イギリス政府は8月5日、臨戦態勢を整えるため急遽ホレイシオ・ハーバート・キッチナー元帥を陸相に、参謀本部長にヘンリー・ウイルソン将軍を起用した。翌6日、キッチナーは新兵50万人の募集（うち10万人の即時募集）を要求する。イギリス下院はこれをすぐさま満場一致で承認した。

8月17日、イギリス遠征軍の後続部隊がフランスに上陸。この遠征軍の総司令官にはサー・ジョン・フレンチが任命されていた。イギリス軍は、フランス軍左翼と連携してドイツ軍と対峙することになった。しかし、ドイツ軍右翼の第1軍の攻撃は激烈であり、フランス軍はじりじりと後退せざるをえなくなる。

8月23日、イギリス遠征軍とドイツ第1軍はモンスで激突した。当時のイギリス軍の主力は志願兵からなる正規軍であり、射撃技術も装備もすぐれていたためイギリス軍は進撃を続けようとする。しかし協同作戦をとっていたフランス第5軍が敗北を喫し、イギリス軍を残したまま後退を続けた。このモンスの戦いでは、イギリス軍は８万人中２５００人が死傷。ドイツ軍は16万人中２４００人が死傷。

８月24日、フランス軍は総崩れとなり、ベルギーから１００万のドイツ軍主力がフランスになだれ込んできた。翌26日、ドイツ第１軍はイギリス・フランス連合国軍を包囲しようとするも失敗する。もともとドイツ第１軍は、シュリーフェン作戦に基づいてパリの背後からフランス軍を包み込む計画だった。しかし、ロシアが思いがけず大軍で攻めてきたため第１軍の一部を東部戦線に移動せざるをえなくなり、戦力が低下、隙を突かれてマルヌの会戦で苦戦するはめになる。このためドイツ軍は作戦計画を大きく修正せざるをえなくなった。

マルヌの奇跡

フランス軍とこれを支援するイギリス軍は、ドイツ軍最右翼の第１軍の快進撃によってフランス北東部、マルヌ川の線まで後退した。ドイツ軍の一部はエッフェル塔を望む地点まで進出するが、この攻撃もいま一歩のところで成功しなかった。この時点でフランス軍首脳部もパリ市民も、フランスはついに敗北したと感じるようになっていた。

9月はじめ、フランス政府職員たちはそそくさと夜に列車をつらねてパリを離れ、フランス南西部のボルドーに去っていった。怒り狂ったパリ市民たちは、「ラ・マルセイエーズ」の替え歌を歌い抗議していた。その替え歌は、「停車場へ急げひとびとよ！　ほろ馬車に乗って進め！」であった。

図4　パリ防衛に急遽投入されたフランス軍兵士（まだヘルメットは着用していない）

その間にガリエニの指揮によって、パリの防衛が着々と強化されていく。ガリエニは、パリのルノー製タクシー600台をチャーターし、2往復でもって6000人もの増援部隊を前線に送り込んだ［図4］。こうしてフランス軍はパリ東部に大軍を集結させ、できるかぎりの機関銃をならべて防衛線を固める。このころドイツ右翼の第1軍は、長距離の行軍によって完全に疲弊しており、補給も追いつかず、戦力が著しく低下していた。

9月5日、ジョフルは新たにフランス第6軍を編成し、ミシェル・ジョセフ・モーヌリー将軍を司令官に起用した。この軍を連合国軍の最左翼に配置し、ドイツ軍右翼の第1軍の側面攻撃を命じた。その結果、ドイツ第1軍の進撃の向きが少し南方に移動、その速度が鈍化する。これを知ったジョフルは、9月6日夜にすぐさまフランス第5軍とイギリス軍に攻撃命令を出した。パリ東方のマルヌ川を挟んで、「第一次マルヌ会戦」の焦点となった重要な戦いが続いた。ドイツ第1軍右翼に対してしかけたフランス第6軍の攻撃が、ドイツ第1軍と第2軍のあいだに間隙を作り出す。イギリス軍はドイツ第2軍の攻撃に移った。フランス第6軍はさらに東方へと進撃してドイツ第2軍、第3軍、第4軍の進撃を停止させることに成功し、この戦いは10日にいったん終結する。

一方、ドイツ軍参謀総長モルトケは、ロシア兵の大軍が東部戦線に続々と到着しつつあるという情報を受け、あわてふためく。東部戦線への救援をおこなうため、右翼にいた第2軍、それに第1軍にまで退却命令を出すという意外な決定をする。その結果パリは包囲をまぬかれ、防衛された。これが有名な「マルヌの奇跡」である。

チャーチルはのちに、モルトケが第1軍の進撃をやめなかったらこのような奇跡は起きなかったと述べている。フランスに思いがけない幸運が舞い込んできたのである。ジョフルはこの第一次マルヌ会戦で一躍、フランスの国民的英雄となった。

この第一次マルヌ会戦では、連合国軍は兵力105万人中、死傷者26万3000人。ドイツ軍は125万人中、死傷者は22万人を超えた。

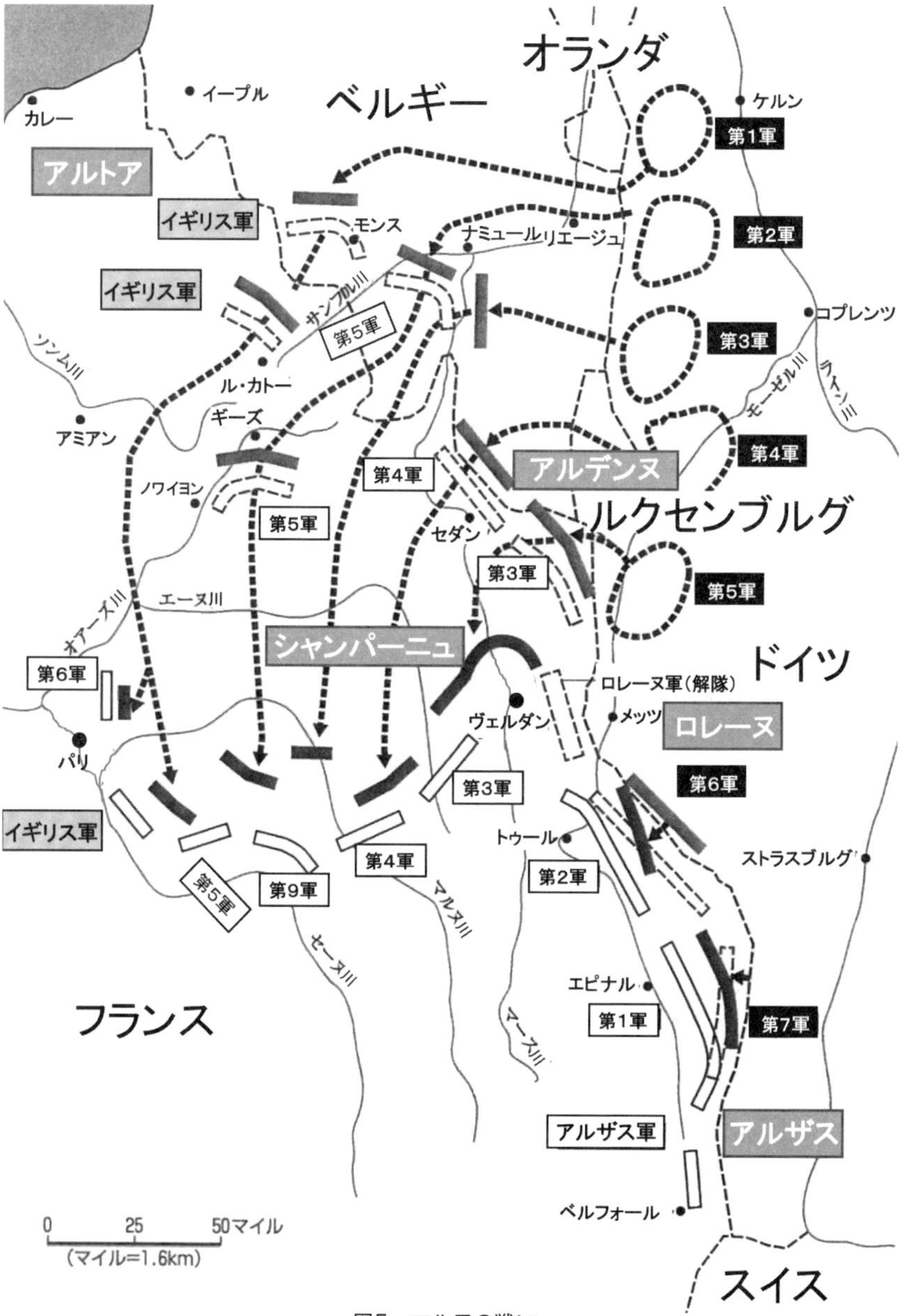
オランダ
ベルギー
ケルン
第1軍
カレー
イープル
アルトア
イギリス軍
モンス
ナミュール
リエージュ
第2軍
イギリス軍
サンブル川
第5軍
コブレンツ
第3軍
ソンム川
ル・カトー
モーゼル川
ライン川
ギーズ
アミアン
第4軍
第4軍
アルデンヌ
ノワイヨン
第5軍
セダン
ルクセンブルグ
第3軍
第5軍
エーヌ川
オアーズ川
シャンパーニュ
ドイツ
第6軍
ロレーヌ軍（解隊）
メッツ
ロレーヌ
ヴェルダン
パリ
第3軍
第6軍
イギリス軍
トゥール
ストラスブルグ
第4軍
第2軍
第5軍
第9軍
マルヌ川
セーヌ川
エピナル
フランス
第1軍
第7軍
マース川
アルザス軍
アルザス
ベルフォール
0
25
50マイル
（マイル=1.6km）
スイス

図5　マルヌの戦い

早急にフランスを敗退に追い込み、大軍をまとめてロシアに立ち向かうというシュリーフェン作戦はみごとにくじけてしまった。これは本来、ドイツ軍の必勝の作戦計画だったが、モルトケによる作戦の改編と指揮・統制の失敗が、ドイツ軍の緒戦での敗北を招く結果になったのである。

9月14日、極度の心労におちいったモルトケは、責を問われ、健康上の理由で解任された。第一次マルヌ会戦後、東西両半球の各国が戦争に巻き込まれる事態になり、最終的には戦争を長引かせる要因になった。こうして第一次マルヌ会戦は、のちに世界史上名だたる大決戦と評されるようになる。

イギリスの威信をかけた第一次イープル会戦

10月16日、フランス軍とイギリス遠征軍は前進を開始しようとした。しかし18日にはドイツ第4軍に行く手をはばまれる。フランス第10軍はフェルディナン・フォッシュ将軍が指揮をとり、果敢に前進していた。

10月20日、新たにドイツ軍参謀総長に任命されたエーリッヒ・フォン・ファルケンハイン将軍［図6］は、フランドルを突破してベルギー沿岸を確保するという無謀な作戦に

図6　ドイツ軍新参謀総長に任命されたエーリッヒ・フォン・ファルケンハイン将軍

出る。ここで第6軍を支援するため、第4軍を投入した。

こうして10月18日、ドイツ軍はイープルのまちの周辺から敵を排除し、防衛をより強固にするため大規模な作戦を開始した。この戦い（第一次イープル会戦）が、血みどろの大激戦となる。

連合国軍は12万6000人。ドイツ軍は13万4000人もの死傷者が出た。なかでもイギリスが新たに8月に派遣した古参の正規兵5個大隊では、最初に所属していた将兵（本来定員は約1000人）のうち残っていたのはわずかに士官一人と下士官兵30人のみとなった。「司令部と参謀将校だけが生き残り、戦闘員はすべて追憶の彼方に消え去った」という表現がふさわしい状況に化けたのである。ともかく、イープルにおいてイギリス軍将兵は身をもって陣地を固守し、文字どおり死を賭して闘い、フランドルでのドイツ軍の猛進撃をみごとに阻止したのだ。この戦争におけるイギリス軍兵士の勇猛心を後世に伝えた真の記念碑は、イープルである。

「第一次イープル会戦」はまさに、イギリス正規軍の墓地の上に築かれた輝かしい記念碑になった。

短期決戦で勝利を得るという両陣営の望みも、こうして無残に消え去った。ドイツ皇帝は、ベルギー沿岸と、連合国軍がわずかに確保していたベルギー領土のいずれにおいても、突破は無理であるという事実を認めざるをえなかった。イープル周辺部では、以後も戦闘が繰り広げられる。しかしドイツ軍はこのイープル突出部をどうしても制圧することができなかった。

第一次イープル会戦が終わったのは11月22日とされている。イギリス派遣軍がフランス軍と交替した2日後のことである。

塹壕戦に突入

開戦後、新たに登場し注目されたのが機関銃である。機関銃はドイツ軍も連合国軍も手中にしていたが、その威力が実際に重大な影響をもたらすことがあきらかとなった。連合国軍の巧みな使用によって、ドイツ軍の最初の攻撃を食い止めるのに大きな役割を果たしたからである。しかし逆に、連合国軍がドイツ軍を押し返そうとしたときには、ドイツ軍

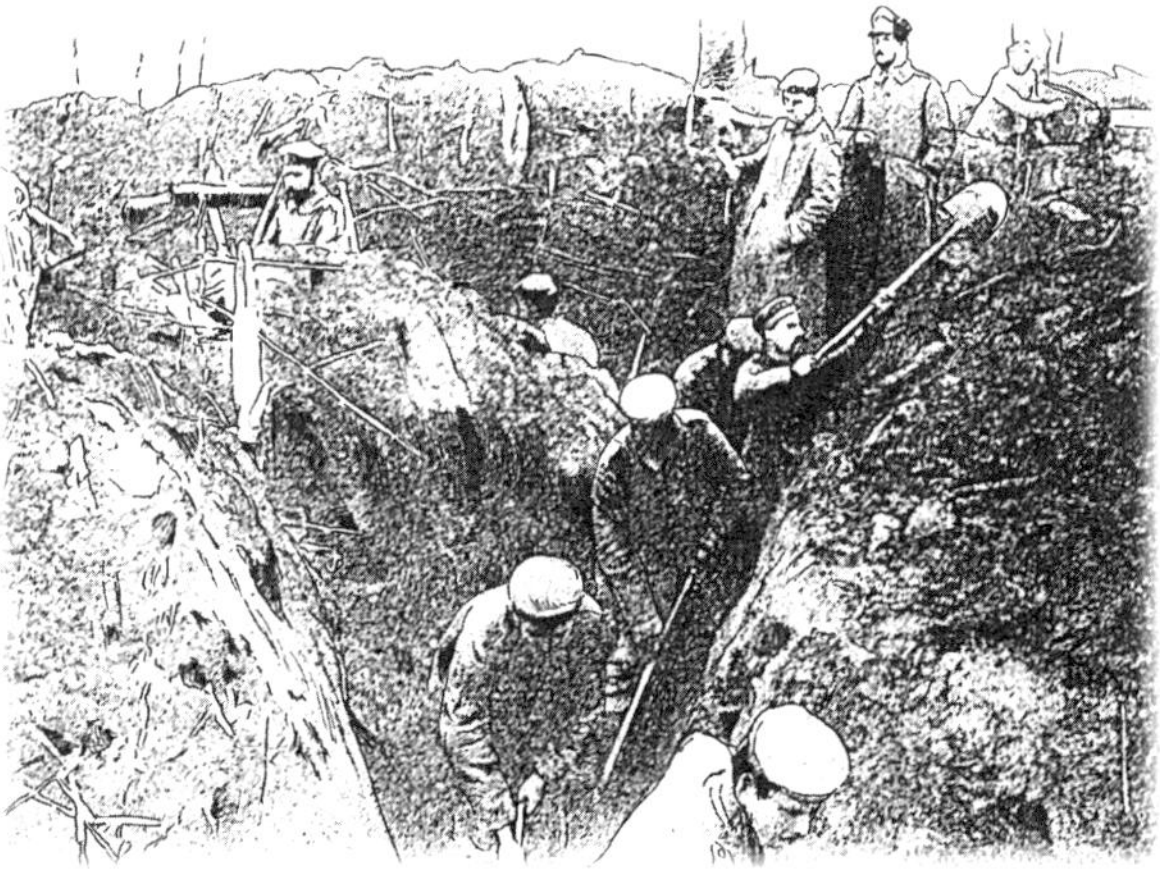

図7　塹壕を掘りはじめたドイツ軍兵士たち

の機関銃が連合国軍を足止めするのにさらなる威力を発揮した。比較的守りの手薄な歩兵陣地からでも発射できる弾丸の雨に、両陣営は一歩も前進できなくなった。双方とも塹壕を掘って、弾丸から身を守ることを余儀なくされた［図7］。両軍ともに砲撃を繰り返すものの、最終的には塹壕戦になり、何度も攻撃に失敗する。機関銃が普及し、それが十分に配置された地域に歩兵部隊が突撃をすると、ばたばたといっせいになぎ倒されてゆく。単なる集団自殺になってしまうのである。こうして開戦からわずか2か月半で、ほとんどの戦線はまったくの膠着状態におちいってしまった。

10月ごろになると、イギリス軍とフランス軍の連合国軍側もようやく態勢を整え、少しずつ反撃に移る。そして10月から11月にかけて、北はベルギーの北海沿岸から南は東部フランスのスイス国境まで、じつに750キロメートルというとてつもなく長い塹壕線「西部戦線」が形成された。

連合国軍は西部戦線に二つの突角部を作っていた。一つは南フランスのヴェルダン地区であり、もう一つが北のベルギーにあるイープル地区である。この二つの突角部をめぐって、ドイツ軍と連合国軍はおたがいのメンツをかけて血みどろの激戦を繰り広げることになる。双方とも強力なせん滅手段を欠き、両軍が対峙したままの膠着状態が続いていた。

冬が近づくと、それぞれの軍は翌年の春に再開する攻撃を予想して塹壕を掘った。塹壕も最初のうちは、ドイツ軍も連合国軍も地面に掘った浅い溝といった代物であったが、連合国軍の反撃を阻止し続ける過程でドイツ軍の塹壕は急速に頑丈かつ凝った構造となり、最終的には現代抽象芸術のように複雑怪奇な迷宮へと進化していく。塹壕陣地は複数の、基本的には平行した塹壕で構築されており、主塹壕線はもちろん連絡壕もわざとジグザグにして、侵入した敵の縦射を阻止すると同時に孤立させるように作られた。加えて、西部戦線全体にわたって有刺鉄線が張りめぐらされ、敵の侵入をはばむ防波堤の役割を果たした。

ドイツ軍と同様に連合国軍側も深く安全な複雑構造の塹壕陣地を築いていったため、前線の兵士たちは皆一様に、地下深くに築いた塹壕に閉じ込められてしまう。塹壕陣地で防衛する将兵はきわめて劣悪な生活環境を強いられたが、自分の身を守るためにはどうすることもできなかった。精神状態は極度の緊張が続き、さまざまな細菌感染症が流行、のちにはインフルエンザも襲ってくる。この状況がその後4年間も続くのである。この塹壕戦をどうにか打開し勝利を得るために、新たな、そして特殊な武器が必要視されるようになった。

こうして考案されたのが、塹壕奥深くに浸透していく毒ガス、化学兵器である。ドイツと連合国はその秋、たがいに相手を圧倒する絶望的な最後の試みをおこなった。双方とも損失は大きかったが、結局どちらも勝利は得られなかった。

フランス軍もドイツ軍も、さらにはイギリス軍でも、出征してゆく兵士たちはクリスマスまでには戦争は終結し、帰宅できると信じていた。どの国の兵士たちも戦争というものを知らなかったのである。

1914年末までに、26万5000人のフランス軍の兵士が死亡し、イギリス軍は9万人を失った。

03 愛国者ワルター・ネルンストの情熱と挫折

ネルンスト一家の戦い

戦争がはじまるずっと前からただ一人、当時ドイツが誇る高名な化学者で、ベルリン大学教授のワルター・ネルンスト［図1］だけは、このままではとてもヨーロッパの平和を維持できない状況になってきているという確信を抱いていた。外国にいる仲間の化学者たちから、刻々と状況が悪化しており、戦争はもはや避けられないという情報を得ていたからである。

戦争がはじまってみると、愛国的な怒濤はネルンスト一家をも押し流した。ベルリン大学で法律を学んだ長男のルドルフは、近衛連隊で兵役を終えたばかりだったが、ただちに連隊に復帰し、8月8日前線に向かった。次男のグスタフは当時、ハイデルベルグ大学の1年生だった。彼もただちに騎兵隊に召集され、やがて新編成の空軍に転じた。ネルンス

図1　ベルリン大学教授に就任したころの
ワルター・ネルンスト

トはこの2人の息子と二度と会うことはなかった。

　愛する息子たちが志願して前線に向かったのに、ネルンスト自身はじっと大学にこもり、研究生活を続けることは忍びなかった。そこで彼はせっかく勝ち得た地位と名誉を捨て、前線に出ることを願い出た。ネルンストは年を重ね、視力も衰えていたが、一人のドイツ人としての自分なりの使命を果たそうとしたのである。彼はもともと自動車マニアだったので、特志自動車部隊に志願した。このネルンストのとった行為には周囲もおどろき、とりわけドイツ化学界を震撼とさせた。ネルンストにとっては50歳にしてはじめての軍隊経験である。彼に与えられた最初の任務は、ベルリンの参謀本部からフランスの奥深くに進軍している、クルック将軍の第1軍の指令部に書類を届けることであった。

　第一次マルヌ会戦の際、ネルンストはドイツ第1軍とともにマルヌに来ていた。その際に、彼の車はあわやというところでフランス軍の手に落ちるところであったが、幸運にも難を逃れて原隊に復帰することができた。やがてドイツ軍はエーヌ川北岸で退却をやめ、フランス軍も追撃を中止し、西部戦線は両軍とも塹壕を構築して膠着状態となった。

その年のクリスマス休暇で帰宅した折に、ネルンストはドイツはすでに敗北したと明言し、家族や友人たちを戦慄させた。彼なりに第一次マルヌ会戦に至る戦況をつぶさに見ており、ドイツ軍の実態を十分に把握したうえで判断していた。

ネルンストの失望は大きかった。

ネルンストに与えられた新たな任務

マルヌから帰還したネルンストは、最高司令部に召集され、ほかのすぐれた化学者とともにその顧問団の一員となった。戦争にまったく素人の化学者たちを軍に起用することは軍首脳部の本来の意図ではなかったが、今は彼らのまったく予期していなかった塹壕戦という新しいタイプの戦争に直面していた。なにより深刻だったのは、ドイツは限られた資源で戦わねばならず、とりわけ弾薬が極度に不足してきていた。化学者たちは、まずは通常の弾薬をできるかぎり多く作ることを要求され、それに加えて塹壕に潜り込んだ敵兵に大きなダメージを与えるような新兵器を開発するように要請された。

ネルンストはこの問題の両方に関与することになったが、彼の最初の課題は新型の化学兵器に関するものであった。砲弾に詰めて発射し、それが炸裂したときに放出される何か適当な物質を発見するように要請され、それを引き受けた。ネルンストは、早くも毒ガス砲弾投射器を作ろうとしていた。

ネルンストは、これに使用される物質はあくまでも敵の兵士の戦闘能力を一時的に無力化するものであり、殺したり障害を負わせたりすべきではないと主張していた。だから人間の戦闘行為を一時的に麻痺させるが、効力は長続きしない物質が理想的であると考えていた。刺激性の催涙ガスやくしゃみガス弾の実験を試みたが、軍上層部は満足しなかった。彼らはもっと強力なものを望んでいたのである。

ネルンストがより致命的なガスを考えることができなかったのか、あるいは欲しなかったのかそれは定かではない。しかし、この研究は彼の手から取り上げられて、カイザー・ヴィルヘルム物理化学研究所長フリッツ・ハーバーに渡される。ハーバーは、彼の才能と研究所の全機能を化学戦研究に向けた。彼が攻撃用の化学兵器として見いだしたのは、そのころドイツの化学工場にあふれていた「塩素」であった。１９１５年、化学戦の問題でネルンストとハーバーの人生が交差したが、彼らの出会いはこれがはじめてではなかった。

化学兵器はいつから登場していたか

化学兵器はすでに、戦いが塹壕戦に移行した直後の1914年末ごろから西部戦線に登場していた。ドイツ軍側の記録によると、フランス軍が1914年8月、シャンパーニュ攻勢で催涙ガスのブロモ酢酸エチルを詰め込んだ手榴弾を投げ、榴散弾を撃ち込んだのが最初ということになっている。

これに対して連合国軍側では、同じ年の10月27日にヌーヴ・シャペル地区で、ドイツ軍が「くしゃみガス」を充填した3000発の榴散弾を撃ち込んだのが初使用という。じつは、そのガスはネルンストの発案によるもので、バイエル社の染料の中間製品であるジアニシジンであったとされている。ところが連合国軍側の記録では、フランス軍のブロモ酢酸エチルの初使用の日付けがはっきりしない。ある記録では、同年末とのみ書かれてある。ただドイツ側だけが8月と明記しているのである。

1915年1月31日、東部戦線のボリモフにおいて、ロシア軍に対して臭化キシリルおよび臭化ベンジルを詰めた砲弾が攻撃に使われている。しかし気温が低く、液体がほとんど気化しなかった。さらに3月には、それにブロムアセトンを加えた砲弾が、西部戦線のニューポールにおいてフランス軍に対して攻撃に使用された。このように、ドイツ軍の毒ガス攻撃の出足は決して上々といえるものではなかった。一方連合国軍側では、これまでにない何か重大な事態が起こりつつあると感じながらも確たる対抗策は持ち合わせていなかった。軍部はこれらがたしかに塹壕突破の支援兵器となりうる可能性は理解していたとはいえ、基本的には軍人自体がこれらの化学兵器の効果にまったく懐疑的だったのである。

化学兵器開発をハーバーに譲ったあと、ネルンストは新たに毒ガス弾用の迫撃砲の開発研究を命じられた。彼はホスゲンや、ホスゲンと塩素を混ぜた迫撃砲弾で再び西部戦線や東部戦線での屋外実験に没頭した。この業績は高く評価され、その功が認められて鉄十字一等勲章、功労大賞を授けられた。これはドイツ皇帝から与えられる最高勲章であった。

04 第二次イープル会戦

フリッツ・ハーバーの登場

西部戦線の膠着状態の打開をはかるためには、どうしても斬新な戦略が必要であった。新任のドイツ軍参謀総長エーリッヒ・フォン・ファルケンハイン大将は、一人の化学者にドイツの命運をかけることにした。それは、ダーレムにあるカイザー・ヴィルヘルム研究所の所長で、ユダヤ系の有名な化学者フリッツ・ハーバー博士であった〔図1〕。ドイツ軍司令部はハーバーを、天才的頭脳の持ち主で、きわめてすぐれた組織統率力があり、信念をつらぬく遠慮会釈もない人物とみていた。

ハーバーは1913年に空中窒素固定法を開発し、アンモニアの合成に成功、一躍世界に名をとどろかせたドイツの誇る新進気鋭の化学者であった。カイザー・ヴィルヘルム研究所ではハーバーの指導のもと、第一次世界大戦がはじまった1914年の12月ごろから

図1　塩素ガス攻撃を企画・指揮したフリッツ・ハーバー博士

化学兵器の研究をひそかに進めていた。

当時のドイツには、食塩水を電気分解して苛性ソーダを作る電解法が開発されており、多量の苛性ソーダが生産されていた。一方では、副産物として大量の塩素ができてしまうという難題が生じており、この塩素の処分や保存に大いに苦慮していた。ファルケンハインは、火薬を利用しない有効な兵器の開発に関心を向けており、当時の化学工業界で塩素が大量に生産されていることを知ると、その軍事的利用を検討させた。

そしてただ一人、この塩素を化学兵器として活用することに着目していたのが、ほかならぬハーバーであった。彼はいろいろと攻撃方法を検討した結果、塩素をガスボンベから放射して攻撃するというのが最善の攻撃法であるという結論に到達する。ハーバーは、塩素は円筒型のボンベに液体のかたちで貯蔵でき運搬が容易であること、このガスボンベをならべて放射すると空気より重いガスが地表にたちこめ、塹壕内の敵兵をせん滅できると提言した。

ドイツ軍参謀本部は、すぐさまハーバーの提案を受け入れ、塩素を利用して一刻も早く攻撃を開始するよう命令を出した。ハーバーには大きな権限が与えられた。彼のもとにはドイツ各地から第一級の優秀な物理化学者たちが集められ、化学兵器攻撃チームが新設される。ハーバーは技術指導者として、寝食を忘れて塩素の放射攻撃に取り組んだ。

最初の放射実験は、1915年1月にヴァーン射撃場でおこなわれた。その後、いくつかの軍事演習場でハーバーの指導のもとに塩素の放射実験が繰り返されたが、この実験にはヴィルヘルム2世も大いに興味を示し見学に訪れた。こうしてハーバーは、ドイツ皇帝からも絶大な信頼を得て、世界大戦が終了するまで一貫して化学兵器の攻撃と防御の研究に邁進していくことになったのである。

攻撃までの道のり

ハーバーたちは、地理・気象条件を検討した結果、最終的にはイープルの北東部にある連合国軍の突角部から塩素の放射攻撃をおこなうことを決定した。ここは、第一次イープル会戦でドイツ軍が苦杯をなめた戦区であり、ドイツ軍としても占領に苦慮していた地点である。

ハーバーがこのイープル地区を攻撃目標に選んだ理由としては、突出した連合国軍陣地を包囲して攻撃できることに加え、ドイツ軍の前面に布陣しているのはイギリス正規軍ではなくフランス軍が主であり、そのほとんどがアフリカの植民地兵からなる混成軍であったことから、ガス攻撃により著しい混乱を引き起こす可能性があったためと考えられている。

しかしながら、もともとイープルのあるフランドル地方の風は、春以外は通常連合国軍の方角からドイツ軍の方向へ吹き、ドイツ軍陣地から連合国軍の方角に向かって風が吹くことは少なかった。このため何度も危険をおかしながら、夜間に敵の前面近くに多数のガスボンベをひそかに埋める作業を大がかりにおこなっていた。ガスボンベ自体は特別変わったものではなく、通常の酸素や水素のボンベと同じである。

このボンベを塹壕の底に穴を掘って埋め、各ボンベにつないだ鉛管を塹壕の上で曲げて外に出すというしかけである。ガスが塹壕に入らないように砂のうも積まれた。連合国軍からの砲撃によってたびたびガスボンベを埋める場所を変更しなければならなくなり、これには多大な労力を要し、徒労の感を深めた。

さらに、攻撃の日時まで何回も変更されたため、現地のドイツ軍司令部さえ塩素攻撃に疑問を抱くようになっていた。前線の兵士たちもたびたびの延期にいらだちがつのるようになっていた。

とにかくこの日の戦闘で、ドイツ軍は正面6キロメートルの地点に、塩素を充填した大型のボンベ1600本、小型のボンベ4130本の計5730本、つまり150トンの塩素を充填したボンベを、おおよそビクショット北東のポッカパーレへ延びる約7キロメートルの前線沿いに埋設した。

この攻撃を直接担当したのは2個の工兵連隊であった。指揮官にはそれぞれ高度の訓練を受けた士官があたり、連隊には技術者、気象学者、化学者も加わっていた。

塩素150トンを放射

ドイツ軍の化学兵器による攻撃に、連合国軍側も気づかないわけはなかった。3月末には、ドイツ軍の捕虜から、ドイツ軍はガスボンベを塹壕の中に埋め、何か毒ガスで攻撃しようとしていることを聞き出していた。4月上旬には脱走兵からも同様のことを知らされていた。しかしフランス軍総司令部は、これらの警告となる重要な事実を無視しただけでなく、なんらかの対抗策をとろうともしなかった。フランス北方軍司令官フェルディナン・フォッシュ元帥までも、この攻撃に対する全面的警戒を軽視するという誤りをおかしていたのである。

4月21日、ドイツ軍は総攻撃を試みようとした。しかし風向きが思うようにならなかったため、やむをえず延期する。そして4月22日、いよいよ本格的な化学戦争の火蓋が切って落とされることとなった。

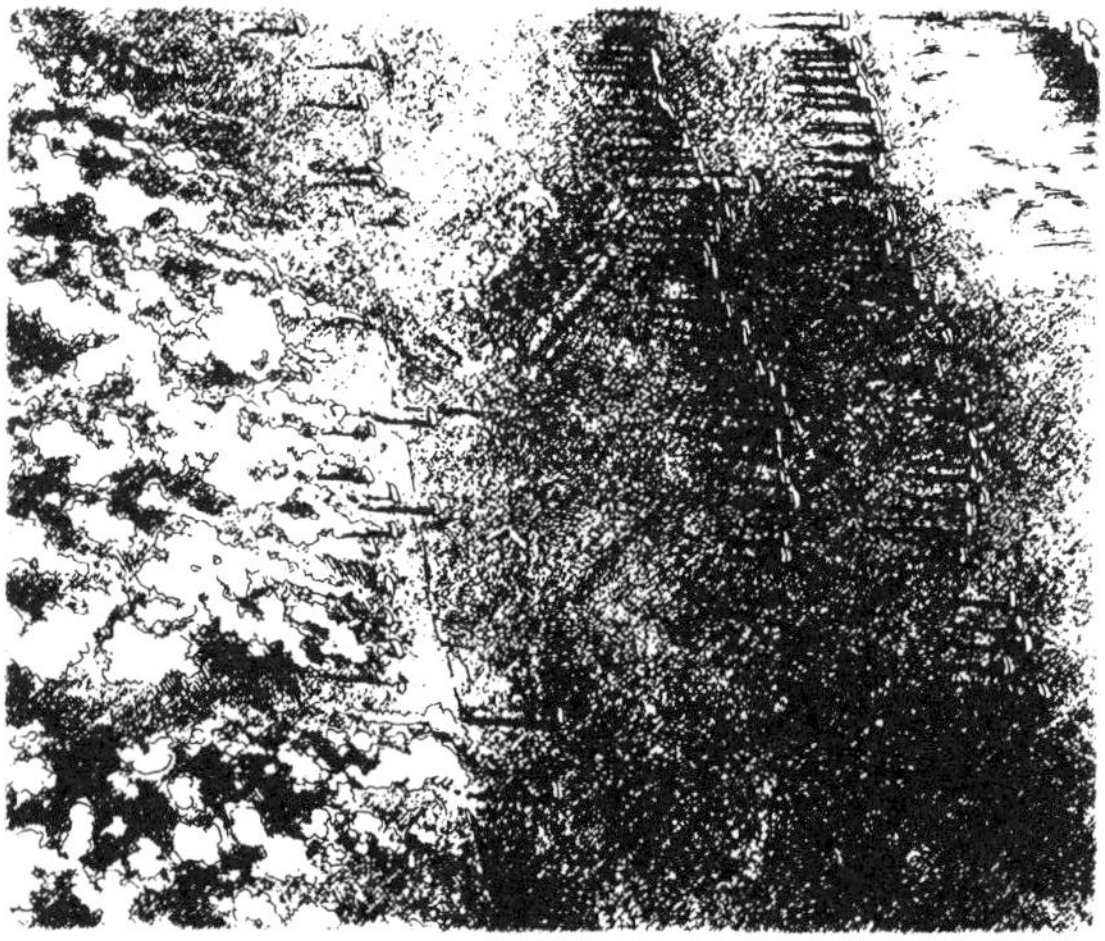
図2　ドイツ軍による連合国軍へのガス放射攻撃（日時不明）

最初は午前4時に放射する予定であったのが午前6時に延期され、次いで10時となり、午後5時24分に延期されて、そのときになってようやく攻撃にふさわしい風向きとなった。午後6時きっかり、イープル北方の小集落、ランへマークの北にあるドイツ軍前線陣地の1000本に達するボンベが同時に開栓され、約30分間のうちに7キロメートルにわたって150トンの塩素が放射された。
塩素の雲はゆっくりと動き、秒速約0・5メートルの速度で流れていった［図2］。最初は白く見えたこのガス雲は、ガスの量が増すにしたがい黄緑色へと変わっていった。数分間のうちに、正面に対峙していたフランス軍第45師団のアルジェリア兵たちは、特有のツンとする刺激臭のガス雲にすっぽりと包み込まれ、次第に息苦しさを感じるようになった。

窒息死をまぬかれた兵士たちは、ガス雲を逃れて後退していった。ガス雲はそのあとを追って進み、まずフランス軍第45師団の最前線は総崩れとなった。そのため、その右翼のサン・ジュリアン付近に布陣していたカナダ軍の左翼に大きな間隙ができた。後方にあったイギリス軍第5軍情報部の前を、青ざめた大勢のアルジェリア兵たちが指揮官を待たないまま、第5軍の後方に通じている道路を次々と退却していった。

連合国軍陣地は、幅約11キロメートルが約4キロ後方に撤退した。前線にいたフランス軍第45師団の第90旅団と後尾の第87師団は、ほとんどまったく姿を消していた。

好機を逃したドイツ軍、イープル占領の夢破れる

ドイツ軍兵士たちは慎重に前進していった。この前進が遅れたのは、敵軍の抵抗によるのではなく、地上低くこもった塩素によるガス雲と最前線構築塹壕によるものであった。

それでも1時間ほどのうちに、ドイツ軍は重要な拠点であるランへマークとピルケムを占

領した。

ドイツ軍は、このガスの放射攻撃でせっかく前面に幅7・2キロメートルの突破口が開かれたのに、およそ3キロ前進しただけで奇妙にも停止してしまう。イープルを得るためにはわずか6キロ半南下すればよいところまで来ていたのにである。

それはファルケンハインが、この好機を生かすべき次の攻撃のための予備兵力を用意していなかったのみならず、弾薬追加の要請さえ受け入れなかったのが原因である。こうしてドイツ軍は好機を逃してしまう。その結果、カナダ軍部隊が間隙部に急派され、ドイツ軍によるイープル占領の夢は破れてしまった。

ドイツ軍のイープルでの毒ガス攻撃のニュースは、またたく間に全世界を駆けめぐった。連合国軍側の発表によると、この戦闘のガス中毒者は約1万5000人、死者は5000人、捕虜は2478人にも達したとされた。この数字がすべて事実であれば、ドイツ軍は史上かつてないおどろくべき戦果をあげたことになる。しかしながら、ドイツ軍側の公式発表を見てみると、連合国軍のものと損害の面で著しい差があることがわかる。

ドイツ軍の軍医部長の報告によると、「翌4月23日に塹壕内に1名も窒息して死亡した連合国軍兵士を発見することができず、ただ負傷した数名の患者を発見したのみであり、ガスに曝《さら》された大部分の兵士は軽微の一時的な呼吸困難を起こしたにすぎない」と記され

図3　塩素ガスを吸入して倒れ込んだアルジェリア兵士たち

ている。のちにハーバー自身も、塩素の雲が消え去ったあと1時間ほど戦場のあちこちを見てまわったが、「戦場では少数の毒ガス戦死者を目撃したものの、多くはなかった」と述べている［図3］。また4月22日にドイツ軍の各病院で手当てを受けたドイツ軍兵士は200人にすぎず、のちに死亡したのはそのうちの12人だったと記録されている。

連合国軍側とドイツ軍側では、ガス中毒患者と死亡者の数にあまりにも大きな開きがある。この理由はなぜか。どちらの発表がより真実に近いのだろうか。たしかに塩素による攻撃に恐れおののき、一過性の呼吸困難をきたした連合国軍兵士の数は、ドイツ軍の発表より実際にはかなり多かったに相違ない。だが、連合国軍側は死傷者の数をかなり大幅に水増しして発表していたことも、まぎれもない事実なのである。

イギリスのエドワード・スピアーズは最近の著書「化学生物兵器の歴史」の中で、イギリスの野戦救急車と負傷兵治療後送所が対応した塩素による死傷者は約7000人にすぎず、そのうち死亡したのが350人であったとし、連合国軍側のこれまでの発表はまず確実に誇張であると非難している。

毒ガス攻撃の戦果

1915年4月22日にはじまった「第二次イープル会戦」は、塩素という化学兵器の大規模攻撃がはじめておこなわれた悪名高い戦闘として世界の歴史に名を残すこととなった。イギリスのキッチナー陸相はさっそく議会で演説し、ドイツが国際法で禁止されていた化学兵器を使用したとし、その非人道的行為を激しく弾劾した。これはもちろん最大の中立国であるアメリカを意識しての発言であり、その効果はおどろくほど大きく、ドイツ非難の声は全世界に満ちあふれたといってよかった。こうしてドイツは世界を敵として戦うことになってしまったのである。

この日以後、ドイツ軍側もイギリス・フランス連合国軍側も、ためらうことなく次々と

「恐怖の」兵器を戦場に投入するようになる。「化学戦」は大いにエスカレートしていったのである。

ハーバーは、化学兵器を開発したことに対して自責の念を表したことは一度もなかった。それどころか、このイープルでの最初の塩素攻撃の写真を大切にして、ずっと自分の部屋に飾っていたという。

連合国軍側では、この日の塩素攻撃の被害を誇張することによって報復という対抗手段を正当化し、時を移さず準備を進め、化学戦推進派の勢力拡大に大いに貢献することとなった。他方、この日の戦いにおいて非常に厳しい国際的非難を浴びたにしては、ドイツ軍の戦果は対応の拙劣さもあってあまり割に合わないものとなっていたといえる。

この「第二次イープル会戦」では、イギリス第2軍による局地急襲によって激戦の末、連合国軍がドイツ軍を撃破した。ドイツ軍の損害はわずか3万8000人であったが、連合国軍の損害は5万8000人におよんだ。ドイツ軍が戦略的成功をおさめた可能性があったのは、毒ガス攻撃の初日だけであった。

05

東部戦線における化学戦

東部戦線の戦況

1914年7月31日、ロシア軍に総動員令が下された。8月4日にはロシアで、すでに述べたように500万もの兵士が動員されていた。夥しい数の軍用列車がコサック騎兵、歩兵部隊や砲兵隊、それに軍馬を満載して続々とドイツとオーストリア国境に向かっていた。8月6日には、オーストリア＝ハンガリー政府はロシア政府に対して宣戦布告をおこなう。一方、ドイツはといえば、まだ大規模な戦争の準備はまったくできていなかった。それでもドイツはなんとか兵をまとめて東プロイセンにある東部戦線に送り込んだ。こうしてドイツは、オーストリア＝ハンガリーと連合してロシアにも立ち向かうことになる。世界中の多くの国々を巻き込む前代未聞の大戦争、のちにいう〝第一次世界大戦〟がはじまったのである。この大戦ではやがて、東部戦線でも化学戦が勃発する。

開戦後2週間もたたないうちに、ロシア軍はまず東部戦線の北部を狙い、防備の薄いドイツ東部に深く侵入してきた。8月17日、ヤコブ・ジリンスキー大将の指揮するロシア北西軍集団は、パーヴェル・レネンカンプフ将軍［図1］の指揮する第1軍と、8月19日、アレクサンドル・サムソノフ将軍［図2］の指揮する第2軍を率いて東プロイセンに侵攻した。

8月19日、ロシア第1軍はアイトクーネン付近でドイツ第1軍団を撃破した。この緊急事態に、当時のドイツ軍参謀総長モルトケ将軍は急遽、予備役にあったパウル・フォン・ヒンデンブルク大将［図3］を総司令官に起用。リエージュ要塞奪取の英雄であったエー

図1　ロシア第1軍パーヴェル・レネンカンプフ将軍

図2　ロシア第2軍アレクサンドル・サムソノフ将軍

図3　東プロイセン戦線に投入されたパウル・フォン・ヒンデンブルク大将（左）とエーリヒ・ルーデンドルフ少将（右）

リヒ・ルーデンドルフ少将［図3］を参謀長につけて派遣し、作戦参謀であったマックス・ホフマン中佐とともにドイツ第8軍の対応にあたらせた。動員が早かった分だけロシア軍の装備や態勢はきわめてお粗末であったため、8月26日にタンネンベルクの戦いが起こると、サムソノフ将軍指揮下の第2軍はヒンデンブルクによって全滅の大敗を喫する。ドイツ軍は兵力16万5000人中、死傷者2万人。ロシア軍は15万人中、死傷者、捕虜合わせて14万人。窮地におちいったサムソノフは、30日に林の中で自殺した。

9月9日から14日にかけて、第一次マズール湖沼の戦闘がはじまる。この戦いでドイツ第8軍は、歩兵部隊の機動力と鉄道を活用してレネンカンプフ指揮下の第1軍を包囲し、とどめの一撃を与えようとした。ロシア軍はかろうじて本国に逃げ込み、レネンカンプフはただちに軍籍を剥奪された。彼は不運であった。ロシア革命後にトロツキーから赤軍に

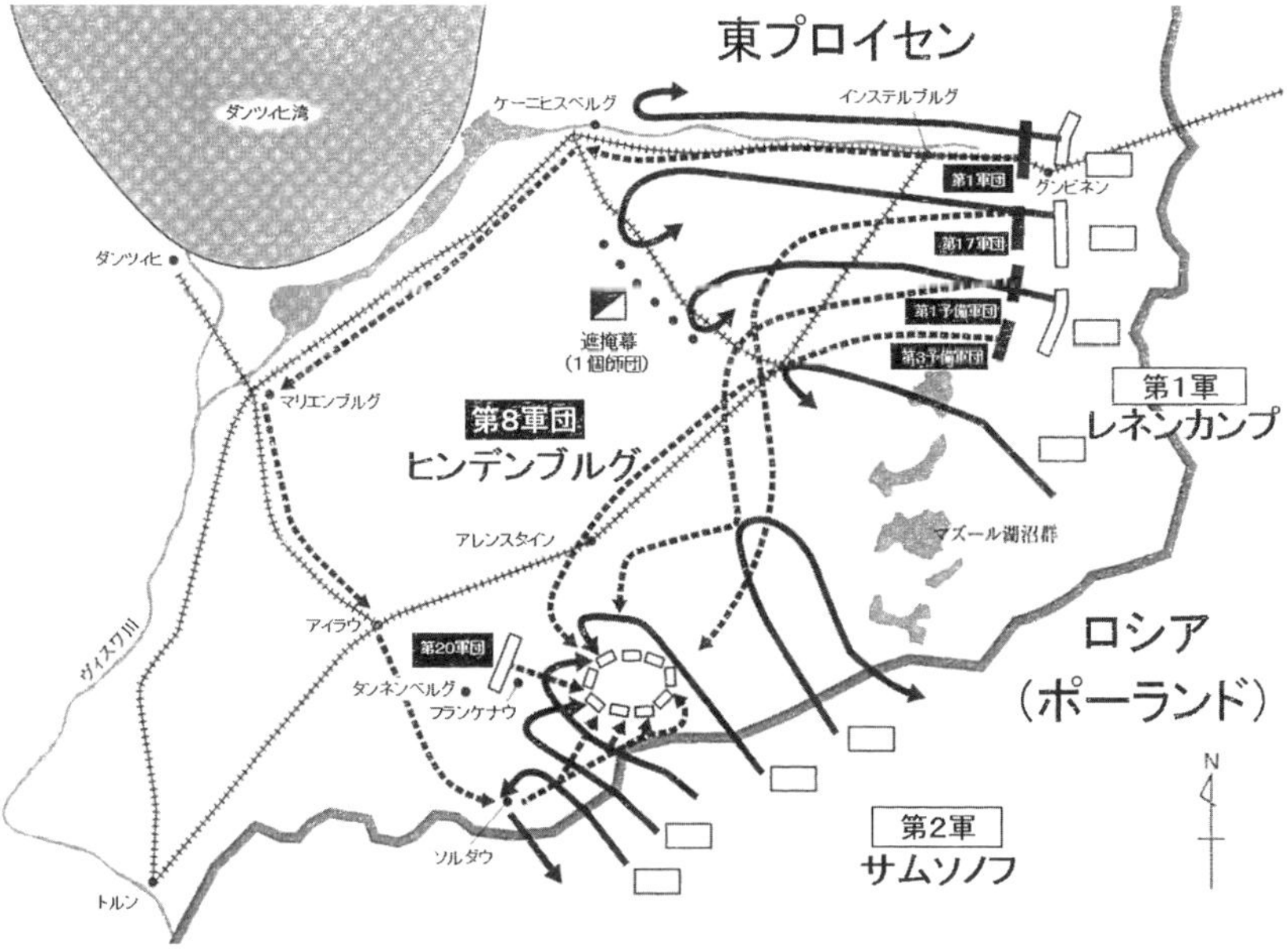

図4　東プロイセン戦線

加わるよう勧誘されたのを断り、射殺された。

　この第一次マズール湖沼の戦いで、ドイツ軍は死傷者4万人。ロシア軍は死傷者、捕虜合わせて14万5000人。ロシア軍はまたもや大敗したのである。タンネンベルグや第一次マズール湖沼の戦いでロシア軍は、日露戦争での敗軍の将帥たちの起用、偵察力の過小評価、無防備でお粗末な秘密保全や通信組織、予想外の兵站《へいたん》物資の不足などが相まって、大敗した。ドイツ軍のホフマンは情報網を駆使してロシア軍の弱点を調べ上げ、これを巧妙に利用したのである。この大敗戦が、ロシア帝国の崩壊の序曲となったことはいうまでもない。この一連の戦いでヒンデンブルクは、ドイツで一躍「救国の英雄」となった。

この戦闘では、ロシア軍の訓練不足と物資調達の不備、将軍たちの無能力、非能率的な組織力などが明るみに出た。緒戦で大敗を喫したロシア軍はなんとかそれを挽回すべく、首脳部は東部戦線から南部に目を向ける。ガリツィア方面に兵力を集中させ、オーストリア＝ハンガリーを攻略しようとした。

ロシア南方軍15個軍団は、名将ニコライ・ルズスキーおよびアレクセイ・ブルシーロフの指揮下にあった。1914年8月から9月にかけてのガリツィアの戦いでオーストリア＝ハンガリー軍を撃破し、進撃して国境を越え、東ガリツィアに侵入した。ガリツィアは、現在のポーランド南東部とウクライナ西部に位置する、オーストリア＝ハンガリー帝国最大の穀倉地帯である。油田も有し、帝国の心臓部ともいうべき地域であった。

これらの戦いで、オーストリア＝ハンガリー軍は11万人近い損害を出し、敗退していく。その結果、東部戦線の戦闘はいつの間にかドイツ軍とロシア軍が主役になったのである。

1915年3月、ロシア軍はガリツィアへの大攻勢を展開し、オーストリア＝ハンガリー軍が確保していたプルジェムイスルの大要塞を攻略した。この要塞は、東部戦線の南にあるオーストリア＝ハンガリー軍の最大の拠点である。この攻防戦で12万の兵員がロシア軍の手に落ちた。これはオーストリア＝ハンガリー帝国はじまって以来の大敗北であり、打撃はあまりにも大きかった。このあと、東部戦線におけるオーストリア＝ハンガリー軍の戦況は日増しに悪化していく。

ロシア軍はいまやカルパチア山脈の山道を迂回して、ハンガリー平原に進出しようとしていた。これによってハプスブルク帝国の崩壊は時間の問題となっていく。

ドイツ軍の反攻

ドイツ軍は、西部戦線では9月5日からはじまった「第一次マルヌ会戦」で思いがけない敗北を喫し、参謀総長のモルトケが解任された。東部戦線では、北部においてロシア軍の脅威が高まってきた。

9月14日、モルトケの後任の参謀総長エーリッヒ・フォン・ファルケンハイン大将は、東部戦線に戦力を集中し、ロシア軍を徹底的にせん滅するのが第一であるという決意を固めた。西部戦線でなんとか連合国軍を食い止めておき、できるかぎりの兵員を東部戦線に移すこととした。

ファルケンハインは東部戦線において第11軍を新たに編成し、オーストリア＝ハンガリー軍とともに東部戦線南部の司令官に任命されたアウグスト・フォン・マッケンゼン将

図5　ガリツィア戦線で恐れられたアウグスト・フォン・マッケンゼン元帥

軍［図5］の指揮下においた。さらにマッケンゼンの下にはその頭脳、すなわち参謀長としてハンス・フォン・ゼークト大佐を配した。ゼークトは大戦後、ドイツ陸軍の再建に大きく貢献することになる。

１９１５年の3月と4月を通じて、軍隊輸送列車は次々とドイツを横切って東へ走った。東部戦線の北方に布陣していたヒンデンブルク指揮下の全師団も、ファルケンハインの命令によってオーストリア＝ハンガリー軍を支援するため南方へ送られた。まもなくドイツ参謀本部も東へ移動する。マッケンゼンは、ロシア第6師団が布陣しているカルパチア山脈北方の静穏な地区に、14個師団と火砲１０００門を集中させた。

ドイツ軍最高司令部は、東部戦線のほうでも塩素攻撃をおこなうことを決定しており、4月末には化学戦特殊部隊である工兵連隊が、南部にあるガリツィアに移動した。

5月3日、ドイツ・オーストリア＝ハンガリーの同盟国軍は、45キロメートルの戦線でガリツィアの西部、ドレスデンの東100キロメートルに位置するゲルリッツで大攻勢をかけた。マッケンゼンの指揮するドイツ第11軍の活躍はもっともめざましく、まず圧倒的に多くの火砲を投入し、その威力を遺憾なく発揮して徹底的な破壊砲撃をおこなう。そして夜になって、精鋭部隊である近衛師団をもって壮烈な夜襲を敢行した。

この5月3日のドイツ軍の大攻勢は、戦力の薄いロシア軍の正面を容易に突破し、粉砕した。6月3日にはプルジェムイスル要塞を再占領した。ドイツとオーストリア＝ハンガリー同盟国軍は死傷者9万人、ロシア軍は死傷者24万人。捕虜75万人が出たとされている。こうしてロシア軍は総崩れとなり、まずガリツィアを、それからポーランドの大半を放棄。ロシアはフランスよりも広い領土を失った。

ワルシャワへの進攻作戦

ドイツ軍は、5月中旬ごろには化学戦を開始するため塩素ボンベの配置をはじめた。小型ボンベを使用したが、それらはドイツで充填済みのものであって、イープルにおける場合と同様幾組みかに分けて配置された。この東部戦線では最初は塩素、のちには塩素とホスゲンの混合ガスが放射された。

5月31日、ドイツ軍は塩素ガス放射攻撃をポリモフでおこなった。これが、ロシア軍に対するはじめてのガス放射攻撃である。ポリモフの場合は正面12キロメートルにわたって、イープルの約2倍の1万2000本のボンベの塩素を放射。このガス放射攻撃で、ロシア軍シベリア軍団の2個連隊はほとんど壊滅的な打撃を受けた。

この攻撃では中毒患者が6000人を超え、うち窒息死した者が3000人、捕虜となった者は1500人を数えたという。一説では中毒患者は9200人で、死者は6000人も出たという報告もある。いずれにしてもドイツ軍はおどろくほど甚大な損害を与えたわけである。ロシア軍はまったく予期していなかった毒ガス攻撃にあわてふためいた。ドイツ軍は東部戦線で予想以上の収穫を得たのである。

これをきっかけとしてロシア兵は、ドイツ軍がガス攻撃をしかけてくるのではないかといつも戦々恐々としていたという。

カイザー・ヴィルヘルム研究所の主任研究員であったオットー・ハーンは、前線で一介の兵士として戦闘に加わっていた。はじめてハーバーに呼び出されたとき、ドイツ軍の毒ガス使用はハーグ条約に違反するのではないかと反論したが、フランス軍がすでに使用していること、またこの新兵器が多くの犠牲者を出さず、戦争を早く終結させるであろうと説得され、ハーバーの部下になることを承諾した。こうしてその後、6月はじめに予定されていたゴルリツェに対する毒ガスの大攻撃を手伝うことになる。ハーンらが攻撃予定地域に到着したときにはすでに突破は成功しており、それ以上は毒ガス攻撃部隊を必要としなかった。

数日後にはヴィルヘルム2世が前線を視察した。このときハーンは中尉に昇任し、ガス攻撃部隊の指揮官となっていた。このころドイツ軍首脳部は、早くも化学戦の有効性にあらためて注目するようになる。

6月12日、2回目のガス放射攻撃は、ヴィスワ川に沿ってピシア方面に向け、6キロメートルの前線でおこなわれた。この日、前線の気象条件は申し分ないほど穏やかであった。風向きはまさに理想的であるように思われた。この攻撃でドイツ軍は、塩素とホスゲンを混ぜた、塩素だけのものよりさらに猛毒なガスで攻撃した。ところが風向きが急に変わり、毒ガスの雲が味方の前線に吹き戻された。ドイツ軍兵士たちにはガスマスクが十分行き渡っておらず、また十分な訓練もなされていなかったため、攻撃の準備をしていたドイツ軍の歩兵のあいだにガス雲の一部が流れ込むと、短時間ではあったがパニック状態が発生した。

この攻撃によるドイツ軍の死傷者は350人、そのうち死者は100人を超えた。それでもこの攻撃でロシア軍は総崩れとなり、ドイツ軍は6キロメートルの幅で数キロも前進することができた。

ハーンは自伝の中で当時の状況を次のように述べている。

「前進の際に毒ガスの煙から逃げきれず、ガス中毒を起こした相当数のロシア兵を見かけた。彼らは無防備のままガスに不意打ちされ、死体となって横たわっているか、あるいは哀れな状態でのたうちまわっていた。彼らのうちの幾人かにわれわれは救命装置を用いて呼吸を楽にさせようと試みたが、彼らを死から救うことはできなかった。私は当時深く自らを恥じ、そして心の中は動揺していた。というのは、なんといっても私自身がこの悲劇を引き起こした張本人だったからである」

東部戦線での化学戦の成果

7月6日、3回目の攻撃が、ヒュミンとボルツイモウのあいだの戦線と、もう一方の端のソチャツエウの東と西でおこなわれた。9000本の塩素とホスゲンの混合ガスボンベがすぐに使える状況にあったが、全量は放出されなかった。

ロシア軍は、ドイツ軍による毒ガス攻撃を予期して陣地を手際よく離脱したのでほとんど被害を受けなかった。またもや毒ガスは方向を変えて、ドイツ軍の前線に向かって吹き流された。その結果、1450人のドイツ兵が自軍の毒ガスで負傷し、そのうち138人が死亡した。このときハーバーにより招集されていた高名な物理学者グスタフ・ヘルツ（1925年、ノーベル物理学賞受賞）も、味方の放射したガスを吸入して重症を負ってしまった。故国の病院で1か月におよぶ治療を受けたのち、彼はようやく前線に復帰することができた。そのほかに、リヒャルト・ウィルシュテッター（1915年、化学賞）、ジェームス・フランク（1925年、物理学賞）、ハインリッヒ・ウィーラント（1927年、化学賞）など、ハーバーのもとにはドイツの誇る俊才、のちのノーベル賞受賞者たちが相次いで参集していた。

その後もドイツ軍は進撃を続けていった。しかし、ワルシャワの北東、オソウィースのロシア軍要塞は、ドイツ軍にとっては大きな障害物であった。そこで8月6日、彼らは大がかりなガス放射攻撃を決定する。

その日ドイツ軍は、4キロメートルの前線に沿って1万2300本のボンベを隙間なく集中的に配置して、午前中に220トンの混合ガスを放射。しかし、ロシア軍は万全の防御対策をとっていて、毒ガスのガス雲を発見するやいなや大量の砲火を浴びせてきた。このため砲煙により強力な上昇気流が発生し、毒ガスの流れの向きを変えてしまった。

ロシア軍は2週間にわたって要塞を堅持していたものの、撤退せざるをえなくなり、ドイツ軍はそこでそれ以上毒ガス放射攻撃をおこなう意味がなくなった。

１９１５年４月22日から８月６日のあいだに、ドイツ軍は総計でおよそ１２００トンもの毒ガスを放射した。その３分の２は東部戦線である。毒ガスは、西部戦線のイープルにおける第1回目の攻撃ではドイツ軍にとって大した成果は得られなかったものの、東部戦線ではおどろくべき大きな威力を発揮していたのである。

06 毒ガス報復戦のはじまり ── 不運なロースの戦い ──

報復に向けて

１９１５年４月22日のドイツ軍のイープルでの塩素放射攻撃は、欧米諸国に大きな衝撃を与えた。この出来事に対する連合国側の反応は、パニックと報復の決意の混ざり合ったものであった。

この戦いについてチャーチルは、著書「世界大戦」の中で、「４月22日、イープルに開始された毒ガス攻撃──東部戦線でのポリモフにおけるドイツ軍のように砲撃に頼らず、円筒からたえず毒ガスを射出する戦術──は、種々なる戦慄すべき企画中もっとも有力なものであった。その驚嘆すべき効果を利用する準備がドイツ軍予備兵に行き渡らなかったときに、この恐るべき武器が軽率に暴露されたことは、西部連合国が感謝すべき賜物であった」と記している。ちなみに、９月25日におこなわれたロースの戦いにおけるイギリス軍の塩素による報復攻撃については、チャーチルはその著書の中で何もふれていない。

また当時の軍需相デイヴィット・ロイド・ジョージは、著書「世界大戦回顧録」の中で次のように述べている。「ドイツ軍がイープルにおいて新たなる攻撃の火蓋を切ったことで、大戦最初の毒ガス攻撃という思いもよらぬ脅威がもう一つ加わったのであった。その際わが軍は、死の雲（毒ガス）のために全滅に瀕しつつあった悲運な歩兵を救い出すにも、必要な砲弾がないというありさまであった。毒ガスの出現は、この戦争の技術的方面がいかに重要であるかという新たなる刺激を与えた。それはわが軍のまるで知らない戦法だった。したがってその攻撃に対抗する準備ももちろんなかった。憤激と恐怖の念は全国民のあいだに広がった」。

このガス攻撃に、連合国軍首脳たちは大いにおどろいた。4月23日、イギリス遠征軍総司令官フレンチは、さっそく陸軍省に「緊急対策を講じ、わが部隊の使用のため敵軍が使用したのと同様の、もっとも有効な手段を供給するよう要請する」という緊急公電を打っている。イギリス政府は閣議を開き、断固として報復措置をとることを決定した。

5月の終わりごろにイギリスの陸相ホレイショ・ハーバート・キッチナー［図1］は、ドイツ軍に対して塩素で攻撃することを閣議に提案し、了承された。キッチナー案はドイツ軍の作戦をまねて、戦線に塩素ガスボンベをならべて放射しようというものであった。

陸軍省はあわてて専門家を召集し、報復に対する具体的方策を検討する。さっそくイギリスにあるすべての化学工場に保有している塩素の量の調査を命じた結果、化学兵器として使える塩素の量は皆無に近いことが判明する。

1915年においては、イギリス・フランス連合国軍における砲弾の不足はあきらかであり、連合国軍の化学者たちは砲弾のかわりに毒ガス放射攻撃の実用化に取り組まざるをえない状況に追い込まれた。

6月4日には早くも、イギリスのランコーンにあるカストナーケルナー工場で塩素の放射実験がおこなわれた。ここはイギリスで塩素を液化する施設を有した唯一の工場であり、この工場に対して1週間に150トンを生産するよう指示が出されるとともに、ボンベ、バルブ、サイフォン・チューブの調達が命じられた。

さらにイギリス陸軍省は、陸軍工兵隊の中に、化学者や化学を専攻する学生からなる「特殊中隊」を編成する。

1915年5月26日、イギリス陸軍工

図1　毒ガスでの報復を指示したイギリスの陸相ホレイショ・ハーバート・キッチナー元帥

兵少佐チャールス・ハワード・フォークス［図2］が、イギリス遠征軍総司令官フレンチによって化学戦顧問に任命された。どのような経緯でフォークスが任命されたのかはあきらかではない。彼はその日の思い出を後日、次のように述べている。「君はガスについて何か知っているかね」とフレンチが聞いたのに対し、私は「ぜんぜん知りません」と答えた。そこで続いて「そうか。それは大した問題ではない。君にはここフランスで、ドイツ軍に対するガス報復を担当してほしいのだ」と命じられた。

フォークスに与えられた任務は非常に難しく、生まれつき発明の才能があるとはいえたいへんな努力がいった。イギリス軍最高司令部の希望は、その年の秋の大攻勢にガスを使うことであった。フォークスはわずか5か月間でどの化学兵器を使用すべきかを考え、生産し、操作する人員を募集して訓練し、もっとも効果的な使い方を考案しなければならなかった。こうして早くも6月15日、フォークスはガス部隊（特殊中隊）の編制に着手する。フ

図2　イギリスの化学戦の顧問となった
チャールス・ハワード・フォークス少佐

ォークスのもとには化学者や学生が次々と志願してきた。

この中隊の兵士たちは短期間の即成訓練ののち、至急フランスの前線に送られた。彼らは防毒マスクなどのガス防御対策およびその使用を指導する教官として、イギリス遠征軍に分散して編入されたのである。ボンベは最終グループが7月中旬にフランスに届いた。まず予行演習として3人の兵士が一組となって、夜のうちにこっそりボンベを前線の塹壕まで運ぶ手順からはじめた。やっかいな荷物であるボンベはどうしても人力で運ばねばならなかった。将校には化学者、とくに中高等学校の講師たちをあて、兵士には上級学年の大学生を採用したが、その毒ガス放射訓練に3か月を要した。

8月22日には、ヘルフォートに特殊旅団総司令部が開設され、そこでイギリス軍の高級将校、将官約30名に対してガス放射攻撃の試験が供覧された。この供覧は視察者たちにその効果を確信させる深い印象を与えた。そこにはチャーチルも姿をみせており、化学戦に大いに関心を示した。

9月になって本格的な輸送がはじまったとき、予行演習とは様相が大きく異なっている事実がわかった。放射パイプは各ボンベに2本ずつついており、3メートル以上の長さになっていた。いくら暗闇の中でとはいえ、イギリス軍の数千本のボンベが人口の密集地域を通って輸送されるのを隠しとおせるものではない。

ドイツ軍の情報部は、９月中旬にはイギリス軍がどの程度の規模で攻撃してくるのかを正確に把握していたに相違ない。

ボンベは９月末までに少なくとも６０００本程度が調達、つまり新たに製造されていた。こうしてイギリス軍は塩素を１６０〜１７０トン保有することになる。

連合国軍のロースの戦い

イギリス軍によるロースの戦いにおける毒ガス報復戦については、イギリスの戦史家であるリデル・ハートが名著「第一次世界大戦」の中で、めずらしくもじつにくわしく生々しく記述している。これによってイギリスがこの毒ガスによる報復戦に、いかに多くの関心と期待を抱いていたかがうかがえる。

１９１５年も秋に入ると、イギリス・フランス連合国軍総司令官に任命されたジョフルは、西部戦線での大攻勢を開始することを強く主張した。彼の作戦では、二つの遠く離れた戦区であるアルトワ戦区とシャンパーニュ戦区から、二大集中攻撃をかけることになっていた。

このシャンパーニュとアルトワの両戦区をうまく突破できれば、それが西部戦線の連合国軍の総攻撃の引き金となるはずであった。ジョフルは自信をもって断言する。「ドイツ軍をしてマース川対岸への退却を余儀なくさせ、それでおそらくこの戦争を終結させるであろう」と。

イギリス第1軍司令官ダグラス・ヘイグは、陸相キッチナーからの執拗なまでの圧力と、現地フランス軍のジョフルとフォッシュ両将軍からの圧力を受けて苦慮する。やむをえず地の利のない戦区で、準備も整わないうちに、しかも攻撃成功のために絶対必要と思われる36個師団のわずか4分の1の9個師団をもって作戦を開始せざるをえなくなった。

ジョフルとフレンチは、西部戦線のどこで攻撃に出るかについて意見が対立していた。ジョフルは、イギリス軍はイープルの南部、アルトワ戦線のロースを攻略すべきであると主張して譲らない。キッチナーはフレンチに、ジョフルの指揮に従うよう命令した。このときヘイグは、毒ガスを使用できればなんとか勝利をものにできると信じていた。

ヘイグは、ロースの戦いが最終決定されたとき、被害をできるだけ少なくするため、まず手はじめに2個師団だけを投入し、攻撃をおこなう手はずにしていた。しかし、ここで塩素放射攻撃を併用すればもっと多くの成果をあげられるかもしれないと思うようになり、急遽作戦計画を大幅に変更して塩素放射攻撃を同時におこなうことにした。塩素放射攻撃に大いなる期待をかけたのである。

フォッシュが最初に攻撃日と決めていた9月15日は、風向きはおあつらえ向きで、ガス放射攻撃に好都合であった。ほぼ140トン分のガスボンベ5100本が、アルトワの10キロメートルの戦線の塹壕に運ばれ、敵の砲撃で壊されることのないよう秘密のうちに造られた安全な地下壕におさめられた。1キロメートルあたり14〜15トンも放射すれば、十分な打撃を与えうる濃度の塩素雲を作ることができると考えられたが、140トンは攻撃を予定した区域に40分間ずっと放射し続けるのに要するガスの量の、やっと半分にすぎなかった。

ドイツ軍の機関銃兵が身につけている毒ガス防御用の携帯用酸素ボンベが40分はもつとされていたため、それを上まわる時間放射するのに十分な塩素が必要であったが、とてもそのような量はなく、ドイツ軍の機関銃兵を倒すためにガスボンベを一度に連続して開栓するのではなく、開閉を繰り返すことまで指示された。

そして、閉じているときには塩素を大量に放射しているようにみせかけるため、毒ガス放射と同時に「発煙ろうそく」に点火する方式がとられた。これが第一次世界大戦においてはじめて用いられた「煙幕」である。この煙幕がロースの戦いでは威力を発揮する。

9月21日、イギリス軍砲兵隊の一斉砲撃がはじまる。弾薬不足を補うために、24時間のあいだ重砲は1門あたり20発、野砲は1門あたり150発と使用量が制限された。しかし、このような砲撃ではとても期待した成果は得られそうにない。そこで指揮官たちは、ガス攻撃を併用するために、風向きや風速といった気象条件をまず念頭に入れて攻撃しなければならなかった。

塩素放射攻撃の前夜、つまり9月24日の夜は、ヘイグたちにとって緊張と不安の連続であった。イギリス政府も固唾《かたず》をのんで、じっとこの機会を待っていた。なにしろこれは、イギリス軍としてははじめての大がかりな毒ガス攻撃だったからである。

ヒンへにあるヘイグの総司令部には、各地の気象観測班から刻々と気象情報が送られてきた。午後6時の予報では、風の向きはややよい方向に変わりつつあると報告された。午後9時にはもっとよい気象情報が送られてきた。それによると、やがて風向きは南西あるいは西に変わると予想された。それが事実であれば、塩素は確実にドイツ軍塹壕陣地に運ばれていくはずである。

この気象情報に基づいて、ヘイグはためらうことなく、全面的なガス攻撃の準備を開始することを指示した。

イギリス軍にガスが逆流

真夜中から午前2時になると、風速は秒速1・3〜1・8メートルから1メートル以下に弱まり、場所によっては死んだような無風状態になった。その後、予報どおりまだ暗いうちに風はやっと向きを変えたが、南西方面までであり、さらに悪いことにはまだほとんど無風に近い状態であった。こんな状態ではガスの放射攻撃はできない。作戦計画全体がいまや存続の危機に瀕していた。ヘイグや部下たちは焦りはじめた。

午前5時、空が白みはじめるのももどかしく、ヘイグは司令部を出た。風は頬にかすかにそよぐ程度に感じられた。彼はすぐに副官にタバコに火をつけるよう命じる。タバコの煙は北東に向かってそよそよと流れていった。風向きの変化が予想より早く起こっていたのである。しばらくすると風速がやや強まったような感じがしたため、5時15分、ヘイグは思いきって「決行」を命じ、この攻撃のために特別にしつらえた監視塔にのぼった。しかし、風速は思ったほど好転していなかった。

そこでヘイグは放射開始の時間を少し遅らせることにし、こうして午前5時50分、最初の塩素が放射された。いざとなってみると、訓練を十分に積み重ねてきたはずの「特殊中隊」にも混乱が生じた［図3］。なにしろ彼らにとってははじめての実戦であった。

実際にガスを放射しようとしても、ボンベのスパナが合わなくて使用できないものもあれば、スパナが軟らかすぎたものもあった。かなりの部品が輸送や砲撃によって壊れていた。パイプも壊れており、パイプを開けたとたん塹壕内にガスがあふれだし、イギリス軍に中毒例が出はじめた。

それでも、イギリス軍期待の塩素がいっせいに放射されると、シューという音をたてながらゆっくりと風に乗って、ドイツ第6軍陣地右翼に向かってうまく運ばれていった。これが左翼では失敗した。場所によってはガスがイギリス軍のほうへ逆流してしまったのである。

午前6時30分になって歩兵の総攻撃が開始された。これにはイギリス第1軍の全兵力が投入された。イギリス軍兵士はヘルメット型防毒マスクを装着し、濃い毒ガスの中を突きぬけて前進するよう命じられた。

図3 防毒マスクを着けコートを被りボンベから塩素ガスを放射しようとしている「特殊中隊」隊員

イギリス軍のほうから不気味な黒い雲がゆっくり、這《は》うように流れてきて塹壕に侵入し、奥まで押し寄せてきた。ドイツ軍は、まず緑色のガスが流れてきて、そのあとに黒煙の混じった大きな雲が次々と流れてくるのにおどろき、たちまち退却していった。ドイツ軍の第一線の部隊の一部は毒ガスの煙に覆われ、視界が悪くなり、10歩先も見えなくなった。

塹壕の中に深く入り込んだ毒ガスは、午前10時まで消えなかったという。

報復戦の成果

最右翼に布陣していたイギリス第47師団は、ドイツ第6軍の側面を突き崩す任務をどうにか達成した。しかし、その隣のイギリス第15師団が予想以上に前進できており、この二つの師団の前進距離の相違が、第15師団の方向を見失わせる結果となる。せっかくスムーズにいきそうであった目標地点の「70高地」への突入を、挫折させてしまったのである。

それでも、スコットランド部隊があまりにも早く前進してきたため、あわてたドイツ軍総司令部は急遽ロース周辺から撤退する準備をはじめた。イギリス軍はロースを奇襲し、占拠する。ただし進撃はそれまでであった。ドイツ軍はまたたく間に、はるか後方のドエーの町あたりまでいったん撤退する。

こうしてイギリス第15師団は、ほとんど完全突破をなし遂げた。しかし、せっかく確保した小さな西部戦線の突破口を利用する機会は、フレンチがヘイグの要請を無視して唯一の予備軍を25キロメートルうしろにとどめていたために、むなしく消え去った。フレンチとヘイグの感情的なもつれが好機を失わせる結果となったのである。

フレンチが予備軍を送り込んだときには、機はすでに失しており、加えて予備軍の輸送が大いに混乱したため到着はいっそう遅れることになった。この混乱の間に、攻撃を受けたドイツ第6軍はただちに反撃に転じる。今度はイギリス軍陣営がドイツ軍の突破に脅かされる番となり、ドイツ軍の反撃を封じるため新たにガス放射攻撃が必要となった。

2回目の塩素放射攻撃は、9月27日の夕刻5時にヌーヴ・シャペルで、残りの400本のボンベを使って開始された。このときの気象条件は良好で、風速は秒速1・8メートルであり、塩素は予想どおりドイツ軍陣地へ流れていった。

この塩素放射によってドイツ軍は撤退を余儀なくされる。それに乗じてイギリス軍は多少は前進することができた。

しかし、9月29日にはドイツ軍が猛反撃に転じた。イギリス軍は思ったほど進撃できず、かえって押し戻されてしまう。

この2回にわたるイギリス軍の塩素

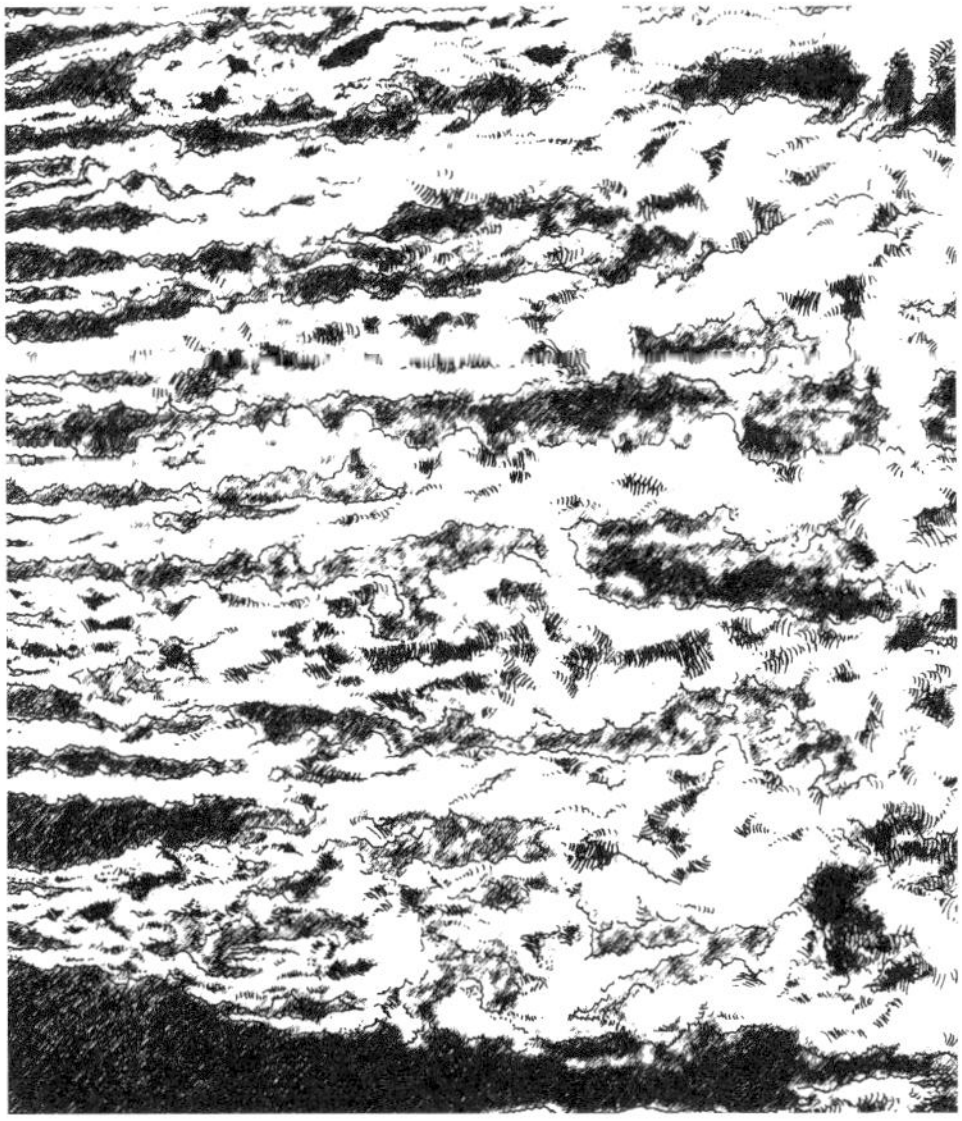

図4　イギリス軍によるガス放射攻撃

放射攻撃についてハーバーは、ヴィルヘルム2世に次のような手紙を書いている。「ある師団の兵士たちは、そのガスが近づいたとき崩れ去った」と。一方、ロース近くのジバンシーに布陣していたドイツ第7軍は次のように報告した。「106名がガス中毒になり、治療のため後方に送られた。しかし、死亡した者はいなかった」。

とにかく、ドイツ兵の塩素ガス放射攻撃による被害はきわめて軽微だったようである。ドイツ軍はイギリス軍が必ずや塩素で攻撃してくると予期して、ガスマスクから酸素ボンべまで備えており、当時では万全の防御を整えていた。

また、ドイツ軍のある目撃者は次のように記している。「イギリス軍の放射したガスは、逃げるドイツ軍にはなかなか追いつかなかった。これがドイツ軍の犠牲者を少なくした理由である」と。

9月25日と27日におけるイギリス軍の塩素放射攻撃の際の自軍の犠牲者は2632人であり、そのうち7人が死亡した。とりわけイギリス第2師団と第15師団の被害は大きかった。第2師団では1052人が、第15師団では464人が自軍の塩素を吸入して中毒を起こした。毒ガスによる死傷者の割合は、ロースにおける全死傷者数の4・4%であり、のちの毒ガス攻撃の場合に比べても高かった。

最終的にみて、ロースの戦いにおけるイギリス軍の塩素放射攻撃は失敗であった。ヘイグらイギリス軍首脳部の落胆はあまりにも大きかった。

ロースの戦いの結末

ロースにおける塩素放射攻撃は、イギリスの国威をかけた報復戦のはじまりであり、大きな期待をかけられた予備実験であった。

イギリス軍は、総力をあげて塩素で報復攻撃を果たすことができた。その成果は微々たるものであったが、イギリス軍はこの作戦で多くを学ぶことができた。ガスの放射攻撃によって兵員と弾薬を倹約できるのみならず、敵に混乱と戦意の喪失をもたらすこともわかった。また、ガスマスクも改良せざるをえなくなった。

イギリスの新聞では、ロースでの塩素による報復についての報道はきわめて控えめであった。その理由は、ほんの先日までこの件で、ドイツは非人道的行為をおこなっていると して徹底的に非難し続けてきたからである。チャーチルも同じ主旨の非難を繰り返していた。ユリュックでは、いくつものイギリス軍部隊が隊列を組んで前進したため、ドイツ軍の機関銃で次々となぎ倒された。わずか2日間で6000人のイギリス兵が死亡した。ロースの戦いは、ドイツ軍が「ロースの屍体の原」と名づけたほど悲惨な戦いであった。

図5　イギリス遠征軍総司令官となった
ダグラス・ヘイグ将軍

　アルトワ会戦の一端であるロースの戦いでは、フレンチは予備軍として歩兵4個師団と騎兵5個師団を迅速に投入することをためらった。イギリス軍は４万５０００人の損害を出し、その南方ではフランス軍が４万人の損害を出した。一方、連合国軍の攻勢を防いだドイツ軍にも約５万１０００人の損害が出た。

　12月17日、フレンチの判断によってロース戦線の突破は不成功に終わったとみなされ、フレンチは罷免される。そしてダグラス・ヘイグ［図5］がその後任としてイギリス遠征軍総司令官に任命され、戦争が終わるまでその地位にとどまった。

　ヘイグは化学兵器の有用性を信頼し、いつの間にか熱烈な信奉者となっていた。ヘイグがイギリス軍の実権をにぎったことで、それ以後の戦略は彼の意見が大きく反映されるようになった。こうして化学戦争はますますエスカレートしていく。

07 報復戦争

連合国軍の秋季大攻勢

連合国軍総司令官ジョゼフ・ジョフルによる連合国軍側の1915年の秋季大攻勢は、北部フランスのアルトワ戦線でロースを占領し、ドイツ軍を撃破し、敗北に持ち込むことをめざしていた。同時に中部フランスでは、アルトワからかなり離れたシュイペからアルゴンヌの森へかけてのシャンパーニュ地区で、30キロメートルにわたる戦線に布陣していたフランス軍によって勝利がもたらされるというものであった。

この秋季大攻勢は、ロースの戦いと同時に開始されることになっていたので、フランス軍はこの戦いをシャンパーニュ・アルトワ戦と呼ぶ。しかし、ロースの戦いではすでに述べたように、思ったほどの戦果をあげることができなかった。ジョフルの期待は大きく裏切られた。ロースの戦いはあくまでもイギリス軍が主体であり、ヘイグ将軍にすべてをゆだねることになっていたので思うようにはいかなかった。どうしようもなかったのである。

そこでジョフルは、シャンパーニュ攻勢に総力をあげて挑むこととした。この戦いでは、あくまでもフランス軍が主力であった。もちろんイギリス軍も参加することになっていた。

ジョフルは、9月14日づけで連合国軍の各司令官に詳細な訓令を出していた。あらためて自分の決意をあきらかにする目的で、9月21日、シャンパーニュに布陣する全軍の司令官に次のような命令を出した。

「フランスとイギリスの全軍が、いまや決行せんとしつつある攻撃は、大要以下のごとき次第をもっておこなわるるはずである。よって、その旨攻撃に先立ってすべての連隊に通告せられたい。軍事行動をおこなうべき部隊は、カステルノー将軍の率いる35個師団、フォッシュ将軍麾下《きか》の13個師団、イギリス軍の13個師団、ほかにイギリス・フランス両軍を合わせた騎兵15個師団である。フランス全軍の4分の3は、こうしてこの大攻勢に参加するはずである。活動すべき砲門は、重砲2000、野砲3000。そしてこれがために準備された弾薬は、戦争初期の供給よりもはるかに大なるものである。（中略）以上の事実をかえりみれば、今回の大戦におけるわが軍は、成功のすべての要素を備えているものと言わねばならぬ」。この戦いにかけるジョフルの期待がいかに大きかったかがうかがえる。

シャンパーニュ攻勢でフランス軍惨敗

ロースの戦いと時を同じくして、フランス第2軍は9月25日、シャンパーニュをめざして30キロメートルの攻撃正面において野砲と重砲のすべてを投入し、75時間にもおよぶ連続砲撃が開始される。フランス軍はこの戦闘に備え、わざわざヴェルダン要塞から重砲をはずして投入していた。こうして歩兵攻撃の開始前に、3時間にわたってドイツ軍に猛烈な砲撃を加えた。

その後、フランス軍歩兵部隊が攻撃前進を開始する。ドイツ軍第一陣地には砲撃で大きなダメージを与え、どうにか突破できたものの、砲撃で吹き飛ばされた鉄条網が巻きついた残がいや砲弾孔だらけの地面は、攻撃前進の大きな支障となった。

ドイツ軍第二陣地には主力部隊が控えており、たくみに砲撃をまぬかれていた。ドイツ軍の本格的な防衛線は第二陣地におかれていたのである。突撃したフランス軍はここで予想外の猛反撃を受ける。9月26日には、さらにドイツ軍予備隊が到着し、新たに砲兵部隊も投入され、それによる逆襲でフランス軍の攻撃部隊は無惨な敗北を遂げ、退却を余儀なくされた。

とにかくフランス軍は、3日間にわたってドイツ軍第二陣地にむなしい体当たりを繰り返し、大損害をこうむっていた。フランス第2軍司令官フィリップ・ペタン中将が、総司令部からの命令を無視して攻撃を中止していなければ、その被害はさらに甚大なものとなっていたであろうといわれている。

敵陣突破をめざして待機していた騎兵の諸師団は、その宿営地へ送り返された。フランス軍はこのシャンパーニュ攻勢において惨敗し、14万4000人の将兵を失った。対するドイツ軍も8万5000人の損害を出している。

ジョフルは自伝の中で、最終的にこの作戦について「シャンパーニュ攻勢は、大山鳴動して一鼠出づる態《てい》のもので、いっこうに芳しき結果を得なかった。ドイツ軍の守備ははなはだ堅実、正規兵をもってこれを撃破せんこと到底望むべからずやに思われた」と総括している。シャンパーニュ攻勢では、フランス軍はほとんどなんの成果もあげることなく、膨大な死者を出したのち、この作戦は断念された。ジョフルの信用は丸つぶれとなってしまった。

この戦闘でドイツ軍情報部は、ヴェルダン要塞が無力化しているという貴重な情報を得た。こうしてドイツ軍はヴェルダン要塞攻略に本気で取り組むことになる。

憤り、塩素放射攻撃での報復へ

一方、1915年4月22日のドイツ軍の第二次イープル会戦での塩素放射攻撃で、最初に攻撃を受け、しかももっとも多くの被害が出たのはフランス軍であり、軍や政府の憤りは筆舌に尽くしがたいものであった。フランス政府はただちに毒ガスによる「報復」を決定した。

報復という問題に対しては、フランス軍総司令部はまさに気力横溢《おういつ》、意気天を衝《つ》くものであった。フランス国民もこぞって報復に賛意を表明した。

そしてこの毒ガスによる報復という課題に対して、フランス軍総司令部は、最初は非常に精力的に取り組んだ。そしてイギリス軍と同様、「塩素」での報復が決定された。

フランス政府はさっそく、国内にどのくらいの塩素の在庫があるか調査した。その結果、残念ながらほとんどの化学工場が塩素を保有していないことを知って愕然とした。ただ非常に興味あることは、化学兵器として使えそうなホスゲンがカレーで小規模に生産されていることを知ったことである。そこでフランス軍は、早い時期から塩素の報復用にホスゲンを利用することを計画した。

しかし、ホスゲンを作るためにはどうしても塩素が必要である。にもかかわらず、当時フランス国内には塩素を大量生産しうる工場が一つもなかった。フランスは名誉にかけて、なんとかして塩素を確保しなければならず、軍事的ニーズから化学工業の振興に本格的に取り組むこととなる。国内での化学兵器の製造にはフランス政府の威信がかかっていた。ただし当面は、残念なことにイギリスの援助に頼らざるをえなかった。

そこでフランス政府は、こっそりとさまざまな外交ルートを通じてイギリス政府に塩素の提供を要請した。だが、イギリス政府はこの要請にはあまり乗り気でなかった。というのもフランス軍に塩素を供給すれば、自らの塩素攻撃計画に大きな支障が生じるからである。イギリス政府は少しでも多くの塩素を確保しておこうとしていたが、フランス政府からの執拗な要求に多少は応じざるをえない。何回も交渉を重ねた結果、ようやく9月中旬になって、イギリス政府は1週間に50トンの塩素をイギリスのランコーンでボンベに詰めて、それをフランス北部のカレーに送る話がまとまった。

最初に塩素が引き渡されたのは、ようやく10月になってからである。

ひ弱なフランス軍ガス中隊

しかし、フランス軍内部には、化学戦への取り組みに気乗りしない雰囲気があった。化学戦の責任者には、工兵部門担当の司令官クールメ大将が指名され、彼は7月中にガス放射攻撃を実施するため軍の指揮官たちに化学戦専門の特殊部隊の編成を要求する。この要求が実現するまでには数週間もかかったが、やがて二つの「ガス中隊」が編成された。

この中隊には、陸軍の現役の兵士のうちから病弱な兵士が選ばれた。不足分を兵役免除者でむりやりに補充し、8月中旬までにどうにか800名が集まった。部隊は見るからにひ弱な頼りない兵士によって構成されており、彼らの技術面での能力はあまりにも低く、彼らの体格はあまりにも貧弱であった。これを見た上級将校たちは、どんな作戦にも彼らを使うことは気が進まなかった。

軍内部からの苦情が続出したため再編成せざるをえなくなり、不適格者を排除して新たに「Z中隊」が作られた。その特殊部隊指揮官にはスーリエ少佐が任命されたが、彼は積極的にガス攻撃命令を出そうとはしなかった。

このような化学戦に対する取り組みは、フォークス少佐を指揮官とするイギリス軍の特殊中隊とはあまりにも対照的であった。

シャンパーニュ地区のフランス軍司令官フィリップ・ペタン将軍は、やはりガス放射攻撃に大きな期待をかけていた。

11月のはじめにガス放射攻撃命令が出され、スーリエ少佐は必死になってガスボンベを運ばせ、シャンパーニュで攻撃準備を整えようとした。しかし悪天候が続いたため、運搬もなかなか思うようには進まない。攻撃予定は12月3日か4日とされていたが、予想以上に気象条件が悪く、何回も何回も延期された。

ついに12月中旬、フランス軍はこの地区でのガス放射攻撃を断念した。というのは、せっかく苦労して運び込まれていたガス放射用のボンベのかなりの部分が、泥にまみれていたため使いものにならなくなっていたからである。こうして1915年のフランス軍のガス放射攻撃による報復は終わりを告げた。

イギリスの戦史家リデル・ハートは、「それはあまりにも無益な努力であり、攻撃への未熟さと責任感の欠如がきわだって目についた」と評している。

ガス砲弾に転換

フランスは化学戦のあらゆる面で取り残されたかにみえた。ジョフル［図1］をはじめ、フランス軍、政府首脳部のいらだちはつのるばかりであった。

一刻も早く報復をおこなわないと、自らの責任問題を問われることになる。もうあのいまわしい第二次イープル会戦から3か月もたっていた。このころには、ジョフルはガス放

図1　ホスゲン砲弾攻撃に踏み切った
ジョゼフ・ジョフル元帥

射攻撃にもう見切りをつけ、新たな報復手段をとることを決意していた。

だがある面では、フランス軍はイギリス軍やドイツ軍よりも、さらに革新的であった。フランス軍はガスを放射するかわりに、それを詰めた砲弾で砲撃することを真剣に考えていた。ドイツ軍の毒ガス放射攻撃は、フランス軍にガス砲弾の製造を正当化するいいわけを与えてしまったのである。

フランスの軍需相アルベール・トウマは、7月にはガス砲弾の使用を決定していた。その月オーベルヴィーエに毒ガス充填工場を建設し、翌8月には化学砲弾の中にまず、催涙ガスであるパークロロメチル・メルカプタンを詰める作業がはじまった。ジョフルは、秋の攻撃に間に合うよう5万~8万発の砲弾を作ることを政府に要求。実際に5万発もの催涙ガス砲弾が作られ、これらの砲弾は戦闘ですべて使用された。

この催涙ガス弾での攻撃では、ドイツ軍もまったく気づかなかったほどの効果しか得られなかった。これは大きな失敗であった。

なんとかして化学戦でもフランスが主導権をとりたかったジョフルは、化学兵器の開発に意を強くし、あらゆる支援を惜しまなかった。フランスには塩素がなかったが、ホスゲンがあった。

10月、ジョフルはついに思いきってホスゲン砲弾の使用を計画し、充填と試射を命じた。一方、トウマやフランスの化学者たちは、致死性の高い化学物質、とくにシアン化水素を砲弾に詰めて攻撃することに執念を燃やし続けていた。彼らは先の失敗にも決してくじけることはなかった。

しかし、シアン化水素にしてもホスゲンにしても、その毒性が猛烈であるため、フランス軍が最初に使用することには躊躇していた。ホスゲンについては容易に砲弾に充填でき、塩素の8倍から10倍も猛毒とされていた。空気にごく微量に混ざったホスゲンは、刈り取ったばかりの草を思わせるかすかなにおいを除けば、ほとんど感知できないという利点があった。知らずにこのガスを吸って、1日後、ときには2日後に呼吸困難をきたし絶命するとされていた。フランスは実験を繰り返したのち、比較的容易に生産できるホスゲンを頼りにすることになる。ドイツ軍がすでにホスゲンと塩素の放射攻撃をはじめていることをつきとめたフランス軍は、ついにホスゲン砲弾の大量生産に踏み切った。

フランスとイギリスは、急速に化学兵器製造に関してドイツに対する遅れを取り戻していた。

ドイツ軍の反撃準備進む

連合国軍がシャンパーニュ地区で秋季大攻勢をかけようとしていることに気づいていたドイツ軍総司令部は、なんとかしてそれをくじこうとしていた。

当時ドイツ軍はフランスの東部高地一帯を占領しており、ガス放射攻撃に有利な地点を確保していた。そして新たにシャンパーニュ地区で大がかりなガス放射攻撃によって反撃を開始するべく準備を進めていた。

ドイツ軍はガスの輸送を省力化して円滑にするため、鉄道を利用していた。そのため前線への鉄道に、いくつかのガス専用の駅をこしらえた。そこでガスは鉄道をとおして運ばれてきたタンク車から直接ボンベへ移された。ボンベを運ぶ労力は多少軽減されたものの、この作業はドイツ軍兵士を大きく悩ませた。

ドイツ軍はこの作業を円滑に遂行するため、オットー・ピーターソン大佐を指揮官とする工兵特務隊という特殊部隊を編成する。

このシャンパーニュ戦線でドイツ軍は、西部戦線ではじめてホスゲンと塩素を１：４の割合で混ぜたガスを使用したが、これ以後は塩素単独ではなく、塩素とホスゲンを併用するようになり、徐々に毒ガスのなかでホスゲンが主役となってゆくこととなる。

最初のホスゲンと塩素の混合ガスの放射攻撃は、１９１５年10月19日午前7時に開始された。その朝は乾燥して冷たく、風は間断なく秒速１・６ないし２・０メートルで北北西から吹いていた。まさに理想的な攻撃条件が整っていた。

最前線の幅は12キロメートルだったので、約１万４０００本のボンベからキロメートルあたり23トン総量のガスが放出された。つまり、最初の濃度は半年前の第二次イープル会戦よりもやや低かったことになる。

ドイツ軍は新しい防毒マスクを装着し、ポンペーイュから通ずる街道の反対側にあるアルジェ農場と、もう一つ6キロメートル東で、フランス軍の要塞のあるマーキーズ農場を攻撃し、両拠点を占領。しかし厳戒態勢をとっていたフランス軍は、鼻から口を覆う簡易防毒マスクを装着し、反撃に出た。

夕方までにドイツ軍は両拠点から退却していたが、翌10月20日午前4時にはポンペーイュとプルーネーのあいだで3キロメートルにわたって４４００本のボンベを開栓し、再攻撃を試みた。さらに10月27日、ボンベに毒ガスを再充填して、マーキーズとプロスンヌのあいだで5000本のボンベをもって第3回目の攻撃をおこなう。

これらの攻撃でドイツ軍はフランス軍の塹壕を確保することはできなかったものの、3回にわたるガス放射攻撃で、対峙していたフランス第4軍と第5軍に戦死者500人を含む5700人以上もの大損害を与えた。この戦闘で、塩素とホスゲンの混合ガスが、ガス放射攻撃でかなり有効であることが実証されたのである。

08

チャーチル閣下の秘密の化学兵器

海相チャーチルのもくろみ

ウィンストン・チャーチル［図1］が第一次世界大戦において化学兵器に非常に関心を示し、彼が中心となってそれを生産し、実戦に応用しようとしていた事実については公刊戦史にも記録はない。イギリスの戦史学者リデル・ハートの数ある著書にもふれられていない。また、数多くのチャーチルの伝記にも記載はない。このように、チャーチルの化学兵器とのかかわりについてはほとんど知られ

図1　海相のころのウィンストン・チャーチル

ていない。

この件については、ハーバーの息子ルッツ・F・ハーバーが、第一次世界大戦における化学戦について徹底的に調査してまとめあげた著書「魔性の煙霧」の中に断片的な記載がある。

ここでは、チャーチルがいかに化学兵器に深い関心とかかわりをもっていたかについて紹介する。

1911年10月、チャーチルは、時のイギリス首相ハーバート・ヘンリー・アスキスから海相に任命された。これは彼がじっと待ち望んでいたポストであった。軍司令官として大英帝国の運命を担うことであり、旧式となっていた海軍の大改革をおこなうのが彼の意図だった。以後、ドイツに対抗して海軍の増強、参謀本部の改革と再編、装備の刷新まですべての面であくなき行動力を発揮していく。

彼は戦前から、いずれはドイツ軍がベルギーの北部からフランスを攻撃してくるものと想定した防衛対策を提案していたが、誰も彼を信用していなかった。第一次世界大戦が勃発し、イギリスが参戦することが決まったとき、チャーチルは自分の出番がきたとほくそ笑んでいたという。ただ問題は、彼がなぜか非常に嫌っていたキッチナーが開戦とともに陸相に任命されたことである。結局その後、さまざまな戦略面でキッチナーとことごとく対立した。

化学兵器の開発の面で陸軍省に先を越されたと信じたチャーチルは、海軍省としても新たな兵器の開発に取り組みはじめる。

イギリス海軍により開発された化学兵器

イギリスで率先してシアン化水素を取り上げたのが海軍省であった。このシアン化水素の製造には、塩素を必要としない。当初、塩素の十分な供給源を欠いていた連合国側としては、中枢神経への毒性が強いといわれてきたシアン化水素にフランスもイギリスも飛びついた。

海相チャーチルは、即座に毒ガスとしてシアン化水素を採用することを決定した。イギリス海軍省はチャーチルにうながされて、1915年5月からシアン化水素の化学兵器化の研究を開始する。

もともと花火の製造に従事していたF・A・ブロックは、その当時海軍航空隊に勤務していた。彼は、トーマス・タイアーという化学者が医療用の目的でシアン化水素を作っていることを知り、タイアーとともに化学兵器用にシアン化水素に手を加えることをはじめた。シアン化水素が拡散してしまわないよう重くして沈降させるため、ブロックはクロロホルムを加え、さらにこの混合物をシロップ状にするために、酢酸セルロースの濃厚液でドロドロにしたものを作り出した。こうしてようやく、化学兵器らしきものが誕生したのである。これは「ジェライト」と名づけられた。

チャーチルの指令によって、わざわざストラトフォードにシアン化水素製造のため大規模な工場が建設される。海軍省の購買部は、軍需省に気兼ねせずにシアン化水素の原料となるシアン化ナトリウムを調達してまわった。この工場では、1915年9月に第1回分のジェライトが製造され、それから10日間のうちにジェライト15キログラムずつを詰めた120本のガラス瓶がフランスのブローニュの港に送られた。しかし、フランス政府があまりにも危険であるとして受け取りを拒否したために、ジェライトの瓶はすべてストラトフォードに送り返され、そこには50トンものシアン化水素が備蓄されることとなった。1916年7月、イギリス政府はこのシアン化水素を爆弾に充填して使用することを許可した。チャーチルはすぐにもこの爆弾を使用したかったが、陸軍省と軍需省が反対したため延び延びとなった。

海軍省の了解のもとで実験がはじまった。ジェライトを詰めたガラス瓶を数個、かごに入れて航空機に搭載し、テームズ川の河口に投下。ガラス瓶は粉々に割れ、そこに置かれたかごの中の動物の一部が死んだ。実験はうまくいったと判断され、今度はチャーチルの指令によってジェライトをキングスノースの飛行船港において航空爆弾に充填し、試験をおこなった。さらにこの航空ガス爆弾を用いてヘルフォートで試験をおこなおうとしたのだが、飛行士たちがこの種の爆弾の投下を強く拒否。フレンチも後日、飛行機からこのガス爆弾を投下する試みを計画したが、”この爆弾より安全で有効なガスが発見されない限り“という理由のもとに再び拒否にあった。

そして1916年末、シアン化水素の研究に終止符が打たれることとなった。それは、十分な輸送能力のある航空機がなかったからである。イギリス軍需省はその爆弾だけでなく、ジェライトの効果も信用していなかった。

チャーチルは不満の意を表したが、どうしようもなかった。当時イギリス軍の最高権力者であった陸相キッチナーは、頑としてチャーチルの提案を拒否し続けた。

陸軍省は1917年12月、シアン化水素の使用を正式にとりやめる。その結果、シアン化水素爆弾は廃棄され、300トンものシアン化ナトリウムがフランス軍へ売却された。フランス軍は意外にも、この化学兵器としてはあまり重要でないシアン化水素を偏愛し続けていたのである。

シアン化水素砲弾攻撃

1915年4月22日からはじまったドイツ軍の塩素攻撃に対して、フランス軍もなんら打つ手を持たなかった。塩素をまったく保有していなかったからである。イギリスに頼らざるをえなかったフランスは、ためらわずにシアン化水素の製造を計画し、7月には早くも砲弾への充填をはじめていた。しかし、このシアン化水素砲弾の製造には大いに苦労する。

1916年7月1日からのソンムの戦いで、フランス軍は大量のシアン化水素を詰めた砲弾で攻撃した。この砲撃に対する熱狂ぶりはたいへんなものであった。フランス軍当局は、この攻撃について化学砲弾による攻撃のなかでもっとも効果的なものであったと発表する。しかしドイツ軍からはなんの反応もなかったし、なんの被害も報告されなかった。ドイツ軍はこの攻撃にまったく気づいていなかったのである。フランス軍によるシアン化水素砲弾の攻撃は、まったく無駄に終わる。

それでもフランス軍はそれを、大戦終了まぎわまで保有し続けた。彼らはシアン化水素が急速に拡散してしまうのを防ぐためいろいろな化学物質を添加し、これによって事実、同じ効果をあげるのにより多くの砲弾を使わねばならなくなった。無駄のうえに無駄を重ねていたのである。フランスでは、大戦後になってもまだ、このシアン化水素の使用によって圧倒的な成果をあげうる可能性があるのだと主張する者も少なくなかった。

失敗に終わったダーダネルス作戦

チャーチルは、第一次世界大戦では行きづまった塹壕戦の状況を打開するため、化学兵器に大いに期待をかけた。そしてシアン化水素に目をつけ、実戦に使おうと奔走を続けた。しかし、チャーチルの努力はついに徒労に終わってしまった。

なんとかして陸軍主導の西部戦線の膠着状態を打開する戦略として、ダーダネルス作戦を発動することがチャーチルの頭をよぎった。チャーチルは議会で、「ダーダネルス海峡を抜け、ガリポリ半島の尾根を越えたところに、勝利によってもたらされる平和への近道がある」と強く訴えた。

この作戦の準備は、1915年2月から着実かつ隠密におこなわれていた。チャーチルは、ドイツの同盟国となっていたオスマン帝国（トルコ）を攻略するため、同年5月から本格的にはじまったガリポリ半島攻略戦を積極的に推進する。ダーダネルス海峡にイギリス兵のほかオーストラリア兵、ニュージーランド兵、フランス兵を含めて総数8万人を送り込む作戦に出た。トルコ軍は、ドイツから派遣された知将リーマン・フォン・ザンデルス将軍の指揮のもとに、ガリポリ半島にすでに十分な防御を固めていた。

不運にも、トルコ軍が敷きつめた機雷や海岸からの砲撃によって3隻のイギリス軍艦が撃沈される。4月25日、イギリス軍、オーストラリア・ニュージーランド軍団がガリポリに上陸した。ようやく上陸を果たした兵士たちも、たちどころに殺りくされ、上陸地点から進軍しようとした兵士たちも死傷者を積み重ねる結果となった。トルコ軍は必死の抵抗を試みていた。

イギリス軍など連合国軍兵士たちは、進撃することも撤退することもできず大損害をこうむる。連合国軍側の戦死者は4万5000人におよんだ。この予想外の大敗戦は、イギリス国民にあまりにも大きな衝撃を与え、イギリス海軍主導の作戦の大敗の責任をとらされて、5月17日にチャーチルは海相を辞任せざるをえなくなった。しかしながら1917年3月、ダーダネルス作戦を検証する議会の委員会（ダーダネルス調査委員会）が報告書を発表し、この作戦の失敗にはキッチナーやアスキス前首相にも少なからず責任があることがあらためて明白となった。これによってチャーチルの汚名は軽減される。アスキスの後任として首相になっていたロイド・ジョージは、チャーチルに新たな任務をあてることにした。

　こうして1917年7月、チャーチルは軍需相として政界に復帰する。彼は戦争に直接かかわる陸相や海相ではなかったが、自分に与えられた権限を最大限に利用して戦争に大いに貢献しようとつとめた。

　チャーチルは、軍事技術全般に多大な興味をもっており、とくに化学兵器に関心を抱いていたので、他の国々に遅れをとっていることにがまんならなかった。彼はあいかわらず化学戦の熱烈な支持者であった。チャーチルは軍需相として、化学兵器の大量生産に向けて抜本的に改革を進めることを強く主張した。そこでさっそく8月には組織改革に着手し、フランスへ渡ってマスタードガスの補給について話し合う。マスタードガスを手にすることができ、イギリスは総力をあげて化学戦争を続行することになったのである。

09 イタリアの参戦とガス放射攻撃の洗礼

三国同盟から離脱するイタリア

1881年以来、イタリアはドイツ、オーストリア＝ハンガリーと三国同盟を締結していた。しかし、1914年にオーストリア＝ハンガリーがセルビアに宣戦したとき、オーストリア＝ハンガリーから何も事前通告を受けていなかった。そして戦闘が広範囲となり、激化してくると、ドイツから三国同盟の義務に基づいてイタリアも戦闘に加わってほしいと強く要望された。

イタリアのアントニオ・サランドラ首相は、次のような理由をあげて中立政策の堅持を表明した。「三国同盟に基づく他国への救援義務は、あくまでも一国が他国から攻撃を受けた場合を想定したものである。しかし現在の状況は、オーストリア＝ハンガリーとドイツがそれぞれ他国を攻撃している側に立っているので、わが国が参戦する義務はないものと考える」。サランドラ首相は、表面上は中立の立場をつらぬき、じっと戦局の推移を見守っていた。

戦争が長引くにつれてオーストリア＝ハンガリーの戦況が不利になってくると、イタリアは参戦することの条件に、オーストリア＝ハンガリーに対してその領内でイタリア系住民の多い北部の南チロルとトレンティーノ、東部のトリエステ、イストリア地方などのイタリアへの帰属を要求しはじめた。これらの地域はもともとイタリア領であったのだが、１８６６年に起きた普墺《ふおう》戦争（７週間戦争）の際にオーストリア＝ハンガリーに大敗し、占領されたままになっており、「未回収のイタリア」と呼ばれていた。この要求に対してオーストリア＝ハンガリー政府は回答をずるずると引き伸ばし続ける。

一方ドイツとしては、イタリアの中立をなんとか維持してもらうか、またはドイツ側に立っての参戦を働きかけるため、オーストリア＝ハンガリーを説得し、南チロルなどのイタリア北部一帯を譲渡させようとした。しかし、イタリアはこの条件にはなかなか満足しなかった。

イギリスのアスキス首相は、老獪《ろうかい》であった。フランスやロシア政府と相談のうえ、イタリアのサランドラ首相とシドニー・ソンニーノ外相とひそかに連絡をとり、イギリス政府をはじめフランスとロシアはイタリアの要求をすべて受け入れるとして、１９１５年４月

26日に〝ロンドン秘密協定〟（ロンドン条約）を締結した。この協定はあくまでも首相と外相の2人の一存でなされたものである。このことは国王には報告されたが、イタリア軍部には何も知らされなかった。こうしてイタリア政府はいよいよ同盟国側を見捨てて、連合国側に立って参戦せざるをえなくなっていた。

参戦に立ち上がるイタリア

イタリアの積極的中立を強くとなえ続けていたサランドラ首相は、国内の圧倒的に根強い参戦反対の世論を押し切って領土回復という「国益」を優先させた。そのためまず、世論を動かすことが第一と考え、参戦論者たちが頻繁に街頭に繰り出して各地で集会を組織し、戦争は「国家の命令である」と訴えた。このような運動が功を奏したのか、1915年5月21日、イタリア上院は圧倒的多数をもって戦争準備に関する政府議案を可決する。

5月23日、イタリアは三国同盟を破棄してイギリス・フランス連合国側に立ち、オーストリア＝ハンガリーに対して宣戦布告をおこなった（ドイツへの宣戦布告は翌年の1916年8月28日になされた）。この5月の、参戦に向けた〝光り輝く日々〟が、イタリアの歴史の一大転換点となる。

そもそもイタリアをして参戦に踏み切らせたのはいったいなんだったのであろうか。イタリアの歴史学者プロカッチは言う。「マルヌにおけるフランスの抵抗が一つの重要な要素となったことは疑いないところである」と。この第一次マルヌ会戦（１９１４年９月５日～12日）ではドイツ軍が大敗北を喫し、モルトケ参謀総長が更迭されたことが明るみに出たからである。

このような状況のなかで、イタリアの世論を参戦へと転換させる決定的な影響をおよぼしたのは、なんといっても１９１４年11月４日に創刊された社会党左派系の新聞「イル・ポーポロ・ディタリア」（イタリア人民）であった。これは、フランス政府からの経済的支援によって生まれたとされている。この新聞を新たに創刊し、参戦に向けて大衆の支持を集めたのは、ベニート・ムッソリーニ［図１］という当時32歳の若手ジャーナリストであった。

図1　社会党左派の中心人物となっていたころの若きベニート・ムッソリーニ

彼は１９１２年から社会党左派の中心人物となっていたが、１９１４年10月に「非戦中立」を断固として主張していた社会党から独立し、にわかに参戦主義に態度を変えたのである。社会党は11月24日に彼を除名処分にする。ムッソリーニはイタリア参戦を熱烈に支持する論陣を張り、自らの新聞の論説で「イタリアの歩兵たちよ。ヨーロッパの諸国民の運命は、イタリアと君たちの銃剣にゆだねられているのだ」と高らかに言い放った。彼は1940年の第二次世界大戦の開戦時に、再びこの好戦的なスローガンを繰り返すことになる。こうしてムッソリーニは若くしてイタリア重工業界から注目されるようになり、圧倒的な信頼を取りつけた。彼の新聞は、イタリアの政財界から大きな支援を受ける。

「われわれの戦争は聖戦である!」と首相サランドラは1915年6月2日、ローマの議事堂で歓呼の声をあげる聴衆に向かって宣言した。かくてイタリアは、精神的にも軍事的にもなんら態勢が整わないまま戦争に突入した。

参戦をとなえてきた、当時イタリアで有名な知識人たちはこぞって軍隊に志願した。もちろんムッソリーニも同志とともにまっ先に志願する。彼は8月31日に召集され、狙撃連隊に配属された。高等学校卒であったが、社会主義者であったため将校にはなれなかった。上官からは反体制分子として警戒の目で見られ、同僚からは参戦の首謀者として敬遠されながらも一兵卒として与えられた任務を遂行していく。やがて彼はまじめな兵士として上司からも高い評価を受け、ヒトラーと同じく伍長に昇格した。1917年2月23日、5人の死者を出した擲弾筒《てきだんとう》の暴発事故にあって全身を負傷し、入院・治療を続けるうちに終戦を迎えた。ムッソリーニは終生、伍長の位を自慢し、伍長の地味な制服を愛用した。

オーストリア――イタリア戦線

オーストリア＝ハンガリー軍は、開戦以来セルビア軍と対峙しながらも、ロシア軍の猛攻に備えるべく東部戦線に重点をおいていた。他方のイタリア戦線は、終始最小限の兵力をもって持久戦に持ち込むつもりでいた。彼らはいずれイタリアとの開戦はまぬかれない状況におちいると考え、前もって国境線の山岳地帯の高原に堅固な陣地を構築していたのである。そのためイタリアとの国境の兵力は最小限にとどめ、わずか2個師団しか配置していなかった。

対するイタリア軍の保有する総兵力は、騎兵4個師団を含む38個師団と圧倒的な優勢を誇っていた。しかし、イタリアはこのような大軍を擁していたものの、じつは輸送力、弾薬装備などいずれも十分でなく、戦争に対する準備がまったくできていなかった。

そもそもイタリアの参戦は、オーストリア＝ハンガリー軍にとって戦局に大きな影響をおよぼすものではなかった。イタリアとの国境には東西にわたってアルプス山系につながる険しい山岳地帯が横たわっており、それが双方にとって重大な防御壁となっていたからである。山地であるがために両軍とも特殊訓練を受けた山岳兵を多数投入せざるをえない。イタリア軍の攻撃に対して、オーストリア＝ハンガリー軍はロシア戦線からわずか数個師団を引き抜いただけで、まずは敵の前進を食い止めることができると甘く考えていたのである。

イタリア軍とオーストリア＝ハンガリー軍との戦闘は、東部国境にあるイゾンツォ川に沿っての攻防、北部国境にあるトレンティーノに位置するアジアーゴ高地をめぐる攻防が二大戦場となった。もっとも、前者が主戦場であり、イタリア軍総司令官ルイジ・カドルナ元帥は、北部国境からの攻撃にはもっぱら防御にあたり、東部国境では積極的に攻撃に出るという「北守東進」作戦をとった。こうしてイタリア軍は、主力を東部アドリア海にそそぐイゾンツォ川一帯に配し、トリエステをめざして何度も攻撃をしかける。

熾烈《しれつ》をきわめたイゾンツォの戦い

１９１５年６月23日から７月７日にかけて「第一次イゾンツォの戦い」がはじまった。これはイタリア軍が精鋭部隊を投入し、最初にしかけた大規模な攻撃である。

オーストリア＝ハンガリー軍を、イゾンツォ川とその東部の丘陵地帯にもうけられた防御地点から撤退させることをねらった作戦であったが、このときはオーストリア＝ハンガリー軍が戦闘に有利な高地に陣どっていたこと、イタリア軍の砲兵の支援が不慣れで十分でなかったことからイタリア軍の進撃は容易にくい止められた。この第一次イゾンツォの戦いで、オーストリア＝ハンガリー軍が唯一の化学戦を展開した。この戦いについてはくわしい記録が残されているので、後述する。この戦いでイタリア軍に1万5000人の死傷者、オーストリア＝ハンガリー軍に1万人の死傷者が出た。

その後、7月18日から8月3日にかけて「第二次イゾンツォの戦い」がはじまった。双方とも熾烈な白兵戦を繰り広げたが、この総攻撃でイタリア軍は多大な犠牲を払いながらも少しずつ前進し、サン・ミケーレ山を占領する。オーストリア＝ハンガリー軍は精鋭の連隊を投入し、奪還のため必死の反撃をおこなったが無駄に終わった。しかし、この戦闘でイタリア軍の戦死傷者は4万2000人に達し、イタリア軍の総攻撃は失敗に終わったとされている。オーストリア＝ハンガリー軍のほうも戦死傷者は4万6000人と、この2回にわたるイタリア軍の猛攻で双方とも多くの犠牲者を出したものの、どちらかの一方が得に利するということはなかった。

10月18日、イタリア軍による猛烈な砲撃が開始され、21日朝から歩兵部隊の突撃がはじまった。これが「第三次イゾンツォの戦い」である。イタリア軍の数日にわたる猛攻に対して、オーストリア＝ハンガリー軍は次々と援軍を繰り出し、防御につとめた。11月15日に終ったこの戦いではイタリア軍に6万2000人の死傷者、オーストリア＝ハンガリー軍には4万2000人の死傷者が出た。

11月10日から12月2日にかけて、イゾンツォ川中流の東岸にあるオーストリア＝ハンガリー軍の要衝ゴリツィアに向けて「第四次イゾンツォの戦い」が開始された。この戦闘では、イタリア軍が最初は優勢であり、オスラヴィアを占領できた。さらに攻勢をかけようとしたが、厳しい冬が間近に迫ってきており、食料や弾薬などの補給も不足してきたため、イタリア軍は進撃を中断せざるをえなかった。この戦闘でイタリア軍はわずかながら勝利を得たものの、死傷者は4万9000人、オーストリア＝ハンガリー軍にも2万5000人の死傷者が出た。この戦闘で、オーストリア＝ハンガリー軍は自力で勝利をつかむことは困難であることを痛感し、イタリア戦線へのドイツ軍の援軍を期待するようになる。

1915年の12月2日、ドイツとオーストリア＝ハンガリー同盟国軍はセルビアの制圧に成功した。1916年に入ると、コンラート参謀総長をはじめとしたオーストリア＝ハンガリー軍統帥部は、対セルビア作戦を終了してゆとりが出てきたので、一挙にイタリアをつぶす作戦に出ることにした。第五次イゾンツォの戦い（1917年3月11日～16日）

は、敵の前線を越えるのがやっとだった。そのためには、どうしてもドイツのファルケンハイン参謀総長に泣きついて、ドイツ軍のイタリア戦線への積極的介入を要請せざるをえなかった。

そのころ連合国軍側では、イギリス、フランス、ロシア、さらにはイタリアがそれぞれ連携を密にし、できるだけ時を同じくしてドイツ軍とオーストリア＝ハンガリー軍に対して攻勢をかける体制ができつつあった。

オーストリア＝ハンガリー軍の最大にして最後のガス放射攻撃

第一次イゾンツォの戦いで、オーストリア＝ハンガリーはイタリアを徹底的にせん滅するため、わざわざドイツに頼み込み、化学戦を繰り広げた。

オーストリア＝ハンガリー軍首脳部は、１９１５年4月22日のドイツ軍によるイープルでの塩素放射攻撃以来、化学戦に大きな関心を寄せるようになったが、オーストリア＝ハンガリー自体には化学戦に対する準備はまったくなされていなかった。しかし、西部戦線でのドイツ軍によるガス放射攻撃の成果が次第にあきらかとなるにつれ、オーストリア＝ハンガリー軍部でも塩素放射攻撃を実戦に取り入れるべきであるという意見が高まってくる。

そこでオーストリア＝ハンガリー軍参謀本部は、ドイツの化学戦の総責任者であるハーバーに指示を仰ぎ、4中隊編成の工兵第62大隊をガス特科大隊として組織し、ドイツ軍の編成にならって作業班を決めた。このガス特科大隊は、ドナウ河畔のクレムスに本拠地をおき、ドイツ軍のオットー・ピーターソン大佐の指揮する工兵特務隊、すなわち〝ピーターソン除染部隊〟によって教育・指導を受けることになる。資材のほとんどがドイツから支給され、6月のはじめまでに必要なものはすべてイタリア戦線に送り込まれた。

ハーバーは、イタリア東部の山岳地帯ではほとんどが北風あるいは東風であり、ガス放射攻撃にはあまりふさわしくないと考えていた。それでも、オーストリア＝ハンガリー軍の強い要望に押しまくられた。こうして前線の後方で何度も小規模のガス放射実験がおこなわれ、6月22日にはオーストリア＝ハンガリー軍の高級将校の見守るなかで、仕上げの攻撃が実施された。

最終的に1916年6月29日、イゾンツォ川東部のドベルド高原でガス放射攻撃が開始されることが決定された。これは第一次世界大戦で、オーストリア＝ハンガリー軍が実施した唯一最大のガス放射攻撃であったため詳細な記録が残されている。

すでに述べたように、コンラートはドイツ軍によるイープル会戦での塩素放射攻撃の成果に注目し、これでもって一気にイタリア軍をつぶす計画を立てた。ヴィルヘルム２世の好意により、ハーバーをはじめドイツ軍の化学戦担当者が総動員され、塩素にホスゲンを加えたガスで放射攻撃することとなった。攻撃場所は、イゾンツォ川東部のサン・ミケーレ山上とサン・マルチノ付近、およびマイニッツアの前線と決まり、６キロメートルの長さの前線にガスボンベが間断なく埋設された。この当時、まだイタリアはドイツに対して宣戦布告をしていなかったので、ボンベ設置にはドイツ軍の工兵特務隊員も、オーストリア＝ハンガリー軍の制服を着て協力した。

この地域はほとんどが硬い岩石層からなり、埋設がきわめて困難であった。ガスボンベは木箱に入れて有刺鉄線で縛ったうえ、上から土嚢で保護するというたいへんな苦労がともなった。ガスボンベの搬入と埋設は、１９１５年６月18日から25日までおこなわれ、塩素とホスゲンの混合ガスボンベ（１本の重量は50キログラム）を６０００本、土嚢１万１２００個、鉛管６５００本を鉄道貨車52両で運び込んだ。当時、天候は良好であったので、６月28日にはガス放射を開始する見込みで待機していた。

ところがその日になって、イタリア軍がドルベド高原一帯に猛烈な砲撃をしかけてきたのである。さらに砲撃のあとには、イタリア軍歩兵が大挙してオーストリア＝ハンガリー軍陣地に殺到してきた。幸い埋設しておいたガスボンベは発見されなかったが、ほとんどのガス放射陣地に大口径の砲弾が命中して、陣地がひどく破壊された。オーストリア＝ハンガリー軍の歩兵と工兵が献身的に復旧につとめたところ、おどろいたことにガスボンベは1本も損傷を受けていなかったという。

ようやく6月29日になって、塩素・ホスゲンの混合ガス放射が本格的に実施される。ただ、マイニッツアの北方地区では急に風が凪いでしまい、３０００本のガスボンベの約半数は放射を中止してしまった。そのほかの地区では、ガス放射の連携がうまくとれなかったりして短時間しか放射できなかった。ほかにもガスボンベのねじが砲撃で壊れていて放射できなかったり、鉛管が曲がっていて自軍陣地にガスが流入したりした。いちばんの問題は、敵の陣地が近すぎたうえに放射の正面に山があったため、ガスはおおむね敵の最前線をとおり過ぎてからまとまったガス雲となり、敵の陣地を跨《また》いでイゾンツォ川を越えていったことであった。

しかし、イタリア軍はこれまで一度もガス放射攻撃を受けたことがなかったので、なんら防御対策をとっていなかった。ガス放射は完全な奇襲攻撃となり、イタリア兵は群れをなして銃を投げ捨て、ガス雲に追われて逃走していった。それでもガスを浴びなかった陣地からは、進撃したオーストリア＝ハンガリー軍に向かって機関銃の猛射が浴びせられた。このガス放射攻撃により、イタリア軍の損害は５０００人に達した。その大部分はガスによる即死である。さらに1000人が捕虜となったが、その大部分もまた、捕らえられてからまもなく、ガス中毒で死亡した。イタリア軍の歩兵第10連隊については、一連隊だけでも1300人ものガスによる死者を出している。

一方、ガス雲が味方の最前線に吹き戻されてきたため、オーストリア＝ハンガリー軍にもガスによる中毒例が出た。将校3名、下士官兵33名が死亡。ほかに将校4名、下士官183名が中毒した。もちろんドイツ兵にも被害が出ていた。

このガス放射攻撃による被害は、ドイツの化学戦史の専門家ハンズリアンの記載によるもので、イタリア軍には実際にはもっと多くの死傷者が出ており、きわめて深刻な状況にあったものと思われる。このときの攻撃では双方に数多くの犠牲者が出たものの、オーストリア＝ハンガリー軍司令部はイタリア軍の被害状況を過小に評価しており、まったく進撃しなかった。他方イタリア軍もあまりに大きな心理的衝撃を受けたので、新たな攻勢に出ることなく7月18日までこの戦線では静穏が維持されたという。

このようにオーストリア＝ハンガリー軍による塩素・ホスゲンの放射攻撃は、予想外の戦果をあげていた。コンラートの戦略はおどろくべき大きな結果を生み出していたのである。

またこれによってイタリア軍ははじめて、塩素・ホスゲン混合ガスの洗礼を受けた。ここでの被害がイタリア軍のみならず、イタリア国民に忘れがたい恐怖感と敗北感を植えつける結果となり、それはムッソリーニもももちろん例外ではなかった。この戦闘以降、イタリア軍は化学兵器防御対策として、小箱型防毒マスクの着用が義務づけられた。

さらにイタリア軍もさっそく500名程度の毒ガス部隊を編成し、オーストリア＝ハンガリー軍に対して放射攻撃をおこなったといわれているが、その事実は確認されていない。

10 ファルケンハインとジョフルの対決

ファルケンハインの決断

大戦も2年目ともなると、ドイツでは軍需物資や食料不足があきらかとなってきた。1915年秋には、ドイツ各地で食料騒動が勃発しはじめ、とりわけバターの価格高騰は深刻な食料不足に追い打ちをかけていた。前線にいるドイツ軍兵士の士気も目に見えて低下してきた。

ドイツ軍の新参謀総長ファルケンハインは、1915年秋のシャンパーニュ攻勢終了後からヴェルダン攻撃を検討していた。12月25日、思いきって戦局を一挙に終結にもってゆこうとして、ドイツ皇太子フリードリヒ・ヴィルヘルム中将の率いる第5軍にヴェルダン要塞攻撃を命じた。皇太子は、許すかぎりの兵力と武器をヴェルダンに投入することにした。イギリス・フランスの連合国軍は、ドイツが総攻撃を画策していることは予想していたものの、それがイギリス軍正面なのか、シャンパーニュ方面なのか、ヴェルダン前面なのかかいもく見当がつかなかった。

ヴェルダンは、パリから東へドイツに通ずる道がマース川を越える地点にあり、「フランスの東門」といわれた要衝である。古くからドイツとフランスが国境をめぐって争奪を繰り広げてきた由緒ある都市であり、フランス防衛の要《かなめ》となっていた。ヴェルダン要塞を中心として、数多くの防衛用の堡塁《ほうるい》がそれを取り囲むように作られていた。1914年のドイツ軍のフランスへの侵入後、フランス軍はこのヴェルダン要塞の戦略的価値は低いと判断し、要塞砲や堡塁の大砲の多くは撤去されて、他の前線に分散して配備されていた。1916年には、この地点の西部戦線は半円形に北に突出しており、その戦線の中心から南約11キロメートルのところにヴェルダン要塞があった。この要塞には当時、わずか3個師団しか配備されていなかった。

ドイツ軍情報部は、ヴェルダン要塞の防御が著しく手薄になっていることを十分に把握していた。ファルケンハインは、この要塞を攻撃すれば、フランス軍は必ずや国の名誉にかけて総力をあげて反撃してくると読んだ。フランス軍を徹底的に引きつけておいて、「蒼白になるまでフランス軍に血を流させる」といった広範な消耗戦に相手を巻き込み、戦後3年目の1916年にフランス国内で高まりをみせていた厭戦気分をさらに増大させ、一挙にフランス軍を壊滅に持ち込むことをねらっていた。ファルケンハインはこの作戦を「フランスを崩壊させるための消耗戦」と位置づけ、大きな賭けに出た。作戦の構想はいっさい外部にもれることはなく、ただヴィルヘルム2世だけが、ファルケンハインからのクリスマスの覚え書きを見て知っていたのであった。

ヴェルダン攻防戦はじまる

このヴェルダン総攻撃に、ドイツ軍は約7個軍団の兵を集めた。そこにはドイツ軍きっての最精鋭部隊に加えて、１９１６年に召集されたばかりの新兵が補充された。ファルケンハインはこの戦闘のためにロシアおよびセルビアの戦場から、多量の重砲や火砲をヴェルダンの戦線に続々と運び込んでいた。「太っちょベルタ」というドイツ軍最大の榴弾砲である42センチの要塞攻撃砲も13門投入された。

連合国軍側は、ドイツ軍の大攻勢がほんの間近に迫っていることに気づいていた。しかし、ドイツ軍がどこを狙っているかは攻撃が実際にはじまるまでわからなかった。ドイツ軍は1月下旬以来、アルトワ、ソンム、シャンパーニュ方面において陽動攻撃を開始しており、連合国軍を撹乱しようとしていた。

フランス軍参謀本部の情報部は、ドイツ軍のヴェルダン総攻撃の意図をかなり正確に把握していたものの、作戦部はその警告を無視していた。イギリス・フランス連合国軍総司令官ジョフルは、ヴェルダンがドイツ軍の攻撃の目標の一つとなっていること、その防備がきわめて劣悪な状態にあることについて十分すぎるほどの警告を受けていた。それでもジョフルは、来たるべきソンムの戦いの際に、いかにしてイギリス軍とフランス軍をうまく連携させて勝利を勝ちとるかという作戦構想で頭がいっぱいであった。

1916年2月21日の午前4時、ヴェルダン付近の全戦線の上空にドイツ軍航空隊が飛来し、ヴェルダンに通じる鉄道や補給路を徹底的に空襲破壊した。ドイツ軍は飛行機から爆弾を次々と投下してまわったのである。このような大がかりな空爆は、西部戦線ではじめてのことであった。そして朝7時15分、ドイツ軍の38センチ砲弾がヴェルダンの大司教館で炸裂した。ドイツ軍は重砲808門、野砲300門をもって猛烈な砲撃を開始した。

それはドイツ軍の大攻勢の序曲であり、1916年を特徴づける波乱の幕開けであった。フランス軍総司令部は、「ドイツ軍の砲撃ははなはだ猛烈にして1914年以来未曽有の最大数および最大威力をもってその攻撃正面に集めたり」と記している。こうして、いわゆるヴェルダン攻防戦がはじまった。

ドイツ軍はまず、フランス軍陣地に向けて大量の集中砲火を浴びせた。ヴェルダンのフランス軍は、戦史上いまだかつて誰も経験しなかったほど夥しい大量の砲撃をかぶった。電話線もずたずたに切断され、塹壕と鉄条網が次々と破壊されてゆき、穴ぼこや破壊物の山と化した。「大型砲弾のためにできた円形のくぼみは、まるであたり一帯を月の表面（クレーター）のようにしてしまった」といわれている［図1］。ヴェルダン周辺の堡塁もそれぞれ大きな被害を受けた。

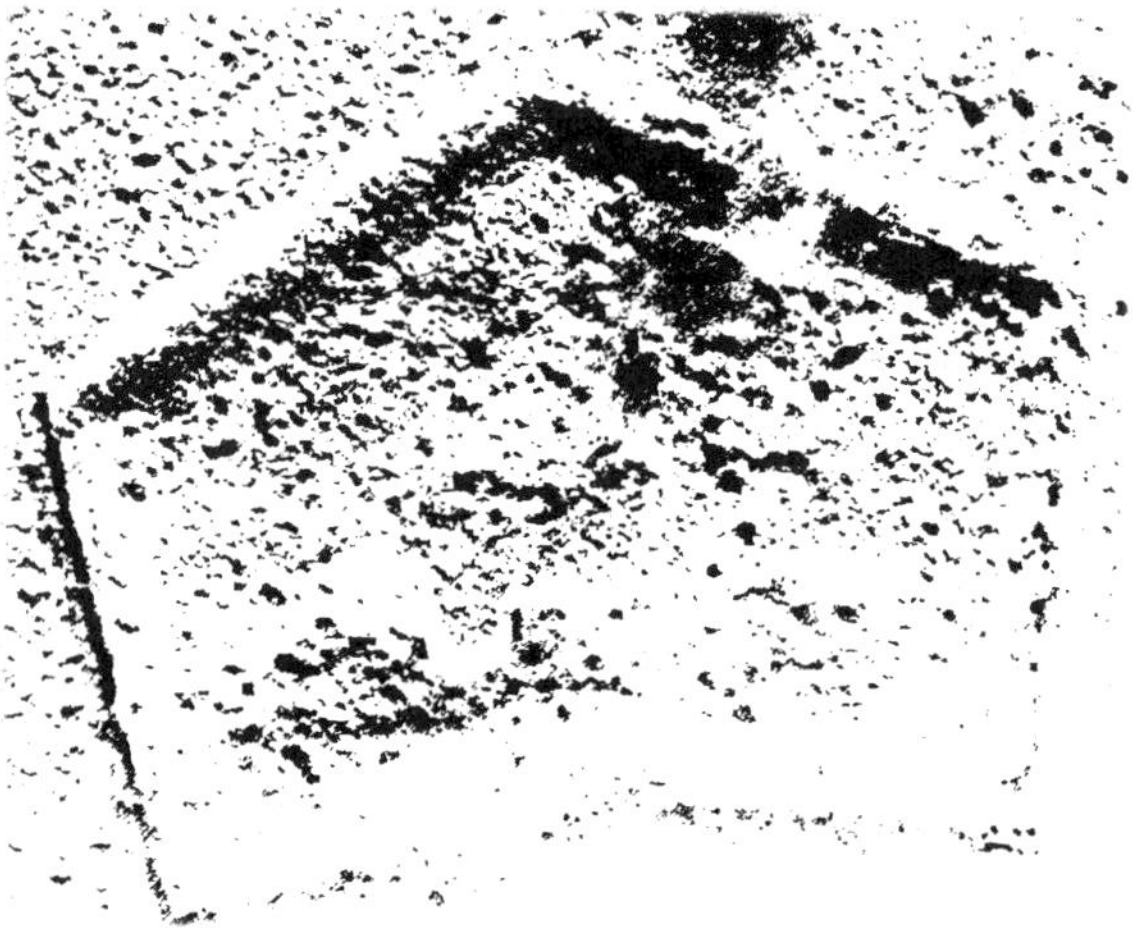

図1　砲撃でつぶされたドーモン堡塁
（10月21日、フランス空軍撮影）

午後4時45分になって砲撃が緩慢になると、ドイツ軍歩兵部隊が大挙して押し寄せてきた。時がたつにつれ、この攻撃が大規模かつ本格的なものであることがわかってきた。翌22日までにフランス軍第一陣地にある3拠点は攻撃の波にのまれ、ドイツ軍は3キロメートル進むことができた。こうしてドイツ軍は比較的簡単に、フランス軍第二陣地直前に到達する。フランス軍の敗因は、奇襲攻撃にあわてたうえ、ドイツ軍が拠点のあいだに侵入してきたため、孤立を恐れて後退したことにあった。23日には、フランス軍はさらに撤退を強いられた。ドイツ軍は前進を続け、24日にはヴェルダン防衛陣地の中堅であるドーモン堡塁に肉薄しようとしていた。

そして4日後の25日、ドイツ第5軍は猛烈な砲撃ののち、歩兵集団の突撃に移った。フランス軍守備兵は、機関銃と75ミリ砲で殺到してくるドイツ兵をなぎ倒した。しかし、攻撃軍の一隊、ドイツ軍の中でももっとも精悍《せいかん》とうたわれたブランデンブルグ州第24連隊の兵士が堡塁内の一角に突入することに成功する。重装備で固め、難攻不落といわれていたドーモン堡塁が、あっけなく陥落した。これは、フランスの守備が手薄となっていたところを占拠したにすぎないのであるが、ドイツ軍はこの時点でも幸運に恵まれていたのである。そしてその後、周囲にあるフランス軍の堡塁が次々とつぶされていった。最重要拠点であるヴェルダン要塞もまさに陥落が目前に迫っていた。

ヴェルダン陥落か

ヴェルダン出身の代議士たちによる提案によって、国会でヴェルダン問題が取り上げられ、「歴史的にもフランスの名誉のためにもヴェルダンを死守する決議案」が全会一致で可決された。この決議案では、どうみても現在の守備ではヴェルダンは死守できない深刻な状況にあるとされていた。実際に攻撃が開始されてはじめて、時のフランスの首相アリスティド・ブリアンもことの重大さに気がつきあわてはじめた。ヴェルダンが陥落すれば西部戦線は完全に寸断され、ドイツ軍がパリに迫り、フランスの敗北につながることとなる。フランスの名誉にかけて、そして自分自身の威信にかけて、ヴェルダンを絶対に死守しなければならない。

ブリアンは、フランス軍参謀総長となっていたド・カステルノー将軍とともに急いでフランス国会決議案をもって前線におもむき、眠っていたジョフルをたたき起こす。そしてヴェルダンを断固として防衛し、絶対に放棄してはならないと命じた。ジョフルは、首相と参謀総長が深夜にわざわざ前線まで訪ねてきたことにおどろき、「ヴェルダンからは決して退かない。最後まで戦う」と即座に部下に厳命した。ド・カステルノーは、ヴェルダン防衛にフランス軍の全力を投入することを約束する。

この時点でも、ファルケンハインの計画は筋書きどおりにことが運んでいた。そしてフランス軍ではジョフルの命令で、第2軍司令官としてシャンパーニュで作戦にあたっていたアンリ・フィリップ・ペタン大将［図2］が急遽、ヴェルダン防衛の最高指揮官としてヴェルダン要塞へ派遣された。それはドーモン堡塁が陥落した2月25日の夜のことであった。ペタンの最初の課題は、守備を固めることはもちろん、前線への補給を最優先するこ

図2　ヴェルダン防衛軍の最高指揮官に任命されたアンリ・フィリップ・ペタン将軍

とにあった。

ドイツ軍砲兵隊は、ヴェルダンに通じるあらゆる道路や鉄道を重砲で破壊し、封鎖していた。フランス軍は2月上旬に特別委員会をもうけ、ヴェルダンへの輸送に全力をかたむけることにした。バル・ル・デュックとヴェルダンを結ぶ72キロメートルの狭い道路が、この戦いに重要な役割を果たすこととなる。こうして自動車による大輸送部隊が編成され、交通管理と車両整備がとくに重視された。これには２００の自動車部隊に４０００の自動車、３００人の将校、８万５０００人の兵が投入され、わずかに残った1本の狭い道路だけを使ってヴェルダンへの救援がなされた。ヴェルダン攻撃開始2日目から救援活動が開始され、毎日３０００台ものトラックが通過。この道路を通って以後2週間のあいだに約20万の兵員と、２万２５００トンの弾薬がヴェルダンに送り込まれた。

ドイツ軍砲兵は、何度も何度もこの道路をも破壊しようと砲撃を集中させた。しかし、道路脇に待機していたフランス軍工兵が、すぐに砲撃でできた穴を砂利などで埋め、破損し、動かなくなった車両は邪魔にならないよう容赦なく路外に放り出された。この大補給作戦はフランス軍の士気を大いに高め、自動車部隊がなければヴェルダンはどうなっていたかわからないとまでいわれた。のちにこの道路はフランスを救った「聖なる道」とたたえられることになる。

この道を通ってフランス兵が次々とあふれるように前線に出てきた。これこそファルケンハインの思惑がまさに的中した瞬間であった。彼はこの道路から続々と送られてくるフランス軍兵士たちを次々とつぶしてゆき、最終的にヴェルダンを占領しようともくろんでいたのである。

不運なファルケンハイン

3月4日、ドイツ第5軍司令官フリードリヒ・ヴィルヘルム皇太子は、いよいよヴェルダン占領をめざす決意を固めた。ヴェルダンを占領すれば、歴史に名前が残る。彼は自らの栄光をヴェルダン占領に賭けていた。ファルケンハインは、歩兵部隊による攻撃拡大には最初から乗り気ではなかったが、皇太子からの強い要望で4個師団を増強。ドイツ軍は2日間の連続攻撃ののち、3月6日から第二次総攻撃を開始し、マース川西岸に迫った。

そのためフランス軍は大きな代償を払わされる。

3月10日、ドイツ軍はヴォー堡塁正面に攻撃を開始し、ヴォー村に侵入したが、フランス軍の抵抗にあって占領することはできなかった。16日に5回、18日に6回の突撃をおこなったが、これも成功しなかった。31日に集中砲撃ののち、火炎放射器という新兵器をも投入した猛攻により、ドイツ軍はようやく同村落を占領。だが地下にあるヴォー堡塁は依然として必死の抵抗を続け、4月1日にはフランス軍がヴォー村落を再び奪取した。

フランスは予備軍のほとんどを投入した。そして、このころにはフランス軍の防御も強化され、両軍の兵力は均衡する。ドイツ軍は猛攻を繰り返していたが、ペタン大将は着任そうそうから「フランスの名誉にかけてドイツ軍を絶対に通すな」と厳命し、厭戦気分が充満していたフランス兵の士気を鼓舞させることにつとめた。フランス兵もそれに呼応して祖国のために必死に陣地を守りぬき、抵抗を続けていた。こうしてヴェルダン防衛によって数多くの犠牲者が出ることになった。

このままペタンに任せてよいのか

3月になると、ペタンの命令のもとにフランス軍は積極的に反攻に転じた。ペタンは次々と増援されてくる前線部隊を短期間のうちに交替させることで、ドイツ軍からの猛攻による犠牲を減らそうという方針に切りかえた。その結果、フランス軍の各師団が砲火にさらされる期間はきわめて短くて済んだものの、フランス軍のほとんどの部隊がドイツ軍砲兵の手にかかり、リデル・ハートのいう〝肉ひき機〟にかけられ、死がいの山を築いていった。

ファルケンハインは回想録「ドイツ最高統帥論」の中で、ヴェルダン戦の戦況を次のように述べている。「3月17日までにフランス軍はこの地で新鋭な、あるいは新しく招集された少なくとも歩兵27個師団を、4月21日までに38個師団を、5月8日までに51個師団を使用しなければならなかった。そのためフランス軍の部隊は非常な打撃を受けた」。フランス軍の各師団はもっぱら防守を重視することとなり、予備軍の消耗が急速に増大。そのおかげで、のちに予定されているソンムの戦いに投入するフランス軍の戦力が著しく低下するはめとなってしまった。

4月9日、ドイツ軍はヴェルダン西北方約10キロメートルの戦線にわたって総攻撃をかけた。フランス軍はこれをようやく撃退したが、4月19日、今度はヴェルダン東南方20キロメートルのレ・ゼバルジェに対して3回にわたって総攻撃を敢行。さらに5月7日、ドイツ軍は304高地とル・モルトンムとのあいだのフランス軍陣地を猛攻した。

ジョフルは、フランスの威信にかけてドーモン要塞を取り返す決心を固めた。彼は思うように戦果があがらないことから、とかく意見の合わないペタンに見切りをつけ、あわててペタンをソワッソン・ヴェルダン間の中央軍司令官、軍団長と同じ日のうちに上級司令官に昇任させて指揮権を取り上げるとともに、ロベール・ニヴェル将軍をヴェルダン防衛の直接の責任者にあてた。

こうして、ペタンの攻撃作戦は大幅に修正されることとなった。ニヴェルは猛烈な反復攻撃を再開したことで、ファルケンハインの思うつぼにはまってしまった。次々と突撃し、繰り出してくるフランス兵たちは、ドイツ軍の大砲や機関銃の格好の餌食となったのである。

フランス軍は、ヴェルダン戦でなんとか優位に立とうとしたが失敗に終わった。フランス軍兵士の士気はくじかれ、多くの部隊が反乱を起こす寸前の状態におちいっていた。

11 ヴェルダン攻防戦に登場した窒息性ガス砲弾

フランス軍、ホスゲン弾を投入

すでに述べてきたように、ジョフルは1915年10月にはホスゲン砲弾の使用を計画し、充塡を要求、試射の必要性を強調していた。数か月後の1916年2月19日と21日にようやく砲撃実験がおこなわれたが、第1回目には標的動物はいずれも死なず、第2回目には約半数の動物が死亡した。ジョフルは試射の結果に大いに失望した。ホスゲンは致死性が高く、毒ガスとして威力が強いと考えていたからである。それでも彼はホスゲンの砲弾化をあきらめたわけではなかった。フランスは自国でホスゲンを生産していたにもかかわらず、砲弾に充塡できるだけの十分な量のホスゲンを確保できなかった。イギリスからガス放射攻撃用の塩素を手に入れるためには、どうしても自国で生産されたホスゲンを輸出にまわさざるをえなかったからである。

ジョフルは、ドイツ軍がすでに塩素とホスゲンの混合ガス放射攻撃をおこない、連合国軍側に深刻な被害が出ているという情報を得ていた。ヴェルダンで激しい戦闘が開始されると、75ミリ榴弾にホスゲンを充填して砲弾で砲撃することを決定する。フランス軍はこのホスゲン弾の使用を目立たなくするため、わざわざ同時に高性能爆薬と催涙ガス弾も使用した。その結果、ドイツ軍は最初のうちはフランス軍が何を使用したのかまったく気づかなかった。ただし、ドイツ軍情報部はすぐにフランス軍がホスゲン砲弾で攻撃してきたことを察知しており、この情報はすぐさまハーバーに報告された。

このようにフランス軍が1916年のヴェルダン攻防戦の初期にホスゲン砲弾を投入したことは、化学戦史上特筆すべき画期的な事件であった。というのは、フランス軍によるホスゲン砲弾の使用は、「窒息性ガスあるいは有毒ガスを散布するような弾体の使用をやめる」という、1899年にハーグで開催された第一回国際平和会議で合意が得られたハーグ協定にあきらかに違反するものだったからである。この違反の口火を切ったのがドイツ軍ではなくて、じつはフランス軍であった。フランス軍がこれで攻撃した正確な日時はあきらかにされていない。2月末か3月のはじめかはわからないが、フランス政府から正式に許可がおりる前に、ジョフルの命令によってホスゲン弾が発射されたのである。この砲撃によってドイツ軍は少なからぬ損害を受けたようであるが、実態はあきらかにされていない。

フランス政府は、最初のうちはホスゲン砲弾の使用を認めようとはしなかった。フランス自らが最初にハーグ協定の違反をしていたからである。

そのホスゲン砲弾の登場は、ドイツ軍に大きな衝撃をもたらした。ドイツ軍は化学兵器研究の面でフランス軍を完全に見くびっていたからである。それがいま、立場が逆転していた。フランス軍によるホスゲン弾攻撃に、ドイツ軍は大いに狼狽する。ドイツ軍最前線の指揮官たちは、上層部の無能ぶりを責めたてた。塩素に対しては防御できるが、ホスゲンに対してまだ有効な防毒マスクができていなかったからである。ドイツ軍はなんとかしてホスゲン弾に匹敵する、いやそれよりもさらに強力な新兵器の投入を迫られていた。

ドイツ軍、ジホスゲン弾で報復

1916年になると、ドイツ軍は化学戦における大きな変革を迫られていた。1915年夏、ハーンは最初、ベルリン郊外のクンマースドルフとダーレムにあるカイザー・ヴィルヘルム研究所のハーバーのもとで、塩素よりもさらに強力な毒ガスを開発しようとして次々と実験を重ねていた。ハーンは1916年にはハーバーとは別の「ガス攻撃」部門に配属されていた。

ヴェルダン攻防戦のころには、ドイツ軍もさすがにガス放射攻撃には問題が多いことを痛感していた。風向きや気象、さらには地形に大きく影響される。ガスの垂れ流しによる無駄を少しでも軽減するためには、ガス放射攻撃よりもガスを充填したガス砲弾を砲撃陣地に撃ち込むほうがあきらかに有利であるといった考えが広まっていた。もともと西部戦線では風は西風のことが多く、ガスの放射攻撃は連合国軍側にとってはきわめて有利であったが、ドイツ軍にとっては不利であることが多かった。ガス放射攻撃をおこなっても吹き戻されることなどが頻繁に起きており、自軍に被害がふりかかっていたのだから。

そこでこの目的のために、1916年4月以来ハーンは新たな毒ガスの開発とともにそれを充填した特殊砲弾の研究に取り組む。

彼は、レヴァークーゼンのバイエル社の工場でクロロギ酸トリクロロメチルの研究に取り組んだ。この化学物質はすでに19世紀末にはドイツで合成され、染料工場で大量に使用されていた。ドイツには十分な塩素製造能力があったので、バイエル社では1915年からこの物質を大量に生産し続けていたのである。

クロロギ酸トリクロロメチルは無色透明の液体で、ホスゲンに似た臭気を有する。化学式もホスゲンの2分子からなっていて、ジホスゲンと呼ばれていた。ドイツでは大戦中

「K－物質」と呼ばれていたが、もともとは当時のガスマスクで防げない毒ガスとして開発されたものである。ジホスゲンは分解すると2当量のホスゲンとなる。つまりホスゲンが必要とされる場合、ジホスゲンの状態でタンクに入れて輸送し、使用する場所でホスゲンを作ることができるというわけである。ジホスゲンはもちろん、ホスゲンと同様の窒息症状をきたす。

フランス軍の使用したホスゲン弾に対抗して、ハーバーたちは報復として何か新たな毒ガス弾で攻撃をしかけることを真剣に考え、砲弾に充填する毒ガスとしてジホスゲンが有力候補にあがっていた。このジホスゲンは毒性が高く、ほとんどホスゲンに匹敵する。しかも常温では液体であり、かつ揮発性が少ないため、ガス弾製造上の取り扱いはホスゲンよりはるかに安全で、容易である。ホスゲンのようにガス弾炸裂と同時にガス化することもなく、攻撃地点の塹壕では比較的長く滞留して徐々に気化し、より持続的な効果を示す。これらの事項が確認されてようやく、ドイツ軍はジホスゲンの採用に踏み切ったのである。

1916年4月、ハーバーの命により、レヴァークーゼンにあるバイエル社には化学砲弾への充填が指示され、ただちに大量のジホスゲン砲弾が発注された。さらに9月にはヘキスト社もジホスゲン供給を開始した。

ハーンはレヴァークーゼンの工場でジホスゲンを砲弾に充填する研究を命じられ、5月上旬にはヴェルダン戦線へ派遣された。5月8日に、当時ドイツ軍の占領下にあったドーモン要塞からジホスゲン弾で砲撃を開始する予定になっていたからである。ハーンはその前日に、この作戦計画の指揮官たちに新しい化学兵器について説明する任務を与えられたが、当時はフランス軍の砲撃が激しかったため要塞へなかなか行きつけなかった。そして攻撃予定日の前日5月7日、フランス軍から捕獲していたドーモン要塞の弾薬庫がフランス軍の砲撃を受けて大爆発を起こし、ドイツ軍に700人もの死者が出た。ハーンは危ういところで死をまぬかれる。ドイツ軍にとって不運だったのは、フランス軍の列車榴弾砲によってドイツ軍の42センチ要塞砲（ベルタ砲）の大半が破壊されてしまい、おまけに砲弾集積所に信管つきのまま置かれていた45万発の重砲弾が吹き飛んでしまうといった事故に見舞われたことである。これはフランス軍飛行機による正確な着弾観測によってなされたものである。砲撃によってフランス軍をたたきつぶすことを計画していたファルケンハインにはまったくの予想外の出来事であった。ヴェルダン戦においては「歩兵は最小限に消耗し、砲兵は最大限に活動させる」というファルケンハインの戦略構想が崩れてきたのである。この大爆発事故のため、ジホスゲン弾の到着はかなり遅れることになった。

ジホスゲン弾による大規模集中攻撃

ようやく5月19日になって、ドイツ軍はジホスゲン弾1万3000発でもってまず、マース川の西岸のシャタンクールのフランス軍を攻撃した。この攻撃はあくまでも試験的なものであり、その効果はあまり期待されていなかった。実際に目立った戦果はあがっていないようであった。フランス軍の捕虜の話でも、このときのガス砲弾攻撃は大した効果がなかったという。

6月22日にドイツ軍は、満を持して本格的なジホスゲン弾攻撃を開始する。ジホスゲン弾を充填した砲弾には緑十字のマークがつけられ、そこから前線のドイツ軍兵士はジホスゲン弾を「緑十字弾」と呼ぶようになった。この日ドイツ軍は、午後10時から翌朝の午前6時まで、マース川東岸にあるヴェルダン戦線のフリューリーからチオーモンをめがけて間断なくジホスゲン弾で集中攻撃をおこなった。

この攻撃についいては、フランス軍によるくわしい記録が残されている。ドイツ軍は野砲16個中隊、軽榴弾砲40個中隊がこのジホスゲン弾攻撃に参加。6時間に総計11万発ものジホスゲン弾がフランス軍陣地を襲った。ガスの効力は、とくにガスが停滞した正面内の谷地および低地において著しく、逆に高地においてはこれを認めなかった。そのため高地にいた観測者たちは、このガス雲を谷地における霧と誤認する。ガス雲は午後6時ごろまで停滞し、その後風のために消散。フランス軍がこの当時装着していたガスマスクでは、ガスの濃度があまりにも高くまったく用をなさなかった。攻撃開始からほんの数時間で、フランス軍砲兵陣地は沈黙させられたのである。

このジホスゲン弾攻撃は、めざましい効果をあげたようにみえた。とにかく、午前8時にドイツ軍が歩兵による突撃に移ったときは、ほとんど抵抗らしい抵抗にあわなかったのである。こうしてドイツ軍の第一バヴァリア軍団は、ヴェルダン要塞からわずか4キロメートルの地点にあるベルヴィユの丘の近くまで進出することができた。

この新たな化学兵器の出現は、フランス軍兵士に予想を上まわる恐怖を引き起こしていた。このときの攻撃で、フランス軍のガス中毒者は1200人、うち90人の死者が出た。西部戦線においては、それまでの砲撃戦でこれほどの被害は出なかったといわれている。ドイツ軍は進撃して最初の目標を占領したものの、ジホスゲン弾の備蓄が不足したため、その成功を有利なものにすることはできなかったという。

危機を乗り越えたフランス軍

ドイツ軍がジホスゲン弾攻撃を開始したとき、苦境にあるヴェルダンのフランス軍を救援するため、イギリス軍も6月24日にドイツ軍に対して牽制攻撃をはじめていた。そして7月1日、イギリス軍がソンムの戦いと呼ばれる大攻勢を開始すると、ドイツ軍はその対応に追われ、補充兵力はソンム戦線に少しずつ吸い取られていった。ヴェルダン攻防戦はそれでも続いたが、どうやらフランス軍最大の危機は乗り切れたのである。

7月9日から10日には、ドイツ軍はスゥヴィーユに向けて再度ジホスゲン弾攻撃を試みた。今回はジホスゲン弾を6万3000発に増やした。しかし、この時点でフランス軍砲兵隊員には新しい改良型のM2型ガスマスクが支給されていたので、ジホスゲン弾に耐えられないわけではなかった。それでも中毒者が1100人出ており、死者は95人を数えている。この一連のジホスゲン弾砲撃では、使用した砲弾の数のわりには死傷者がきわめて少なかったが、戦略的には大きな威力を発揮した。攻撃を受けたフランス軍は、ガスマスクを装着していてもどのように対処すべきかわからず、ただ逃げることに徹した。こうして突出部の西側でフランス軍の戦線が危うく突破されかけたのである。

このヴェルダン攻防戦でフランス軍は、ドイツ軍がジホスゲンを充填した化学砲弾を最初に使用したと喧伝し、国際的世論を味方につけることには成功した。フランス軍によってドイツ軍のジホスゲン弾の使用は広く公表されたが、フランス軍のホスゲン弾の使用は、しばらくは闇の中に覆いかくすことができた。じつはフランス軍には当時、ホスゲン弾はわずかしかなかったのである。

ヴェルダン攻防戦においては、ドイツ軍もイギリス・フランス連合国軍も持てる力のすべてを尽くして壮絶な死闘が繰り広げられた。おどろくべき数の死傷者が出たものの、ガス砲弾がほとんど問題とされなかったのは、毒ガス自体による死傷者が目立たなかったことによる。この攻防戦で新たにホスゲンおよびジホスゲンが採用され、しかもそれを砲弾に詰めて急襲するという斬新な戦術が生み出されたことで「ガス砲兵」という特殊な兵種が誕生した。

ドイツ軍は、ヴェルダン攻防戦ののちにもジホスゲン弾を使用し続け、現実に製造能力を増強。バイエル社とヘキスト社では、1918年4月と5月にはそれぞれの生産量が最高記録に達した。ジホスゲンはマスタードガスが大量に投入されるまで、第一次世界大戦におけるドイツ軍の主力化学兵器となり、この大戦中に総量約1万1500トンものジホスゲンが供給された。

ジホスゲン弾の効果は?

イギリスの化学戦の専門家として有名なハロルド・ハートレー卿は、「ドイツ軍がジホスゲンを化学戦に採用したことは、ハーバーをはじめとするドイツの化学戦専門家集団が犯した最大の誤りである」と非難しているが、ドイツにはドイツなりの事情があったものと思われる。その理由の一つは、ドイツ国内には大量の塩素が備蓄され、ジホスゲンの原料が豊富にあったことと、それをフランス軍への報復として早急に戦力として転用する必要性に迫られていたことがあげられよう。

ヴェルダン攻防戦においてドイツ軍は、ガス砲弾の採用の面でフランスにあきらかに遅れをとった。ドイツ軍は非常にあせっていたため、自らが開発した毒ガス弾の効果を見きわめる時間的ゆとりがなかったことも理由にあげられる。

ジホスゲンは、塹壕や谷などの低地では有効であったが、地形によって大いに効果が限られるという問題があった。もう一つの弱点は水に溶けると効果が落ちてしまうことだったが、濃度が高くなるとホスゲンと同様の致死的効果をもたらした。ただ大きな問題として、ジホスゲンはホスゲン用のガスマスクでも完全に防御が可能となることがわかってきたため、攻撃用の毒ガスとしての効果に限界があることがあきらかとなり、最終的に生産が中止される。

とにかく、ジホスゲン弾の使用継続はドイツ軍の化学戦の戦果を損ない、連合国軍側の毒ガスによる被害をかなり小さくする結果をもたらした。

ハーンは、１９１６年12月には毒ガス工兵隊司令官オットー・ピーターソン大佐の提議によって、大本営に転属を命じられた。時とともに化学戦の重要性を自覚し、それを推進することが自分に課せられた重要な使命であると考えるようになったハーンは、こうして西部戦線でも東部戦線でも数多くの毒ガス作戦の直接指揮に携わり、きわめてすぐれた毒ガス担当士官兼特別計画研究官に成長していた。

12 ヴェルダン攻防戦の結末

ヴォー堡塁、ついに陥落

ドイツ軍は、ヴェルダン攻略の最重要拠点としてヴォー堡塁の占領を計画していた。この堡塁には、2月の攻撃開始から5月末までに毎日平均1万発という大量の砲弾が降り注ぎ、砲弾の中には21センチ砲や38センチ砲といった重砲の弾丸もあった。そのため要塞の上部は徹底的に破壊し尽くされ、月面のようなクレーターだらけとなったが、それでも堡塁の地下施設は健在のままであった。

ヴォー堡塁をめざし、5月31日から昼夜を分かたず激しい砲撃を繰り返しながら進撃していたドイツ軍は、6月1日、再び攻撃の矛先をマース川西岸に転じ、ヴォー堡塁を目標としてその両側から集中攻撃を実施。これでもって堡塁を孤立させようとしていた。6月2日午前8時、猛烈な準備砲撃ののちに、ヴォー堡塁に向かって突撃をおこない、一挙にその前面に迫った。フランス軍は機関銃や手榴弾で応戦したが、ドイツ軍は手榴弾を投下し、火炎放射器を堡塁内に注ぎ込み、執拗に攻撃を続行した。

ドイツ軍は少しずつヴォー堡塁を包囲してゆき、まず600人強の守備隊を堡塁内に追い込んだ。フランス軍は必死の抵抗を試みるが、ドイツ軍は損害を出しながらも外壕を渡り、堡塁上面に取りつくと、そこに馬乗りになって地下施設にこもる守備隊を攻撃。あらゆる火器を投入し、手榴弾、火炎放射器、機関銃でもって攻撃を繰り返した。

ドイツ軍による火炎放射器がはじめて登場したのは、このヴェルダン戦線のヴォー堡塁攻撃である。これは地下要塞に閉じこもって抵抗を続けていたフランス兵めがけて、ところ構わず火を噴いた。地下要塞をめぐる両軍の死闘は5日間続いた。

6月5日、イギリスの陸相キッチナーが乗船していた軍艦が機雷にふれ、彼は軍艦と運命をともにした。これはイギリス国民にとって突然の大きな悲報となった。

6月6日20時30分、フランス軍総司令官は、ヴォー堡塁守備隊に勇敢な戦闘を表彰する電報を送ったが、ついに堡塁からはなんら返信はなかった。ヴォー堡塁の守備隊は最後まで勇敢に抵抗し続けたが、6月7日には、難攻不落と思われていたこの堡塁もついに陥落した。飲料水がすっかり枯渇してしまったため、衰弱しきった守備隊は降伏せざるをえなかった。指揮官であったシルヴァイン・ライナル少佐は、ドイツ軍から英雄として大いに称賛され、兵士たちと一緒に解放された。このヴォー堡塁争奪戦は、第一次世界大戦においてもっとも凄惨な戦闘の一つといわれている。

このときの戦況は、硫黄島の戦いときわめてよく似ていたと評する戦史家もいる。こうしてマース川西岸のフランス軍陣地は次々とつぶされていった。そしてフランスでは誰もが、ヴォー堡塁が占領されたいま、ヴェルダン陥落は目前に迫っていると恐れおののいていた。

反撃に移ったフランス軍

6月8日、ドイツ軍バヴァリア第一軍団は、ナヴェーからチオーモンに至る正面に向かって攻撃をおこなった。その大部分はフランス軍によって撃退されたが、一部の部隊はチオーモンの東北においてフランス軍の第一線の散兵壕を奪取。ドイツ軍は15日、再びチオーモン付近の攻撃を企てたが、功を奏するに至らなかった。18日、フランス軍はマース川西岸において攻撃に出て、ル・モルトンムおよびチオーモンに対するドイツ軍の攻撃を撃破し、若干の地歩を獲得することに成功する。

ドイツ軍は6月20日、ナヴェーからヴォー、ダンルーに至る正面に強大な兵力を集結し、ナヴェー両翼からヴォーにおいて副攻撃を、中央のチオーモンとフリューリーに対して主攻撃を開始した。フランス軍は必死に防戦する。戦況は惨絶をきわめたが、2日後の22日、ドイツ軍は莫大なる犠牲を意に介さず、ついにチオーモン堡塁を占領した。一部の部隊はフリューリーにまで到達し、ヴェルダンまでわずか7キロメートルの地点にまで迫っていた。

一方、フランス軍においては6月22日以来、第二線師団を送り込み、第一線師団と交替。つねに新鋭部隊をもってドイツ軍の攻撃を抑えていたが、26日までは大きな変化はみられなかった。

ドイツ軍はというと、6月23日以降は前進する兵力がすっかり底をついていた。彼らはもう、完全に力つきていたのである。

ヴェルダン要塞の運命はまさに、間一髪の危機に瀕していた。それでも、ドイツ軍は死傷者がすこぶる多く出ており、第一線において戦闘に加わった諸隊はほとんど戦闘力を失っていた。そのためすべての戦闘部隊をいったん後方に退け、予備隊と交替しなければならなくなり、これによってドイツ軍の最後の攻撃もついに終わりをまっとうすることができず、中途で挫折せざるをえなくなる。このあとドイツ軍は混乱した部隊の整頓、損害の大きかった部隊の補充に忙殺され、6月末に至るまで攻撃の準備が整わなかった。

6月に入ると、イギリス軍はヴェルダン戦線のフランス軍をなんとしても救援するため、

図1　シャルル・マンジャン将軍

着々と北方のソンムで大攻勢をかけようとしていた。そして6月24日、イギリス軍によるソンムへの準備砲撃がはじまった。

このようにフランス軍の苦戦が続いているとき、ジョフルは必死になって諸国に救援を求めた。イギリス軍のほかに、このジョフルの依頼を真剣に受けとめ、チャンスをうまく利用しようとしたのがロシアであった。こうして東部戦線がまた動きはじめた。

東部戦線では、アレクセイ・ブルシーロフ大将の率いるロシア南西方面軍集団が、オーストリア＝ハンガリー軍に対して大攻勢に出てきた。ファルケンハインはさっそく西部戦線から15個師団を引き抜いて東部戦線にまわし、6月24日にはヴェルダン戦線への弾薬の補給をやめてしまう。その結果、それ以後のヴェルダン攻撃軍の戦力は急速に弱体化してしまったのである。

秋になり、フランス軍はシャルル・マンジャン［図1］の指揮のもと、10月21日にヴェルダンから反攻に出ると、少しずつ失地を回復していった［図2］。ドイツ軍の手にあっ

図2　1916年、秋になって前進砲撃の後に攻勢に出たフランス軍兵士たち

たドーモン要塞を24日に奪回し、11月2日にヴォー堡塁はフランス軍の手に落ちた。その後フランス軍は反撃に移り、12月18日までに、攻撃がはじまった2月21日の地点までドイツ軍を押し戻した。

戦いが終わったとき、フランス軍は重症を負ってふらつきながらもまだもちこたえていた。ファルケンハインのねらいどおりフランス軍は著しく消耗したが、ドイツ軍もまた同様の損害をこうむり、フランス軍を葬ることはできなかった。

明暗を分けたファルケンハインとジョフル

こうしてドイツ軍によるヴェルダンへの大攻勢は結局失敗に終わった。その結果として、この戦いに勝利を確信していたドイツ国民は大いに失望し、食料などの物資の欠乏と相まって、国内に大きな不安を生じさせた。またこの戦いで失った兵員の補充には非常に困難をきたし、以後の作戦指導に多大な影響をおよぼすこととなる。

ファルケンハインは、精神的にもすっかり疲れ切っていた。8月28日、彼はヴェルダン攻防戦の途中で、事実上責任を負うかたちで参謀総長の座を降り、同じ年のルーマニア攻略戦を最後に第一次世界大戦の舞台から退場した。8月29日、後任として、ファルケンハインの宿敵となっていたヒンデンブルクとルーデンドルフのコンビが、参謀総長、参謀次長に就任。ドイツはこの2人に命運をかけることとなる。ドイツ国民は、あのタンネンベルクの大勝利の再現を夢みていた。2人はまず、西部戦線では防御に主体をおき、東部戦線では逆に反撃に打って出る戦略をとった。ヒンデンブルクはヴェルダン攻撃には反対をとなえ、守勢をとらせたので10月中旬までは戦闘休止の状態となった。

ヴェルダン攻防戦の開幕以来、ジョフルの権威は次第にかつ非常に低下していた。その理由は、ヴェルダンの野戦防備をまったく怠っていたこと、その要塞を武装解除してしまっていたうえに、総司令官およびその司令部参謀がドイツ軍の戦略を把握していなかったことなどによる。

この一連の対応に大いに憤慨して、陸相に就任していたガリエーニ将軍は、ヴェルダン攻防戦を勝ち抜くために次のような結論に到達した。その第一は、ジョフル［図3］をパリに召還し、ここで国内にあると東洋にあるとを問わず全フランス陸軍の指揮にあたらせること、第二は、ジョフルからのけ者にされていた参謀総長のド・カステルノー将軍を、国内にあるフランス軍の総司令官に任命すること、第三は、大本営が独占している不等の権力をある程度減少し、陸相から剥奪されている行政上の権限をもとへ返すことを強く要望したのである。ガリエーニはこれらの提案を1916年3月7日の大臣会議に提出。フランス政府は、ジョフルの築いてきた世界的名声を傷つけることなしに、格上げして罷免することを提案した。

図3　運に恵まれたジョフル将軍

内閣はこの思いがけない提案に驚愕した。彼らは政治的ないし内閣の危機のみならず、ヴェルダン攻防戦がまさに最高潮にあるときに総司令部が交代し、危機におちいることを恐れたのである。当時のフランスの首相アリステッド・ブリアンは、老練な議論でこれを拒絶しようとしたのだが、ガリエーニはその決心をひるがえさなかった。

ガリエーニは忠告が聞き入れられないと知るや、ただちに辞職。その結果ピエール・オーギュスト・ロケ将軍がその後任として選出される。ところが、このロケ将軍はじつはジョフルの親友で、腹心の部下だったので、ここにおいてジョフルは再び勢力を盛り返し、獲得していた権限を維持することができた。ジョフルは幸運であった。

最終的にジョフルは、ヴェルダン攻防戦におけるフランス軍の危機を、イギリス軍による西部戦線でのソンムの戦いと、東部戦線はロシア軍がブルシーロフ攻勢をしかけることにより乗り切ったのである。

ヴェルダン攻防戦の結末と教訓

第一次世界大戦中でもっとも激しい戦闘の一つとして有名となったヴェルダン攻防戦は、1916年2月21日から12月18日までの10か月間におよんだ。とくにその前半においては、ドイツ軍の猛攻撃がフランス予備軍をほぼ壊滅状態にまで追い込み、ペタンとニヴェルに率いられたフランス軍も必死の抵抗を試みたが、その被害は膨大なものとなった。

このヴェルダン攻防戦にフランス軍は総兵力74個師団を動員。フランス軍のこうむった損害はスペンサー・タッカーによると約38万人。戦死約6万人、負傷者は約21万人、行方不明者は約10万人（その多くは死亡している）。

一方、ドイツ軍は64個師団を投入した。歩兵部隊よりもむしろ砲兵部隊による攻撃に重きをおいていたせいもあって、そのこうむった損害は、約33万人が戦死。行方不明となったのは約10万人であった。フランス軍とドイツ軍を合わせた犠牲者は70万人以上であったという。

フランス軍とドイツ軍の損害の統計は報告者によってかなり異なるが、ヴェルダン防衛のためフランスが犠牲に供した人員は、攻撃側のドイツに比しておよそ3対2の割合であったことがわかる。この戦いは、攻撃側よりも防御側の損害が大きかったことで注目された。これによってフランス予備軍の消耗が著しく、のちのソンムの戦いにおけるフランス軍の兵力と受けもち範囲を大幅に削らなければならなくなった。つまりこの点では、ファルケンハインの戦略が正しかったことがうかがえる。

「肉挽き器」と呼ばれた悲惨きわまりない、しかも長期の戦闘は、単に双方が大けがをしただけで終わったのであった。この戦闘でドイツ軍は、自軍も同様の数の死傷者を出すことなしに、フランス軍に多大な死傷者を出させることは不可能であることを痛感させられた。

このヴェルダン攻防戦の意義について、イギリスの戦史家リデル・ハートは、第一次世界大戦中に「これ以上英雄的、劇的な経過をたどり、注目する諸国民の同情をかった戦闘はほかになかった。フランス軍の最大の犠牲と最高の勝利がここに存在する。そしてフランス国の輝かしき業績を全世界が賞賛した」と記している。

また、同じくイギリスの戦史家、A・J・P・テイラーはこの戦闘について「ヴェルダン攻防戦は、およそ思慮分別というとりえのなかった戦争のなかでも、もっとも馬鹿げた出来事であった。ヴェルダンでは両軍とも文字どおり闘うために闘った。獲得したり喪失したりすべき獲物は何もなく、ただ人が殺されて勝つことが栄光であった」と厳しい批判をしている。

さらにドイツ軍のルーデンドルフは、「ヴェルダン攻防戦は、人命を損したるため著名となれり」と皮肉を述べた。

そして日本軍の参謀本部は、「フランス軍はドイツ軍に比して優勢な兵力をヴェルダンに集めたにもかかわらず、その成果をあげることができなかった。とくにドイツ軍の奇襲に対してつねに受動的であったため、至大《しだい》の犠牲を払うこととなった」と分析している。

この戦いで、ヴェルダン市街が徹底的に破壊されたことや、市民が受けた数々の苦難に報いるため、フランス大統領レイモン・ポワンカレは、ヴェルダン市に対してレジオン・ドヌール勲章を贈っている。これはフランス史上まったく異例の措置であった。

ヴェルダン攻防戦は、両軍合わせて約70万人もの戦力――すなわち人間――を消耗させること自体を目的とした戦いであった。これは、フランス軍の消耗戦であることを実証した最初の戦いであるといえる。その意味でファルケンハインは正しかった。だがドイツ軍の損害も予想外に大きかった。やがて各国の軍隊は、より有効な方法、つまり自軍の消耗を減らしつつ、少しでも多く敵を消耗させることを模索するようになり、以後はヴェルダン攻防戦における貴重な教訓から、今日まで本気でこのような総力戦をしかけようとした国はない。

また、すでに紹介したように、ヴェルダン攻防戦においてフランス軍はホスゲン砲弾を、ドイツ軍はジホスゲン砲弾を投入した。これらはいずれもハーグ協定にあきらかに違反したものであり、国際的にものちに大いに批判を浴びた。だが、フランス軍の用いたホスゲン弾は使用量が少なく、ドイツ軍の使用したジホスゲン弾は期待されたほどの被害をおよぼさなかったため、ヴェルダン攻防戦においては明確な効果は認められなかった。とはいえ、ヴェルダン戦における窒息性ガス砲弾の導入をきっかけに、フランスやドイツのみならず他の国々もためらわずこれを使用するようになり、化学戦の大きな転機となったという点で注目すべき戦闘となったのである。

13 大英帝国の威信をかけた「大攻勢」

ソンムの戦いの発動

開戦以来、西部戦線で連合国軍側は連戦連敗が続いていた。フランス軍はシャンパーニュ・アルトワ戦で大損害を出したし、イギリス軍はすでにロースの戦いで敗北を喫していた。こうした事態におちいったのは、各国がバラバラに作戦を計画し、実施していたためであると考えられていた。

そこで1915年12月5日、フランス軍総司令部のあるパリのシャンティーにおいて、はじめて連合国参謀本部会議が開催された。この会議では、フランス陸軍総司令官ジョゼフ・ジョフル元帥が主導権をにぎり、議長となった。彼はイギリス軍とフランス軍が協同で主要攻撃を実施し、ロシア軍やイタリア軍も時を同じくして攻撃に出ることを提案した。こうして4か国が同時に攻撃に出ることにより、ドイツ軍をかく乱し、分散させ、その弱体化をねらったのである。

しかしその際には、具体的な攻撃場所や日程は提案されなかった。ジョフルの真の思惑は、西部戦線ではフランス軍のみならずイギリス軍にももっと大いに活躍をしてもらうべきであると考えていた。そこで12月29日にイギリス軍司令官ヘイグのもとを訪れ、ソンム川からの大攻勢を提案した。ここにおいて「ソンム」そのものがいきなり浮上したのである。

ソンムは、ベルギーのイープルの南部、ヴェルダン北東部のフランス中北部にある県で、ピカデリー平原にある風光明媚な景勝地である。県都はアミアン。ここは、あとで紹介するように、第一次世界大戦きっての激戦地となり、世界的に有名となった。

イギリス軍のヘイグは、これまでイギリス軍が確保してきたベルギーのイープルからの攻勢を主張したのだが、フランス軍のジョフルは、ソンム川屈曲部北岸のマリクールの南を境として、北側はイギリス軍が陣地をかまえ、南側にはフランス軍が布陣しており、ここで両軍が連携を密にして攻撃にあたれば、広範な戦域からドイツ軍を抱え込むようにして撃破できるという確信を抱いていた。他方ジョフルは、あくまでもソンムからの攻撃にこだわった。こうしてどこから攻勢をかけるかについて2人の意見はまっ向から分かれたが、ジョフルの巧妙な根まわしによって1916年2月14日の第2回会議では、イギリス軍とフランス軍が連携してソンムからドイツ軍に「大攻勢」をかけるという構想が採択された。

この作戦案には、イギリス軍参謀総長サー・ウィリアム・ロバートソンも最初から反対していた。その理由は、イギリス軍情報部もこの地区はドイツ軍が強固な防御陣地を敷いている可能性が高いとみていたからである。彼は、ここから攻撃に出てもイギリス軍に死傷者が増えるだけとしか考えていなかった。実際に、ドイツ軍陣地は高地にあり、イギリス軍の動きが手にとるように見えていた。ジョフル案には、現地で直接攻撃の指揮にあたることになるイギリス第4軍司令官ヘンリー・ローリンソン大将さえも猛反対していた。

連合国軍の攻撃準備

ソンムでは、イギリス・フランス連合国軍が5月中旬から大攻勢に対する諸般の準備をはじめ、急いで弾薬の補給や衛生関連の諸施設を整備する。同時に各軍の連絡を密接とするため、無線通信や電話等の設備に加え、飛行機による偵察に十分な努力を払った。また必要に応じて部隊の移動をおこない、6月中旬には攻撃の準備をいちおう整えていたが、主要攻撃計画は細部まで注意深く立案されたものの実際には通信機関や装備が貧弱であり、補給のトラブルや道路の渋滞などもあって所定の効果は得られなかった。

それに加えて6月2日、イギリスの労相アーサー・ヘンダーソンが弾薬製造工場の労働者たちにおこなった演説が検閲のミスで公表されてしまい、ドイツ軍情報部はイギリス軍のソンムでの大攻勢が目前にさし迫っていることを察知する。

ところが、攻撃の正確な予告と警告が現地の軍司令部や国外の機関から送られてくるも、イギリス軍の戦闘準備作業があまりにも大げさだったので、ドイツ軍参謀総長ファルケンハインはソンムでの攻勢はあくまでもみせかけにすぎず、北方のイープルから本格的な攻撃をおこなうための欺まん作戦にちがいないと考えていた。

その間、新設されたばかりのイギリス第4軍の18個師団は、大攻勢を前に訓練をかねてしきりに偵察攻撃を繰り返していた。砲兵の弾幕射撃がじりじりと射程を延ばすのに続いて、歩兵部隊はドイツ第2軍陣地に迫った。こうしておこなわれた偵察攻撃は、戦略上の大きな目標はなかったのだが、人命を浪費しただけでなくドイツ軍を刺激してしまい、その防備をかえって強化させる結果になっていた。

こうしてイギリス軍が自ら攻略しようと計画していたドイツ第2軍陣地は、予想にまったく反して徹底的に強化され、事実上本格的に要塞化されていた。1916年の夏までに、ソンム川北方を主体としたドイツ軍の第一陣地は、有刺鉄線で堅固に覆われ、その後方には同じく強固な第二、第三の陣地が構築されていた。ドイツ軍はあらゆる近代的な防御設備を完備。深さ12メートルの待避壕まで作り、いかに激しい砲撃を受けようと安全でいられるように工夫されていた。そして、いまやドイツ軍は、装備と弾薬の面でイギリス軍をはるかに上まわっていた。

大英帝国の面子《めんつ》をかけた戦い

今度はイギリス軍の本格的な出番であった。大英帝国が総力をあげての面子をかけた戦いとなった。この戦闘にはイギリス本国のほか、カナダ、オーストラリア、ニュージーランド、インド、南アフリカなどイギリス連邦各地からの志願兵も数多く参加しており、とりわけオーストラリア・ニュージーランド軍団〝アンザック〟は勇名をはせていた。

イギリス軍の主力部隊は、あくまでもローリンソンの指揮する第4軍であり、これでもってアンクル川両岸、ゴンメクールとマリクールのあいだで攻撃に出るはずであった。まず11個師団が攻撃を担当し、5個師団を予備軍としてコルビー付近に待機させる。ローリンソンは自軍の砲兵部隊の「比較的とぼしい戦力」とドイツ軍の陣地の厚さを考慮し、長時間の砲撃と小刻みな前進を決めた。ところが実際には、偵察攻撃によって砲弾の補給はしばしば底をついていた。

イギリス軍は、この戦争の緒戦では職業軍人からなる古参の正規兵が兵力の中核となっていた。しかし戦いを重ねるにつれて着実に消耗してゆき、その戦力は誰がみてもあきらかに低下していた。

そこで兵力を増強するために、イギリスの当時の陸相で、非常に人望のあるキッチナー元帥が「祖国は君たちを必要としている」という愛国心を奮い立たせる呼びかけをおこなうと、それに賛同して予想外に多くの若者たちが志願してきた。こうしてキッチナーは、新兵部隊である「キッチナー」新軍を立ち上げ、それが続々と西部戦線に送り込まれることになったのである。この増援軍は、かつてのベテランの正規軍と区別するため「ニュー・アーミー」と呼ばれた。

1916年のはじめに、フランスにはイギリス軍38個師団がいたが、そこへ6月下旬までに、新たにイギリス本国からニュー・アーミー19個師団が送り込まれた。ヘイグは、これらの兵力を主軸にして新たに第4軍を編成し、ヘンリー・ローリンソンを軍司令官にすえた［図1］。これら第4軍の兵士たちは、イギリスの青年のなかでも皆一様に高学歴の、エリート中のエリートたちばかりであった。士官も皆若く、おもにイギリスの大学および大学予備校の出身者たちである。このイギリスの新編成の部隊は誇りと士気が高かったが、

図1　イギリス第4軍司令部に任命された
ヘンリー・ローリンソン大将

ほかにたいしたとりえはなかった。射撃すら満足にできる者はいない。分散した小隊で行動することもできなかった。ただ命令されたとおり一列になって前進し、攻撃は主として銃剣に頼ることを教えられていたが、銃剣はすでに降伏している敵兵を殺すだけに使われた。実戦に投入するにはまだまだ軍事訓練を受ける必要があり、この点については司令官であるローリンソン将軍も神経質になっていた。

ヴェルダンのフランス軍を救援するために

ソンムの戦いは、ドイツ軍のヴェルダンへの攻勢を軽減し、西部戦線からの移動を阻止することによって他の地域の連合国軍を支援し、イギリス軍に対する敵側の戦力を消耗させる目的があった。実際はヴェルダン攻防戦の2か月前に、ソンムの戦いの実施が決定されていたのである。

じつはソンムの戦いは、1915年の12月には、イギリスとフランスが大軍でもって肩をならべて同時に攻撃に出られるという理由だけで選ばれていた。ところが1916年2月からはじまったドイツ軍によるヴェルダン攻防戦が熾烈を帯び、フランス軍はまんまとドイツ軍の術中にはまり崩れていった。こうしてフランス軍からソンムに差し向けられるはずの師団は次々と減らされ、その結果ソンムの戦いにおけるフランス軍の兵力はもちろん、攻撃範囲も減らさざるをえなくなる。

最終的に、攻撃前線は40キロメートルから12キロメートルに縮小された。もともとの計画では、ソンムにはフランス軍40個師団、イギリス軍は25個師団がいて攻撃に出るはずであったが、結局イギリス軍とフランス軍は対等に、つまり双方25個師団へと変更された。さらにヴェルダン攻防戦でのフランス軍の消耗が続くようになると、フランス軍の受けもちは5個師団に削られる。現地のフランス北方軍集団司令官であるフォッシュ将軍は、ソンムの戦いに参加することついて大いに悲観的となっていた。

ヴェルダン戦線がいよいよ危機に瀕していることを知ったフランス国民は、イギリス軍が動かずに傍観し続けていることを大いにいぶかり、一刻も早くヴェルダンを救援するために攻撃に出るべきであるとイギリス軍司令部に迫っていた。フランスの世論は、イギリス軍に対する不信感を大いにつのらせ、日に日に猛烈な批判を浴びせるようになった。

しかし、イギリス軍にもそれなりの事情があった。現地の軍司令官ローリンソンは、新兵の訓練を少しでも長く、砲弾も少しでも多く確保しようとして、一日でも攻撃開始を遅らせようとしていたのである。それでも最終的にはソンムの戦いは、イギリス軍がほぼ一手に引き受けざるをえなかった。

そしてその結果、1916年の6月も末になってドイツ軍のヴェルダンへの攻勢がゆるむと、イギリス軍とフランス軍は連携し、ヴェルダンよりもはるか北部のソンム河畔で大攻勢に出ることとなった。当然、ヴェルダン攻防戦ですっかり疲弊していたフランス軍はソンム大攻勢どころではなかったので、イギリス軍におぶさらざるをえず、規模も大きく縮小され「大攻勢」から「反対攻勢」へと姿を変えることになった。

14 ソンムにたなびく「白い星」

ソンムの戦いはじまる

ヴェルダン攻防戦の最中、ドイツ軍参謀総長ファルケンハインは、どうも西部戦線はイギリス軍が北方のソンム方面から攻撃に出てくるのではないかと心配し続けていた。そのためヴェルダン攻撃中にもソンム方面に数個の機動師団を配置する。一方フランス軍のほうはヴェルダン戦で予備の師団まで消耗しつくしていたものと考えていた。ただ、キッチナーが新たに編成した師団が続々と西部戦線に到着していることは、ドイツ軍情報部から詳しい報告を受けていたものの、この新師団は軍隊としての組織が不完全で、幹部や将校が十分な訓練を受けていないということであり、これに対しては堅固な陣地を構築していれば十分対処できると高をくくっていた。

連合国軍がソンムで攻勢に出ようとしていることをドイツ軍がはじめて察知したのは、

１９１６年の2月ごろである。6月になると、その攻勢の徴候がいよいよ間近に迫っていることがはっきりしてきた。だがドイツ軍にとってまったく予想外だったのは、すっかり余力がなくなったはずのフランス軍が、イギリス軍と協力して攻撃に出ようとしていたことであった。

ソンムの前面には、フォン・ベロー将軍の指揮するドイツ第２軍が控えていた。ソンム川北部には５個師団からなる１個軍団がおり、この川の南方には４個師団からなる軍団が控えている。フォン・ベローは、ソンムからの新たな攻勢を予期して砲兵や飛行機を要求したが、ドイツ軍にはそのゆとりはまったくなく、とにかく堅固な陣地をかまえ、防守に専念すべしという指令が出た。

こうしているうち、いよいよ6月25日を期して、まずフランス軍がソンム両岸のドイツ軍陣地に向かって猛烈な砲火を集中する。これと連携して、ソンム以北から北海沿岸に至る１２０キロメートルの前線で、イギリス軍の火砲１５００門がいっせいに火を噴いた。北海沿岸においては、イギリス海軍も陸軍砲兵と攻撃目標を分担しながら、ドイツ軍陣地に対して広範な砲撃をおこなった。またイギリス軍は、エーヌからシャンパーニュ方面においても、部分的であるが牽制攻撃をおこなっている。

ヴェルダン攻防戦においてドイツ軍の勝利が間近と思われたとき、西部戦線の全戦は突如として連合国軍の猛烈な砲火を浴びることとなった。このようなイギリス・フランス連合国軍の大規模な準備砲撃は、6月25日から31日に至る7昼夜にわたって約30キロメートルの戦域で間断なく実施された。とくに攻撃正面にあたるドイツ軍の第一線、第二線陣地はかなりの被害を受け、ドイツ軍からの反対砲撃は一時沈黙したかにみえた。しかしながら、歩兵部隊は待避壕で温存されており、砲撃でできた穴は機関銃攻撃用の格好の塹壕となった。ソンムの戦いでは、イギリス軍はまだ重砲をほとんど保有しておらず、20センチ榴弾砲をおもに使用［図1］。しかしこの砲撃では不発弾があまりにも多く、攻撃のわりに無駄が多かったといわれている。

図1　ソンムの戦いにおいてイギリス軍が大量に投入した20センチ榴弾砲

混合毒ガス「白い星」登場

一方、化学戦についてみると、1916年にヘイグ大将は、ソンムの戦いにおいて毒ガス攻撃を強化することにした。ヘイグは従来の「特別中隊」を増強して、21個中隊からなる1個旅団に格上げする権限を陸軍省から取りつける。新たに陸軍工兵隊ヘンリー・フリートウッド・サイリア准将が毒ガス戦務部隊司令官に任命され、2人の補佐官がつけられた。また攻撃作戦補佐官としてフォークス少佐が、毒ガス対策補佐官として陸軍軍医のS・L・カミンスが指名される。サイリアはフォークスとそりが合わなかったが、それでも作戦上の実務的な事項についてはフォークスの自由裁量に委ねていた。フォークスは、イギリス軍の化学戦にうってつけの人材であり、その後連合国軍における化学戦において大きな役割を果たすことになる。

1916年1月、特別中隊は訓練のためいったん前線から撤退を命じられた。そこにイギリス本国からの古参兵とフランスからの志願兵が加わり、1915年に毒ガス戦を経験した古参兵と合流。5月に兵力は、その数5500人を有する「特別旅団」[図2]に昇格し、大多数はガス放射作戦に従事することになっていた。このうちG・P・ポリッツ少佐は毒ガス迫撃砲数個中隊の指揮にあたり、ウィリアム・ハワード・リーベンス中尉は火炎放射器担当の任務に

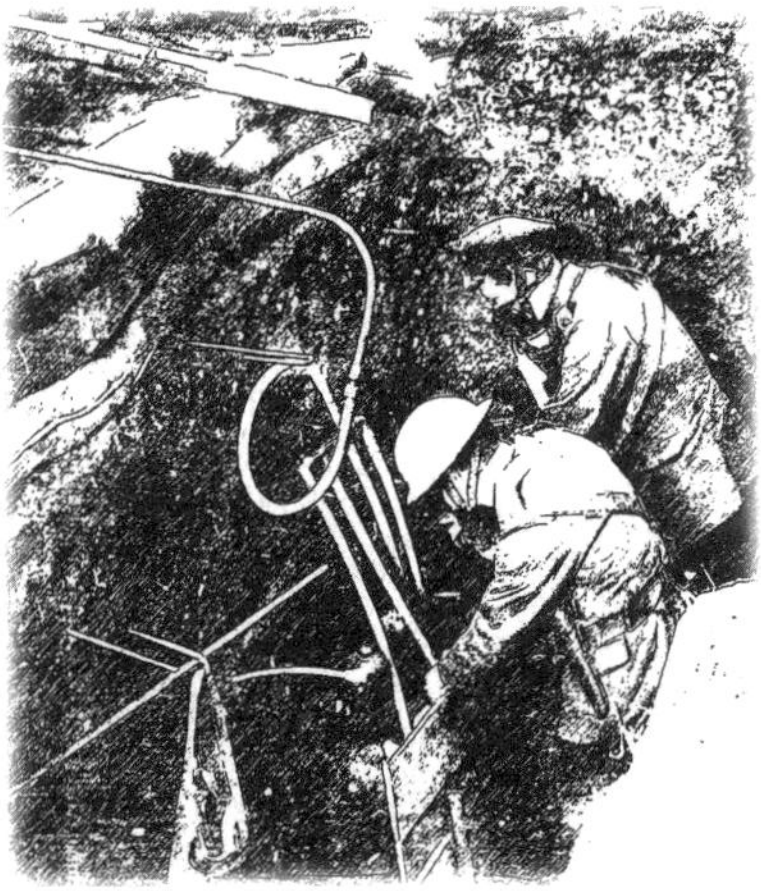

図2　ガス放射攻撃を行っている
イギリス軍「特別旅団」の兵士たち

ついた。

イギリス軍は、ホスゲンの放射は塩素と半分ずつ混ぜ合わせる方法が非常に効果的であることに気づく。この混合ガスは「白い星」と名づけられ、終戦までずっと重用された。イギリス軍の化学戦の専門家たちは、ドイツ軍の塩素用の最新のガスマスクがこのホスゲンを防げないことも実験で確かめていた。ドイツ軍のほうは、イギリス・フランス両軍が、1915年末までにホスゲンを大量生産していようとは思ってもいなかった。連合国軍はドイツ軍を警戒させないために、このガスを大量に放射攻撃するための生産や貯蔵が十分できるまで、その使用をなるべく遅らせることに合意を取りつけていた。

200人の兵士で編成された分遣隊は、フランスのドウ・レールの工場で、「白い星」のボンベへの充填と発送の任務にあたっていた。イギリス軍の特別旅団は、春のあいだずっとソンムの戦いに向けての準備に追われた。

フォークスはロースの戦いの苦い教訓から、このソンムの戦いでは第二次イープル会戦で昨年ドイツ軍がおこなったように、大規模な放射攻撃を計画していた。しかし、第4軍司令官のローリンソンの了解が得られず、やむをえず作戦計画を縮小せざるをえなかった。それでも5月から6月にかけて、ソンムでは数百人の歩兵部隊の支援のもと特別旅団の隊員たちはせっせとボンベを前線に運び込み、放射攻撃の準備に大わらわだった。この作戦では、ソンム付近のマリクールから、フランス軍との合流地点をへてイープルに至る前線沿いの20か所に、2万4000本のボンベを据えつけることになった。

ソンムの戦い以降、ホスゲンなどの毒ガスが兵器として大いに脚光を浴びるようになり、化学戦は戦争の端役から次第に主役になろうとしていた。

フォークスに与えられた重要な任務

イギリス軍総司令部は、一度に兵力を投入して総攻撃をかける前に、前哨戦として化学兵器による猛攻撃を計画した。これには、新たに編成された「特別旅団」の指揮にあたっていたフォークスに重要な任務が与えられることとなった。フォークスは、先のロースの戦いでの教訓を生かしながらそこでの汚名をはらし、今度こそなんとか化学戦でドイツ軍よりも優位に立ち、主導権をにぎろうと企てる。

フォークスは、このソンム戦線での作戦は、地形的にみてロース地区よりもはるかに困難であると思っていた。彼はガス大隊5個を、イギリス軍の攻撃正面にある13個軍団に振り分け、第1軍、第2軍および第3軍にはそれぞれ3中隊を、第4軍には7中隊を配属してこれを右翼および左翼の両班に分けた。ガス第5大隊は4中隊からなり、192門の4

インチ・ストークス迫撃砲を持っていたが、これもまた分割されて、その1中隊を第3軍に、残りの3中隊を第4軍に配属したが、ソンムの戦いではこの迫撃砲は発煙弾の発射だけに限定されていた。

ガスボンベはフォークスが当初計画した数量を獲保できず、「白い星」用のボンベ3万5000本の予定に対してわずかに1万6000本を、放射管2万6000本に対して6300本を充当されたにすぎなかった。それでも予備として「赤い星」ガスボンベ（塩素のみを充填）1万本、「青い星」ガスボンベ（塩素80%＋塩化硫黄20%）780本を有し、ほかにも赤色2号ガスボンベ（硫化水素のみを充填）2100本が到着するはずであった。

イギリス軍のガス放射攻撃

ソンムの戦いでのガス攻撃が実際に最初におこなわれたのは、6月13日である。攻撃箇所は当然ながら、そのころイギリス軍第24師団が占領していたイープル湾曲部であった。この地はまさに1年ほど前、ドイツ軍から最初に塩素ガス攻撃の洗礼を受けた地域である。約300本の「赤い星」ガスボンベがいっせいに開栓され、塩素がうまく風に乗ってドイツ軍陣地に流れていった。

このときイギリス軍は、わざと塩素しか放射しなかった。これは、ドイツ軍のガスマスクが対塩素用としてしか役に立たず、ホスゲンにはまったく対処できないことを前もって実験で知っていたからである。この塩素ガス放射攻撃の真の意図は、あくまでもドイツ軍にホスゲン放射攻撃の前に安堵感を与えておくための欺瞞作戦であり、一方ではイギリス軍兵士や将校のガス放射攻撃訓練の状況を把握するための予備的な攻撃にすぎなかった。このガス放射でドイツ軍にどのくらい被害が出たのかは記録に残されていない。

もっとも注目されていた「白い星」の放射攻撃は、イギリス第4軍で6月20日におこなわれる予定になっていたが、延期されて24日の22時に定められ、ボーモン・アメルの北方において実施された。

6月25日、第4軍司令官は、その隷下《れいか》にある5名の軍団長に対し、それぞれの作戦地域内に埋設されているガスボンベの放射時刻を決定する権限を委譲する。各軍団長はこれをさらに13名の師団長の独断に任せた。したがって、最初から1回にまとめて大放射攻撃がおこなわれたのではなく、散発的になされたので、ドイツ軍砲兵からしばしば報復射撃を受ける結果となった。

また塹壕の中に埋めておいたガスボンベが砲撃を受けてガスがもれ出すことを警戒した師団長の何名かは、できるかぎり速やかに放射してしまおうとしたし、またある者はわざと昼間に放射したりした。ガスの放射はじつにバラバラになされ、それがひっきりなしだったので、ドイツ軍兵士たちはまるで手品を見せられているようですっかり不安になり、おびえきっていた。このためドイツ軍陣地では、あちこちでパニックが起きる。

フォークスたちイギリス軍は、繰り返し攻撃をおこなってゆくうちに、ガス放射時の濃度を上げれば、急速な拡散を十分に相殺できることを知った。ガス雲は予想以上に遠くまで広がってドイツ戦線の後方9キロメートルにも達し、かなりの死者が出ていたこと、人のほかに馬やねずみなどさまざまな動物まで殺したことも、捕虜から得られた情報でわかってきた。この地でおこなわれたガス放射攻撃は、ここまですべてが風向きに非常に恵まれていたので、ロースの戦いと同じ失敗を犯すことなく、ドイツ軍に深刻なダメージを与えることができた。6月の終わりの週には、約1万3000本のボンベからほぼ400トンの「白い星」が放射された。イギリス軍の偵察隊は、ドイツ軍の塹壕内に夥しい数の兵士が列をなして死亡しているのを繰り返し確認している。

15 ソンムの戦い最終的結末

総攻撃開始ののろし

ソンムにおいて、イギリス軍歩兵部隊による総攻撃は6月29日の予定であったが、天候の悪化とフランス軍からの注文で7月1日まで延期された。歩兵部隊は窮屈な塹壕に48時間も押し込められ、頭上を飛びかう両軍の砲撃で眠れず、疲労困憊となっていた。そこにさらに、しのつく雨が塹壕を水浸しにしてしまう。

7月1日はうだるような暑さで明けた。この日の早朝に、ボーモン・アメルのドイツ軍陣地で突如として大爆発が起きた。ドイツ軍の前線の下には鉱山がたくさんあり、イギリス軍はこれらの鉱山に爆薬をしかけてドイツ軍陣地を爆破しようと、その最大の鉱山に22トンもの爆薬をしかけていた。これが大爆発を起こしたのである。大地を揺るがす轟音が起き、爆発後には深さ18メートル、直径40メートルのクレーターが出現。これがソンムの戦い開始ののろしとなった。イギリス軍はマリクールからセルレまでの22キロメートルの主要戦線に総計1500門の火砲をそろえており、激しい一斉砲撃によって戦いの幕が切って落とされた。

ローリンソンの配下にあるイギリス第4軍11個師団が攻撃を担当し、5個師団が予備にまわることになった。南部ではファイヨールの率いるフランス第6軍5個師団の各歩兵部隊がいっせいに前進を開始。これらの総指揮官には、北方諸軍司令官フォッシュがあたった。

一方のドイツ軍は、10個師団が対峙していた。イギリス軍総司令部の希望的観測では、第一段階でマリクールとセルレ間のドイツ軍を撃破し、第二段階ではバポームとジンシー間の高地を占領する計画だった。他方で、フランス軍がサイリィとランクール付近の高地を占領し、第三段階で左へ旋回してドイツ軍の側面を攻撃。北方のアラスまで追いつめてソンム戦線を突破する予定となっていた。これが成功した暁には、騎兵部隊が中心となって、バポームからミローモンの線を北上する手はずが整っていた。

イギリス軍の惨劇

7月1日午前7時、砲撃は最高潮に達した。そしてこの砲撃は30分後に突然停止する。

と同時に歩兵部隊に突撃命令が出た。彼らは水浸しの塹壕から這い出て、急な梯子《はしご》をよじのぼり、朝日を浴びて出撃していった［図1］。

イギリス軍兵士はそれぞれ総重量30キログラムにもなるきわめて重い背嚢《はいのう》を背負わされていたため、前進の速度がのろくなっていた。彼らはドイツ軍陣地に生存する者がいるとはまったく予期していなかった。第4軍司令官の訓令に基づき、将校を先頭にゆっくり平然と、堅実な歩調で、着剣を上にしたライフル銃を胸の前にななめにかまえ、肩と肩がふれあうくらいにきちんと整列して進撃していった。あたかもボーリングのピンのように整然と隊列を組み、一定の速度で前進しなければならなかった。いずれも横にならんだ波状の攻撃隊形である。第一戦列は、右と左に大きく散開していた。第二戦列もそうであった。

イギリス軍兵士たちが、指揮官を先頭に隊列を組ん

図1　塹壕から出て一斉に突撃に出るイギリス軍兵士。
これはソンムの戦いのもっとも代表的な写真

で、まさに無人地帯を横切ろうとしていたそのとき、突如として夥しい数のドイツ軍兵士が、待避壕、塹壕や爆弾穴などから湧き出るように現れた。これら無傷のドイツ軍兵士は、機関銃や小銃の一斉射撃を浴びせて、イギリス軍兵士をおもちゃの兵隊のように次々となぎ倒していった［図2］。

図2　塹壕や爆発穴から出て待ちうけて機銃掃射するドイツ軍兵士

　イギリス軍による7日間にわたる猛砲撃もガス放射攻撃も、決して所定の効果をあげていなかったのである。ドイツ軍の機銃などの猛射によって、指揮官をはじめ最初の第一戦列がポロポロと倒れてゆくと、約10メートルの間隔をあけた第二戦列も同じようにそれに続き、第三、第四と続々とつぶされていった。この日、イギリス第4軍はわずか2時間のあいだに、攻撃に参加した将校300人のうち280人を、下士官以下8500人のうち5274人を失った。将校の死亡率がとくに高かったという。イギリス軍はこの戦闘で、若い有能な人材を多く失った。

ドイツ軍は、まったく予想もしなかったほどの戦果をあげた。7月1日だけでもイギリス軍は6万人もの死傷者を出し、そのうち2万人が戦死したのである。

これは第一次世界大戦中、イギリスの一軍あるいは他の国の一軍がわずか一日でこうむった損害としては最悪のものとなった。イギリス戦史上最大の敗北を喫したのである。「1916年7月1日」はその後、イギリス国民にとって永遠に忘れがたい一日となる。

イギリス軍より2時間遅らせて攻撃に出たフランス軍は、敵に与えたよりも少ない損失でその目標地点を確保していた。これはフランス軍兵士のほとんどが、歴戦を乗り越えてきた古参兵からなっていたことによるとされている。

フランス軍は、同日夕刻までにドイツ軍第一陣地の最前線を奪取し、猛烈なドイツ軍の逆襲を撃退してさらに攻撃を続けた。5日までにペロンヌ西側地区においては第一陣地のみならず、第二陣地の一部をも奪取するに至った。一方イギリス軍の正面においては、すでに述べたようにドイツ軍の猛烈な機銃掃射にあってほとんど進撃できなかった。ただフランス軍との隣接地区においてのみ相当の進捗がみられたものの、1日以降にイギリス軍が得たものはほとんどなかった。

「タンク」の投入

1914年12月、イギリス陸軍中佐アーネスト・ダンロップ・スウィントンが政府あてに、塹壕戦を打開するため機関銃を搭載した装甲車トラクターを生産する内容の覚え書きを送った。これに対してイギリス政府の最高実力者であった陸相キッチナーは、この戦闘用車両の生産をただちに拒否する。その理由は、このような陸上船を戦場に送り出しても、塹壕などの障害物を乗り越えることができず、ドイツ軍の格好の標的となるというものであった。スウィントンはあきらめず、海相チャーチルにこの話を持ち込んだ。彼はもともと陸上軍艦に興味を抱いていたので、これに賛同し、機関銃と鉄条網に囲まれた塹壕の突破には、機関銃を搭載した車両が不可欠であるという結論を出した。

1915年2月、チャーチル主導のもとでただちに「陸上軍艦委員会」が創設され、イギリス海軍は新たな戦闘車両を開発していた。この戦闘車両は改良に改良を重ね、戦車の原型「ビッグ・ウィリー」が作られた。そうしてようやく陸軍でも、実戦に投入されることが承認された。

1916年2月になると、イギリス軍はまずこれをソンムの戦いに投入することとした。機密保持のため、イギリス軍がこの戦車を給水タンクと称していたため、その後「タンク」と呼ばれるようになる。さらにドイツ軍情報部に発見されないようにするため「ペトログラード行き」という札までつけていた。

こうして新兵器、ビッグ・ウィリーの改良型で「マークI型」［図3］と呼ばれる菱形戦車が次々と西部戦線に送り込まれた。ヘイグは9月15日、第15軍に配備していたマークI型戦車を、フレールとクールセレットを結ぶ前線に投入。マークI型戦車は鉄条網を乗り越え、機関銃弾をはね返しながらドイツ軍陣地を突破していった。

とはいえ、このころの戦車は内部機構も未熟で、欠陥が多く、大急ぎで投入されたために乗員も十分な訓練を受ける暇がなかった。溝にはまり込んで動けなくなったものも少なからずあった。また投入されたのはたったの49両であり、さらに故障が続出したため実際に出動できたのはわずか11両だけである。しかも後続の歩兵部隊がついてこなかったため、せっかくの戦車攻撃にもかかわらずなんら成果

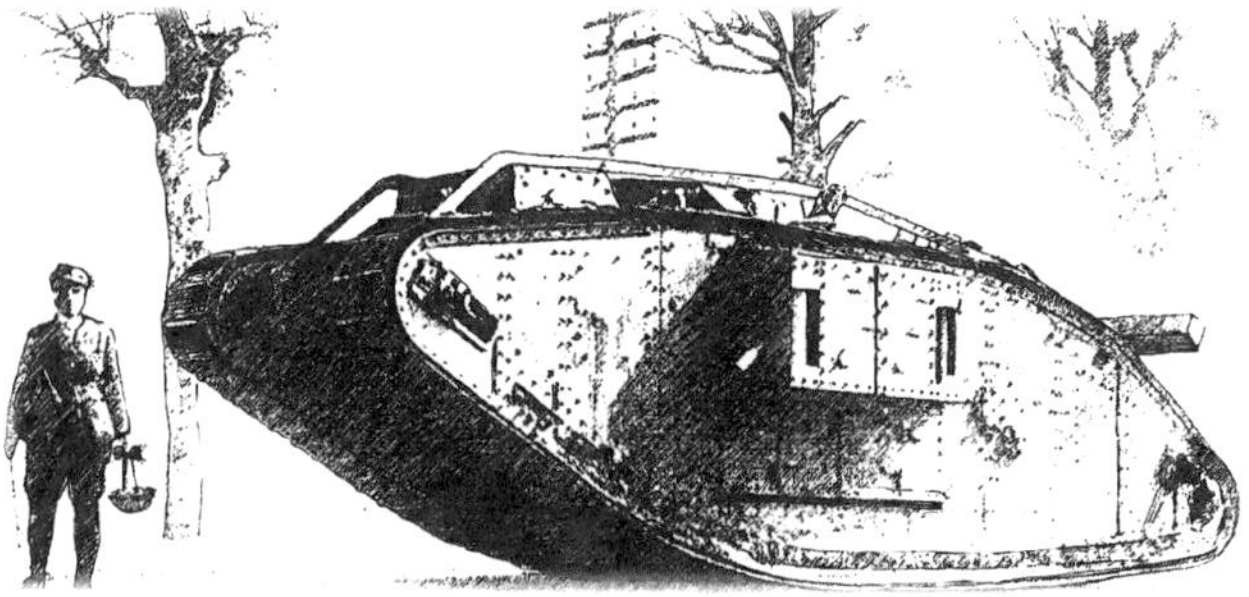

図3　イギリス軍の初期の菱形戦車、マークI型戦車

が得られなかった。イギリス軍上層部はこの戦車に失望し、廃止を求める意見も少なくなかったが、チャーチルはあきらめなかった。

イギリス軍は9月25日にゴムクールを占領し、翌26日には13両の戦車が爆弾孔だらけの湿地を越えてティプヴァルをめざす攻撃に投入された。9両が爆弾孔にはまり込み、2両が故障、村にたどりついたのはたった2両だけである。しかし、そのうちの1両は1キロメートルもの塹壕戦を制圧し、将校8人と下士官362人を捕虜にした。イギリス軍歩兵は1時間とたたないうちに、わずか5人の損害を出しただけでこの地区を占領した。ヘイグはこの快挙からにわかに戦車に大いに期待をかけるようになり、さらに1000両の生産を注文する。

この戦車の投入は、世界戦史上画期的な出来事であり、ソンムの戦いを一躍有名にした。ドイツ軍総司令部は、最初に戦車を捕獲した者には500マルクの賞金を出すとも布告する。こうしてイギリス軍の戦車の1台を捕獲したドイツ軍は、のちにドイツ軍の印をつけて出撃している。ドイツ軍はただちに対戦車砲中隊を組織するとともに、あらためて独自の戦車を開発しはじめ、やがて改良型戦車でもって反撃に出ることになる。ドイツ軍の戦車はイギリス軍に劣らず戦略的にも強化されたもので、第二次世界大戦ではドイツ軍の”電撃戦“の最主力兵器に育成されていった。

この愚かな戦闘

このソンムの戦いは、第一次世界大戦における最大の会戦として有名である。イギリス軍は重装備の歩兵から騎兵隊、さらには戦車まで投入した。しかし、この戦闘で得られたものはわずかしかなく、数多くの若き有能な人材を失ったことは大英帝国にとって大きな悲劇となったと酷評されている。

とにかく、ヘイグがねらったイギリス軍による西部戦線突破の夢は失敗に終わった。

この戦闘にイギリス・フランス両軍が投入した兵力は、累計でイギリス軍は100個師団、フランス軍は50個師団である。総計すると約150個師団となり、ドイツ軍の96個師団を大きく上まわっていた。

ソンムの戦いではまた、「白い星」などの化学兵器のほかに、軽機関銃、迫撃砲、火炎放射器、戦車などが新たに登場し、飛行機もさまざまな戦闘で大活躍した。

当時、西部戦線に従軍していたイギリスの戦史家リデル・ハート大尉は、著書『第一次世界大戦、その戦略』の中で、ソンムの戦いについて「4か月にわたる闘争は、攻者（連合国軍）と同様にドイツ軍の抵抗にも痛い打撃を与えている。両軍ともに量において莫大な人員を失ったが、それは質においてかけがえのないものであった。終幕に近づくにしたがって漸次大きな役割を果たすに至ったフランス軍は、20万4000人の死傷者を出した。イギリス軍の死傷者は42万人に対して、ドイツ軍にも46万5000人の死傷者が出ている。この数字は、ドイツ軍司令官フォン・ペローが『失った塹壕は1ヤードといえども逆襲によって奪還せねばならぬ』と、勇壮ではあるが正気の沙汰でない命令を発したため、悪戦苦闘の結果増大したものである。この逆襲のおかげでイギリス軍砲兵は、ドイツ軍歩兵を犠牲として大いに技術を向上させることができた」と語っている。

またイギリスの戦史研究者テイラーは、ソンムの戦いを徹底的に非難している。この戦いは、戦略的には「取り返しようのない敗北」だったとし、「勇敢だが助かるすべもない兵士、愚かで頑固な将軍、何も達成されなかった戦い」であったと結論づけている。

当時イギリスの軍需相で、のちに首相となったロイド・ジョージは、彼の「第一次世界大戦回顧録」の中で、ソンムの戦いを次のように総括している。「この戦闘は、ドイツ軍の中でももっとも優秀な将兵を殺すことによってドイツ陸軍を壊滅状態におとしいれたといわれている。しかし、イギリスおよびフランスの優秀な将兵をもはるかに多く失った。とくにイギリス軍将兵のほとんどが新たに募集された義勇兵であり、これらの熱狂した兵士たちは、イギリスの青年の中でももっとも選ばれたもっとも優秀な者たちであり、士官は大学出身者が多かった。この愚かな戦闘でイギリスは非常に多くの優秀な若者を失っているが、手に入れた土地はほんのわずかなものであった」と。

さらに海相をへてのちに首相となったチャーチルは、西部戦線における1916年の作戦は、「最初から最後まで大量虐殺の極みであり、それによって…イギリスとフランス陸軍は、ドイツ軍に対して会戦当初よりも劣勢に立たされた」と述べ、ヴェルダンに対する圧迫を軽減したことは別として「いかなる戦略的な有利も得られなかった」と決めつけている。

このように、イギリスの軍人や政治家の多くが、大英帝国の命運をかけておこなわれたこのソンムの戦いが、あきらかに失敗であったと痛烈に批判していることは注目すべきである。

ソンムの戦いは第一次世界大戦の天王山であり、まさに”両軍相打ち“という表現が適切といえる。ただこのソンムの戦いが、ヴェルダン攻防戦におけるフランス軍への圧力を大いに軽減させたことは誰しもが認めている。フランスは、イギリス軍の大きな犠牲のもとに救われたと、戦史家も一致して認めるところである。

またイギリス軍による戦車の投入は、すでに述べたように軍事史上、画期的な出来事であった。ドイツ軍歩兵は、鉄条網をはねのけながら塹壕の上を這いずりまわり、機関銃で掃射し続ける戦車を「怪物」と見たて、手も足も出ないと恐れおののいた。その後、イギリス軍は消耗した兵力の見返りに戦車を大量に生産し、次第に戦車戦に突入していくこととなる。一方、ドイツ軍もフランス軍も独自に、ひそかに戦車の開発に全力をあげた。そのような意味から、ソンムの戦いは戦闘の大きな転換を画したといえる。

かつて輝かしい戦歴をあげてきた騎兵隊は、機関銃と戦車の登場によりまったく無意味なものとなった。

16

ブルシーロフの夏

ロシア軍悲運の年

1915年は春から、ロシアにとって悲運が続いた。4月に東部戦線の南部では、マッケンゼンの率いるドイツ・オーストリア＝ハンガリー同盟国軍の猛攻によって、ロシア軍はポーランド南部からウクライナの北部にわたるガリツィアからの撤退を余儀なくされた。7月にはドイツ軍の進撃がさらに続き、ポーランド中部に攻勢をかけ、ワルシャワを占領する。北部では8月10日、ヒンデンブルクの率いる第8軍および第10軍の2軍団が、マッケンゼン軍からの支援を得てリガの南方にある要衝コブノを占領した。さらに8月11日、ロシア軍の誇るブレスト＝リトフスク要塞が同盟国軍によって3方面から包囲され、26日には周辺の堡塁がつぶされ、ほどなく陥落する。こうして東部戦線突出部の最先端部が占領された。東部戦線でロシア軍は、南部から北部の全線にわたって敗北し続けたのである。

ロシア軍は包囲をかろうじて逃れた一部をのぞき、32万5000人もの兵士が捕虜となる。300門以上の砲と、さらには補充が不可能と思われるほど莫大な量の小銃と軍需品も奪われた。1915年9月、ドイツ・オーストリア同盟国軍は連敗を続けるロシア軍を追撃し、北はバルト海に面するリガ湾から南はルーマニアの国境付近にまで圧迫。この1915年は、ロシア軍にとってドイツ・オーストリア＝ハンガリー同盟国軍に圧倒され続けた「大退却」の年になる。

ロシア軍首脳部のふがいなさを思い知らされたニコライ2世は、ラスプーチンの画策によって、軍に人望があり、才気にあふれたロシア軍総司令官ニコライ・ニコラエーヴィチ大公を罷免してしまう。そして8月26日、ニコライ大公にかわって自らが最高司令官に就任する。ニコライ2世は総司令部、つまり大本営（ロシア語で〝スタフカ〟）をバラノヴィチ（現在のベラルーシ共和国東部の小都市、パラーナヴィチ）から、さらに東部にあるドニエプル河畔のモギリョフ（同共和国東部の主要都市、マヒリョウ）に移設し、直接軍の指揮にあたった。

ただ彼は、軍事作戦面ではまったくの素人であり、誰がみても無能であった。しかしこうしてロシアでは、ニコライ2世の主導による大がかりな、巻き返しの「総力戦」が計画された。皇帝がこうした「総力戦」のための態勢をとる決断を下した背景には、皇后アレクサンドラとその女官アンナ・ヴィルボア、それにラスプーチンの「3人組」の意向が強く反映されていたといわれている。彼女らは皇帝が大本営に閉じこもっているのを幸いに「陰の内閣」を作り、政府内での発言権を強化して、大臣や軍の首脳部などの重要人事を思うがままに動かしていった。

戦力強化のため日本から大量の武器を輸入

ロシア軍は、長期にわたる連戦連敗によって兵力の夥しい消耗をきたしていた。とりわけこの敗戦の主要原因であった兵器弾薬の著しい欠乏のため反撃に移ることができず、わずかな兵力でもって広い前線の陣容整備に努めていた。ドイツ軍が西部戦線で大きな賭けに出ており、東部戦線での新たな攻撃はないと確信したロシア政府は、思いきった改革に乗りだす。ロシア陸相アレクセイ・ポリバノフ将軍は、8月に兵役制度を改革して新たに200万の兵力を動員し、まずは兵士の訓練をはじめとする戦力強化に努めた。またペトログラードにある二つの巨大兵器工場を強引に国有化。軍需産業を傘下におき、兵器と弾薬の増産に全力をかたむけた。戦時態勢に入った軍需産業では豊富な軍需品が生産され、小銃や砲弾の生産量がおどろくほど増加する。

一方では、積極的に国外からの軍需品輸入に努めた。ロシアはそのころには、日露戦争で敵として戦った日本を武器輸入国として大いに頼りにできると考えており、日本からウラジオストック経由で大量の小銃や大砲などの武器を購入する。なかでも日露戦争の際に大量に生産され、公式に使用された「有坂38型小銃」はロシア軍兵士に非常に人気があった。児玉源太郎の指示によって203高地の攻略に大活躍した、沿岸防衛用の備えつけ砲「28センチ榴弾砲」も強く要望し、入手する。

12月30日には、ロシア皇帝名代ゲオルギー大公が来日し、翌日に山県有朋を訪問、ロシアへのさらなる兵器供給を要請した。翌1916年1月1日には、ロシア外務省東亜局長が石井菊次郎外相に、新たに〝日露同盟〟までも提案してきた。日露戦争後に「列強」に名をつらねることになった日本政府は、ロシアへの武器輸出が得策と考え、ロシア政府からの要求を全面的に受け入れる。その結果、日本ではロシアからの兵器の大量注文で、大阪の陸軍砲兵工廠の女工たちが、日夜分かたぬ重労働を強いられた。

シベリア横断鉄道は、バイカル湖までの6000キロメートル以上が複線となった。また、ペトログラードから不凍港ムルマンスクをつなぐ、長さ1400キロメートルにおよぶ新鉄道も建設された。これらは厳寒の中での突貫工事で完成されており、数しれない人命が失われたといわれている。ゆとりのある米国はもちろん、イギリスやフランスからも、海路アルハンゲリスク経由で莫大な量の機関銃、小銃、弾薬などの軍需品を輸入。とくにイギリスからは、2万7000挺の機関銃や200万挺の小銃をはじめとした膨大な量の兵器や弾薬が輸入された。もちろん化学兵器である塩素やガスマスク、さらには例のリーベンス投射器までも入手している。

チャーチルは「世界大戦回顧録」の中で、「世界大戦の挿話中、復活すなわち1916年のロシアの再生再備能力ほど、感銘深いものはない。思えば、これは皇帝およびロシア国民にとっては破滅と恐怖の深淵に投げ込まれる前の、勝利を得んための最後の栄誉ある努力であった」と、当時のロシアを評している。また「1915年中は恐ろしい敗北をなめ続けてきたロシアが、1916年の夏には自国の努力と連合国の資力によって、開戦当時の35個軍団に比してはるかに有力な60個軍団を戦場に送り込むことに成功したのである」とも述べている。ロシア軍は、戦争がはじまったときよりも装備が格段によくなっていた。

ヴェルダン攻防戦への協力

1916年の春の時点で、北はバルト海から南はルーマニア国境まで、1200キロメートルにおよぶ東部戦線は一直線に押さえ込まれていた。このころロシア軍は、合計

１３４個師団を保有しており、それが３個の正面軍に分割されていた。バルト海にのぞむリガからデュナブルグまでの戦線は北西正面軍、そこからプリピャチ沼沢地までのあいだの戦線は西方正面軍、プリピャチ沼沢地からルーマニア国境までの戦線は南西正面軍の担当である。総攻撃の最中に、北西正面軍の司令官はルズスキー将軍が更迭され、日露戦争で日本軍と戦った老練なアレクセイ・クロパトキン将軍にかわり、西方正面軍はアレクセイ・エーヴェルト将軍、南西正面軍には、ニコライ・イワノフ将軍が更迭されて新たにアレクセイ・ブルシーロフ大将が任命された。

これに対してドイツ・オーストリア同盟国軍側では、北部はヒンデンブルク、ルーデンドルフ、それにホフマンの率いるドイツ軍［図１］が、中部ではバヴァリアのレオポルド公およびフォン・リンシンゲンの率いるドイツ軍が、南部ではフレデリック大公の率いるオーストリア

図1　東部戦線のドイツ軍の三首脳。
左からヒンデンブルク元帥、ルーデンドルフ将軍、ホフマン大佐

＝ハンガリー軍が陣をかまえていた。

ドイツ軍の参謀総長ファルケンハインは、ロシア軍はもはや壊滅状態におちいって立ちなおれる状況にはないと即断し、東部戦線での攻撃をすべて中止した。そして年が明けると西部戦線に重点をおき、ヴェルダンへの全面攻撃の開始を決定。ヴェルダン戦線で戦闘が開始されると、予備軍および増援軍はもちろん重砲兵隊までも全部、東部戦線から抽出移動させられた。こうして南部戦区一帯（ガリツィアとブコビナ方面）に、ドイツ軍は１個師団もいない状況になった。

ロシア軍は、西部戦線への攻撃を牽制する目的で南西正面軍に新たに兵力を増加。イワノフ将軍は１９１５年12月26日、ドニエストル川とブルート川付近から「第一次総攻勢」に出た。しかし、オーストリア＝ハンガリー軍は前もってロシア軍の攻撃を察知しており、防備を固めていた。この地域をめぐって激しい攻防戦が続く。１月７日から戦闘地区の気温が急に上昇し、積雪が溶けて泥沼と化し、ロシア軍は攻撃を中断せざるをえなくなった。この間のロシア軍の損害は死傷者７万人、捕虜６０００人にのぼる。オーストリア＝ハンガリー軍も多大な損害をきたして一時危機に瀕したが、増援軍の到来によりようやく壊滅をまぬかれた。

１９１６年２月21日、ドイツ軍がヴェルダン攻撃を開始すると、フランス軍はロシア軍に対して東部戦線で攻撃に出ることでドイツ軍の戦力を分散させ、ヴェルダンへの攻撃を軽減させてほしいと助けを求めた。要請を受けたロシア軍大本営は、北西正面軍の兵力を移動。ナーロチ湖付近とリガ南方地区に大軍を集中させ、3月18日から「第二次総攻撃」を開始した。その攻撃の前日になって、大本営はルズスキー将軍を罷免し、クロパトキン将軍に指揮をとらせた。

ドイツ軍は兵力においてロシア軍に大いに劣っていたものの、このときもロシア軍の攻撃を予知していたため、堅固な陣地に立てこもり奮戦した。その結果、35万のロシア軍は7万前後のドイツ軍に敗北を喫し、5倍近い損失を出して敗退した。この戦闘でロシア軍は、莫大な弾薬約50万発を消費したのち、3月26日をもって攻撃を中止せざるをえなくなった。

「ブルシーロフ攻勢」はじまる

以後、ロシア軍はさらに大規模の準備をする。とくに砲弾の準備を豊富にして7月、おそくとも8月に「第三次総攻撃」をしかける計画をたてる。ところが5月になると、オーストリア＝ハンガリー軍のトレンティーノ攻勢におどろいたイタリア軍が、ロシア軍大本営に圧力緩和のために一刻も早く攻勢を開始してほしいと要請してきた。これでロシア軍としては「総攻撃」をさらに前倒ししなければならなくなる。

しかし、ロシア軍の中核となってまっ先に攻撃に出るはずの西方正面軍司令官エーヴェルトが、攻撃態勢がまだ整っていないという理由で出撃を拒絶してきた。総攻撃に応じたのは、5月になってイワノフ将軍からかわった野心満々の、南西正面軍司令官に任命されたばかりのアレクセイ・ブルシーロフ［図2］であった。その理由は、対峙している同盟国軍、とくにオーストリア＝ハンガリー軍があきらかに弱体化している実態を、投降してきた兵士たちの証言で見抜いていたからである。

図2　ロシア南西正面軍の司令官に任命されたアレクセイ・ブルシーロフ大将

こうして「ブルシーロフ攻勢」と呼ばれる、第一次世界大戦のロシア軍の攻撃中もっとも効果的で、同時にもっとも損害の大きかった一大攻勢が開始される。

ブルシーロフは、総攻撃の初期の段階からのけものにされたのを怒っていて、それならばと独自の新しい戦略をたてていた。彼はまず偵察機を十分に利用し、徹底的に調べる一方、オーストリア

＝ハンガリー軍の配置や塹壕陣地の分布、構造などの弱点を投降兵から聞きだす。それに基づいて6週間の時間をかけてじっくりと攻撃計画をたて、実戦に即した攻撃訓練を重ねていた。

とくに興味深いのは、ロシア軍陣地の下から坑道を掘り進めてゆき、オーストリア＝ハンガリー軍陣地を爆破する計画をしていたことである。坑道掘りは、20か所以上の異なった地点から実施され、敵にみつからないように毎日暗くなってから掘り進めていた。掘った土を捨てるのにたいへん苦労していたようである。ブルシーロフ軍は部隊を集中させず、事前の猛砲撃も実施しなかったので、オーストリア＝ハンガリー軍司令部はロシア軍の攻撃についてなんの報告も警告も受けてなかった。

6月4日から5日の未明にかけて、ブルシーロフ軍は30時間にわたる砲撃ののち、100万の軍隊を率いて総攻撃を開始。オーストリア＝ハンガリー軍のもっとも手薄と思われる地点を選び、それぞれに突撃部隊を投入して集中的に波状攻撃をかけた。なんらの準備も部隊集中もおこなわず、ほとんど気まぐれともみえるバラバラの突撃部隊の奇襲におどろいたオーストリア＝ハンガリー軍は混乱し、なすすべもなく敗走せざるをえなくなった。彼らはこれを、攻撃というよりも大規模な偵察であると信じていた。

ロシア軍は全戦線にわたってオーストリア＝ハンガリー軍の戦線を越え、あるいはその間隙を突破して前進した。この突破の成功は、敵の機関銃座のある拠点の隙間をぬってまわり込み、突破口をこじ開け、主力部隊の前進を可能にするためブルシーロフが考案した「浸透戦術」によるところが大きかったのはいうまでもない。この戦術は、のちにドイツ軍によってみごとに活用され、第二次世界大戦では「突撃戦」として大いにもてはやされるようになる。

17 ブルシーロフ攻勢の歴史的意義

崩壊したオーストリア＝ハンガリー第7軍

中央部のチェルバチェフが指揮するロシア第11軍は、タルノポールから攻撃に出た。南翼のレッチスキーの第9軍は60キロメートルも前進し、ツェルニウツィーに侵入した。

ブルシーロフ自らが率いるロシア軍は、プリピャチ湿地南部のプリピャチ川からツェルニウツィーまで、450キロメートルの戦線に展開したオーストリア＝ハンガリー軍にとって脅威だった。長い戦線に薄く配置されていたオーストリア＝ハンガリー軍は、強固な深い防御陣地を構築していたため、将兵たちは陣地に依存しすぎ、さらに悪いことにはこの戦線でロシア軍が攻撃してこようとはまったく予想していなかった。

6月4日のロシア軍の砲撃は、オーストリア＝ハンガリー軍にとっては完全な奇襲となった。砲撃に続いて前進したロシア軍歩兵部隊は、多数の敵部隊が深い塹壕内に閉じ込められ、ただ降伏せざるをえない状況におちいっているのを発見する。

プリピャチ湿地のすぐ南側でも、カレディンが指揮するロシア第8軍が戦線を30キロメートルの幅で突破し、ルーツクに向けて前進。オーストリア＝ハンガリー第4軍を突き崩したロシア第8軍は、6月8日にこの町を占領する。

一方、さらに南部のガリツィア戦線ではロシア軍が猛進撃を続け、カルパチア山脈の斜面まで進出。ハンガリーに手が届く地点まで占領したことによって、オーストリア＝ハンガリー第7軍は事実上崩壊した。

ロシア軍の占領した地域と敵に与えた損失は、東部戦線においてはいまだかつて見たこともないほど大きなものであった。ブルシーロフ軍は、オーストリア＝ハンガリー軍がすっかり弱体しているのをみてさらに前進しようとしたが、彼には肝腎の予備軍がなかった。ロシア軍の予備軍はすべて北方にとどまっており、大本営はそれを動かそうとはしなかったのである。

このため、ブルシーロフ軍はそれ以上の進撃は続けることができず、6月10日に攻撃をいったん中止する。このとき、大本営の指示どおり西方正面軍と北西正面軍もいっしょに攻撃に出ていれば、東部戦線でドイツ・オーストリア同盟国軍に立ち上がれないほどの大きな打撃を与えたことはまちがいない。しかし、ドイツ軍の防御の固さを極端に恐れ、いずれ敗北におちいると信じ込んでいたエーヴェルトもクロパトキンも動こうとはしなかった。大本営にうながされたエーヴェルトは、しぶしぶ7月3日になってようやく攻撃に出たが、救援に出てきたドイツ軍によってしたたか叩かれて攻撃を終えた。それ以後、エーヴェルトは二度と攻勢に出ようとはしなかった。

大きな犠牲のうえの勝利

ロシア軍は夏のあいだじゅう、長く延びた補給線に悩まされ、不意打ちもできなかった。ロシア軍の動きが消極的となったのに気がついたドイツ軍は、再び自信を取り戻し、南部のオーストリア＝ハンガリー軍に増援部隊15個師団を次々と送り込んだ。ブルシーロフがさらに進撃を続けようとしたとき、今度は新たに投入されたドイツ軍の手ごわい抵抗にあう。そして7月にストホド川を突破したところでドイツ軍の反撃にあい、撃退された。そこで退却したブルシーロフ軍は、より大きな犠牲を払うこととなるのである。ロシア軍は10月まで攻勢を続けたが、特別に得るところはなかった。

ブルシーロフ攻勢によってロシア軍は、総計１００万人を超える、想像もしなかったほどの死傷者を出した。これはロシアにとって耐えられない大きな犠牲であり、惨たんたる敗北に終わった。こうして政府高官のあいだで早くもドイツとの和平への可能性が検討されはじめる。ともあれ、「ブルシーロフ攻勢」はロシア軍にとってはじめての注目すべき勝利であり、第一次世界大戦で将軍個人の名で呼ばれた唯一の成功した作戦であった。ブルシーロフ攻勢は、世界の歴史を大きく塗りかえることとなったのである。この攻撃によりオーストリア＝ハンガリー軍がイタリア戦線から兵士を引きあげ、攻撃を中止させたため、これによってイタリアは敗戦の苦境をいったん脱した。

一方ファルケンハインは、西部戦線におけるヴェルダン攻略をあきらめさせた。彼が送り込もうとしていたとっておきの精鋭部隊7個師団を、東部戦線に振り向けざるをえなかったからである。ヴェルダンを突破し、フランス軍を撃破するという夢は破れた。ブルシーロフ攻勢により、オーストリア＝ハンガリー軍は１００万以上の将兵を失い、ほとんど壊滅状態におちいった。40万人の捕虜の多くは投降兵である。オーストリア＝ハンガリー軍参謀総長コンラートは、惨敗の責任を問われてファルケンハインによって解任され、ドイツ軍はオーストリア＝ハンガリー軍をまったく信用しなくなった。

多民族国家であるオーストリア＝ハンガリーは、大きく揺さぶられた。チェコなどのスラブ系民族の部隊が次々とロシア軍に寝返り、ハプスブルク帝国の土台は民族問題で崩れはじめようとしていた。

このブルシーロフ攻勢の成功を目のあたりにしたルーマニアは、いまこそ絶好の時期として、8月27日、オーストリア＝ハンガリー政府に宣戦布告する。29日にはルーマニア軍がトランシルヴェニアに侵入。こうしてドイツ・オーストリア同盟国軍は、新たに75万のルーマニア軍と対峙しなければならなくなった。

このルーマニア参戦の責任をとらされて、ファルケンハインまでが更迭された。ヒンデンブルクとルーデンドルフがその後任となった。

ガス放射攻撃で大きな成果

1916年、ドイツ軍はあえて戦闘に出ることはせず、東部戦線では北部から中部にかけてもっぱら「ガス放射攻撃」を繰返していた［図1］。7月2日には、ドイツ第10軍の作戦地域内のスモルゴン付近でガスを放射。その成果については、「追従攻撃によって利用せられなかった」とのみ

図1　東部戦線におけるドイツ軍のガス放射攻撃

記録されている。8月22日にも29日にもドイツ軍はガス放射攻撃をおこなっている。後者においては、ロシア軍の前線の後方で患者運搬車および救急車が大渋滞となって中毒患者を運搬していたという情報がもたらされる。また捕虜や逃亡者の供述によると、ロシア軍の2個連隊は約3000人の損害を出したので解散のやむなきに至ったといわれた。また9月22日、ナーロチ湖畔のドイツ軍のガス放射攻撃では、ロシア軍に大きな損害を与えていたようである。西シベリア狙撃第5および第6連隊は、将校50人、下士官兵4000人をガスによって失い、第7連隊の1個大隊はわずか100人まで兵力が減ってしまったという。このときのガス放射攻撃で、ドイツ軍は予想もしていなかった大きな成果を得ていたのである。

9月24日の夜、バラノヴィチ付近で実施されたドイツ軍のガス放射攻撃の経過と成果についてはくわしい記録が残されている。

この地域では両軍の前線が非常に接近していたので、ロシア軍兵士はドイツ軍の状況をかなり正確に把握していた。9月20日にロシア軍の歩哨がドイツ軍のガスボンベの埋設に気がつき、報告している。9月24日には連隊本部を前線に近い場所に移し、連隊長自身も午後9時に第一線塹壕を視察した。しかしなんら変化がみられなかったので、午後11時ごろに連隊本部の宿舎に帰ってきた。ところがその直後の午後11時10分、連隊の中央部を守備していた第3大隊全部と、隣接していた第1および第2大隊の中隊に濃厚なガス雲が押し寄せてきた。にもかかわらず、ガス雲が迫っていることには誰も気がついていなかった。ガスマスクが全員に配布され、十分な防御対策がなされていたにもかかわらず、毒ガスがロシア軍に与えた損害は甚大だった。第3大隊の総兵力約500人のうち、4分の3もの兵士がガス中毒になり、約1キロメートルの長さの全塹壕中にわずか100ないし150人の生存者がいただけになった。このガス雲は、最前線の塹壕のみならず、7キロメートル後方にいた予備隊にも被害をおよぼした。さらに前線の後方11キロメートルにあった停車場では重症中毒者が続発し、40人からなる労働者の一団のほとんどが死亡した。ガスの効力がもっとも激しかった地域は、幅2・5キロメートル、深さ8キロメートルにおよんだ。

しかし、いずれにせよロシア製のクーマント・ツエリンスキーガスマスクでは対応できないような高濃度の塩素・ホスゲンの混合ガスが使用されたものと思われる。この攻撃では、ドイツ軍はガス放射攻撃に加えて歩兵部隊による大がかりな攻撃はかけてこなかった。もしドイツ軍が本格的に歩兵を繰り出して攻撃をかけていれば、ロシア軍の正面は完全に突破されただろうとも記されている。

ロシア軍の塹壕を襲ったガス雲

1916年10月1日、ドイツ軍はひそかにガスボンベの埋設を開始した。また10月8日には、リガ南方のユックスキュール橋頭堡《きょうとうほ》に対してガス放射攻撃をおこなっている。この攻撃については、ロシアのアーデルハイム教授（病理学者）による詳細な記録が残されており、ドイツ軍が東部戦線でおこなったガス攻撃のうちもっとも大きな成果が得られたものと記されている。この地区でのドイツ軍のガス攻撃は、地形的にみてきわめて有利であり、ドイツ軍陣地からロシア軍陣地までは川岸まで草の少ないなだらかな下り斜面が続いていたうえ、風向きもロシア軍陣地のほうに向いていたのである。

この日の夜は静かな、ひやりとする夜であった。月がかくれた午前4時30分、「チッ」という音がした。これこそ、ドイツ軍による塩素・ホスゲン混合ガスの放射攻撃開始の音であった。これが本格的なガス攻撃であることを、ロシア軍歩哨は気がつかず、警報を流す機会を逸してしまった。このため、ロシア軍兵士にとっては完全な奇襲攻撃となり、パニック状態におちいる。ドイツ軍は30分の間隔で3回ガス放射攻撃をおこなった。その最初のガス雲はたちまちロシア軍の塹壕に到達して、掩蔽壕《えんぺいごう》で眠り込んでいた兵士を襲った。ガス雲はみるみるうちに高濃度となり、あらゆる掩蔽壕、散兵壕に充満していく。それにもかかわらず、兵士たちのなかにはしばしばマスクをはずす者がいた。とくに最初、少量のガスを吸い込んだ結果、呼吸が苦しくなった兵士にマスクをはずした例が多かったようである。

この橋頭堡に対するドイツ軍の攻撃は、ガスの吸入が少なかったロシア軍兵士によって阻止されたものの、軽症者は戦闘のため興奮して、ガス中毒の症状をまったく自覚しなかった。しばらくして包帯所にたどりつき、ここではじめて重症におちいった兵士もいたという。ロシア軍の軍医の数は手薄で、救援にかけつけた軍医によると、ガスによる死者は３００人にのぼっており、ほかに中毒者６００人が苦悶、呻吟《しんぎん》しているのを目撃している。

ストホド河畔のウィトニッツにおいても、ドイツ軍はガスの放射攻撃を実施する。この際にはガスボンベ３０００本を15キロメートルにならべた。

10月17日には、ドイツ軍はかなり大がかりなガスの放射攻撃をおこなっている。この攻撃では、１・５キロメートルの正面に３０００本のガスボンベを埋め込んで放射し、コサック兵４０００人がその馬とともにせん滅された。１メートルあたり２６７人、１本のボンベにより１３７人が死亡したとされている。翌18日には、ウィトニッツの南方10キロメートルにあるキーゼリンにおいて、同様のガス攻撃で１５００人が死亡する。さらに12月中には、リガとミンスク間におけるガス放射攻撃で20キロメートルにおよぶ被害が出た。

このように、1916年において東部戦線では、ドイツ軍は塩素とホスゲンの混合ガスの放射攻撃により、ロシア軍に大きな打撃を与えていたのである。

ロシアの社会不安が拡大

1916年、ロシアでは「総力戦」態勢に対してさまざまな問題点があきらかとなってきた。ロシアはもともとは農業国として小麦や農産物を大量に輸出していたが、農民が兵士として大規模に動員されるようになると、人手不足から農作物の生産が著しく落ちてしまい、都市では食料不足を招来しはじめた。飢饉が広がると同時に市民の不満も増大し、ストライキが頻発する。皇帝ニコライ2世はコサック兵を投入し、ストライキを弾圧。徴兵を恐れた反政府運動家たちは国外に逃亡していた。動員の拡大によって中央アジアやシベリアの諸民族などにも徴用の勅令がおりるようになると、これらの地域では反対する住民の大規模な反乱が日に日に増してきた。また長期にわたる塹壕戦で前線の兵士たちに厭戦気分が高まり、戦線を離脱する兵士が続出する。

ブルシーロフ攻勢では、最終的にロシア軍に死傷者と捕虜が50万〜100万人も出た。

ブルシーロフ攻勢での大量の死傷者と食料不足により、軍の首脳部や政府に対する兵士たちの不満もいっそうつのってくる。とりわけカルパチア山脈の東側、ガリツィアでのロシア軍の大敗は国民をひどく憤慨させた。主要都市のすべてで「ロシアの息子たち」の大量殺りくに対して抗議集会が開かれ、これが翌1917年のロシア革命への口火を切る大きな契機となる。

革命気運が一気にロシア全土に広がっていった。国内ではケレンスキーという若き弁護士が労働組合を組織し、頭角を現す。ジュネーブではレーニンと名乗る男が出番を待っていた。ブルシーロフも、皇帝と軍司令部が自分を助けてくれなかったのを決して許さなかった。ブルシーロフは、翌年2月に臨時政府ができるとロシア軍最高司令官に抜擢されたものの、6月攻勢に失敗して失脚。その後1920年には赤軍に加わり、レオン・トロツキーから信頼され、騎兵総監となった。

一方政界では、皇后アレクサンドラとラスプーチンとの深い関係、さらにはドイツ出身である皇后とドイツとの内通の疑いが公然と国会で取り上げられるようになった。さらに恐るべきことは、ロシア軍の攻撃情報がドイツにすべて筒抜けになっているとまでうわさされたことである。ロシア軍の敗戦続きや内政の腐敗の原点は、すべてラスプーチンにあると考えたフェリックス・ユスポフ侯爵と仲間たちは、暗殺計画をたてて好機をうかがっていた。そしてようやく12月26日、彼を自宅に招待することに成功する。ワインに致死量以上の青酸カリを入れて飲ませたが、死亡しなかったので射殺し、ネヴァ川に投げ込んだ。

こうしてブルシーロフ攻勢では、ロシアは自らを犠牲としてイギリス、フランス、イタリアを救う結果となった。この１９１６年という年は、ロシアにとって「戦争の歴史のなかでもっとも残酷な年」であったと評されている。この年の冬はとくに寒さが厳しかった。史上例をみないような寒気がシベリアから流れ込み、いずれの軍隊の兵士たちも塹壕の中で凍えていた。

18

西部戦線に登場した新たな毒ガス弾攻撃

ドイツ軍の新たな戦略

ドイツ軍情報部は、1917年4月16日からはじまったニヴェル攻勢が失敗に終わると、フランス軍がすっかり疲弊しつくしていることを知る。今後はイギリス軍が主体となり、約40個師団の兵力をもって5〜6月ごろから攻撃を準備し、とくにイープル正面から攻撃してくることもすでにつかんでいた。ルーデンドルフはこれへの対抗策として、南方の戦線から歩兵部隊や砲兵隊をかき集め、フランドルで満を持して待機していた。その対抗策の一つに、新しく開発された毒ガス砲弾の投入があった。

1917年7月12日、気温の高い夜、ドイツ軍は新たな毒ガスを詰めた砲弾5万発を、イープル真東のサンジャンとポティイージェのあいだの突出部に向けて砲撃した。この防衛陣地にはイギリス第55師団と第15師団が対峙していたが、ドイツ軍の砲撃は、主としてイギリス第5軍の塹壕に向けて発射され、一部はフランス軍にもおよんだ。午後10時10分に開始された砲撃は10時30分にいったん中止ののち、第2回は午前零時30分から50分まで、第3回は午前1時50分から2時10分までというように断続的におこなわれた。イギリス軍の報告によると、兵士たちの狼狽は相当なものであったという。

このガス砲弾は、これまで経験してきたものとまったくちがっていた。それはガスというより茶色の液体のようであり、不快なにおいを発し、油のような、にんにくのような、辛子のようなにおいと報告された。最初に攻撃を受けたときはわずかに眼とのどを刺激した程度だったので、誰も面倒くさいマスクをつけようとはせず、ほとんどの兵士が後方へ避難していったん眠った。

ところが朝になって、眼を砂でこすられるような猛烈な痛みで目を覚ました。同時に吐き気や嘔吐が起きてきた。眼の痛みは時間とともにいっそうひどくなり、痛くてたまらずモルヒネを打ってくれという兵士も出てきた。

混乱するイギリス軍

このガス弾攻撃の直撃を受けた兵士たちのまぶたはみるみるうちに腫れあがり、眼を開けることができなくなっていた。このため何も見えなくなり、なかば失明状態となった［図1］。結膜は燃えるように充血していた。症状の比較的軽い患者を後送するときには、目の不自由な人が前の人の肩に手を置いて歩くように一列につらなって救護所まで連れていかれた。皮膚の障害は攻撃を受けたあと、気温も湿度も高い場合は1時間くらいして、おそくとも6〜12時間くらいしてから出現してきた。まず、このガスを浴びた皮膚の部分に痒みと灼熱感および日焼けをしたような赤いしみが出た。そこがやがて水疱になり、次第に融合して大きくなり、破れてびらんとなる。ガスを大量に吸い込んだ兵士は頑固な咳や呼吸困難をきたし、2〜3日後から次々と死んでいった。たとえ死亡しなくても、症状はなかなか改善しなかった。イギリ

図1　救護所に向かう毒ガス被害者たち。ほとんどが失明同然となっていた。このような光景は終戦までずっと見られた

ス軍の野戦病院は、患者でたちまちいっぱいとなった。この様子をつぶさに見た将校や軍医たちはいったい何が起こっているのかわからず、驚愕し、恐れをなした。軍医たちはこの新手の毒ガスに対してどう対処したものか困惑した。

このときの損害は、イギリス軍は中毒者２１４３人で、うち死亡したのは86人であった。フランス軍のほうは中毒者は３４７人で、うち死亡した兵士が一人いた。

イープルにおけるドイツ軍の新しい毒ガス弾攻撃が終わるやいなや、今度はフランドルにおいて、イギリス軍正面に向かって毎晩のように新型の毒ガス弾が襲いかかった。

市民も巻き込む甚大な被害

７月21日の夜には、ニューポール地区においてドイツ軍のガス弾攻撃がおこなわれた。この地区でもイープルと同様に新しい毒ガスの正体がわからず、あまり重大に考えていなかったため被害はすさまじかった。ガス負傷者は２８２１人におよび、そのうち死者は77人に達した。

さらに７月28日の夜には、ニューポールおよびアルマンチエールの両翼からイギリス第５軍に毒ガス攻撃がかけられた。これによってイギリス軍は負傷者が３０１９人、死者が

53人出た。このようにドイツ軍は、イープルでイギリス軍に毒ガス攻撃を開始してから約3週間（8月4日まで）、毎晩のように新しい毒ガス攻撃を続けた。イギリス軍が受けた損害の総計は、負傷者1万4726人、死者は500人におよぶ。

またこのほかにも、アルマンチエールの町では、撃ち込まれた砲弾によって市民が巻き添えをくった。砲弾から飛び散った液状のものが建物の壁や雨どい、さらには地下室の床にくっつき、それにふれた人たち675人に火傷などの症状がみられ、8月18日までに86人が呼吸困難で死亡した。このように市民にまで多くの死者が出たのは、町から避難することを躊躇した老人が多かったからであるとされている。イープル市には辛子のにおいが立ち込め、市民たちはこの原因不明の毒ガスを早くも「イペリット（都市の名前から）」と名づけていた。

イギリス軍はこの新しい毒ガス砲弾の不発弾に、黄十字の印がついているのを発見した。

報復を誓うサイリア准将

イギリス軍の初代毒ガス戦務部隊戦司令官ヘンリー・フリートウッド・サイリア准将は、皮肉にもこの7月からイープル突出部の第15師団の師団長に転出していた。こともあろうに彼の師団は、最初にドイツ軍から新しい毒ガス弾の洗礼を受けることになったのである。この新しい毒ガスの使用は、塩素をはじめて使用した際と同様の恐怖を巻き起こしていた。攻撃を受けた兵士たちが、なかば失明状態になっていてもパニックにおちいらなかったのは、兵士たちの士気が高かったのが理由だとされている。

この毒ガスは、おどろくべきことにホスゲンや催涙ガスのガスマスクを容易に通過した。軍医たちは病状について、眼には重症の結膜炎が起きること、皮膚には広範な火傷をきたし、それが水疱になり、破れてびらんをきたすこと、呼吸器には最初は気管支炎を呈するが、重症例では肺炎に移行し、死亡することなどを報告。容易に軍服に染み込み、負傷兵の臀部、性器、わきの下まで水疱ができることもわかった。この物質はびらんを起こす点が特徴的であり、のちに「びらん剤」に分類されるようになる。イギリス軍の軍医たちは、この新手のガスに対してどう対処すべきか、どのような治療をほどこすべきか途方にくれた。いずれにしても、このガスによる症状はなかなか治癒しそうになかった。

さらにあとになってこの物質は、何日も何週間ものあいだ土壌に残留し、土地を不毛にしてゆくこともわかった。エアロゾルのかたちで散布されると、風に乗って1キロメートル以上も遠くまで運ばれ、そこでまたびらんなどの障害をきたすことも判明する。

イギリス軍は、このガスの正体を調べるため不発弾を探しまわった。不発弾や破裂した砲弾の断片をできるだけ多く集め、80キロメートルも先まで徒歩で運搬するよう命じられた。不発弾は信管をはずして、さらに80キロメートル離れた総司令部まで運ばれ、解体された。そして充填物質の分析が開始される。

サイリアは専門家として、必死になってこの物質がなんであるのかを突き止め、それと同じもので必ずやドイツ軍に報復することを誓った。

ドイツ軍のこの毒ガスの、戦争における役割は月を追うごとに大きくなり、1917年から1918年の戦場ではもっとも頻繁に使われる毒ガスとなっていった。ドイツ軍にはもはや総攻撃をかけるゆとりはなかった。しかし、化学兵器の技術面では連合国に対して1年ほどの優位を取り戻した。

フランス軍がこれと同じガス弾を放つのは1918年6月、イギリス軍はさらにその3か月後である。

イギリス軍の受けた衝撃はあまりにも大きかった。イギリス軍とフランス軍は7月15日から2週間ほど、多数の火砲をもって準備射撃をしたのち、7月31日から歩兵による攻撃に出たが、わずかに4キロメートル前進はしたもののドイツ軍の反撃にあい、ついに戦闘を中止せざるをえなくなった。

19 マスタードガス弾による化学戦の新たな展開

野蛮人からの贈りものとは

この新しい毒ガス攻撃は、まさにイギリス軍を狙ってなされた。これに怒り狂ったイギリス軍は、「野蛮なことをしやがる」と非難し、このガスに〝HS〟、つまり（ドイツ軍を意味する）野蛮な〝フン族〟（H）の化学物質（S）という暗号名をつけた。イギリス軍は総力をあげてこの恐るべき物質の分析に取り組む。そうしてみつかったのは、〝硫化ジクロロジエチル〟であった。

この物質は、じつは第一次世界大戦がはじまる90年以上も前に合成化されていた。1916年のはじめには、イギリスの化学者たちもすでにこの物質に注目しており、化学兵器化してはどうかと提案していた。しかし、十分な実験がなされていなかったのか、皮膚に水疱やびらんを起こすことはわかっていたものの、眼に影響をおよぼすことには注目していなかった。イギリス軍のサイリアはその報告を聞き、これに関する興味を失った。時を同じくしてフランス軍も、この物質の生体への影響を調べていた。その結果、どうもこれはホスゲンやシアン化水素と比べて致死性が低いようだという理由で、兵器化することは却下された。イギリス軍もフランス軍も、化学戦担当者たちはこの件でのちに大いに後悔するはめとなったのである。

フランス軍はすぐにこれをイペリットと名づけた。イギリス軍はガス検知の予防的観点を重視し、においのほうに注目してマスタードガスと呼ぶことにした。実際このガスは本来、まったく純粋な状態ではほとんど無臭である。しかし製造の過程で不純物が混ざってくると、独特の辛子（マスタード）に似たにおいを放った。イギリス軍は、マスタードガスによる被害に恐れをなして、計画していた攻撃を2週間延期せざるをえなくなった。

ドイツ軍がこのマスタードガス弾で攻撃をはじめてからわずか3週間のあいだに、前年1年間に発生したガス中毒患者に匹敵する死傷者が発生する。これはまったく想定外のことであった。イギリス軍衛生部隊に収容されたガス中毒患者は、第1週末までに2934人、第2週には新しく6478人が収容され、第3週にはさらに4886人が収容された。イギリス軍の兵士たちには、いまやマスタードガスが脅威の的になっていた。サイリアは、ドイツ軍がこれをどの程度の量保有しているのか、考えれば考えるほど不安になった。

連合国軍を揺るがすマスタードガス弾

ドイツでは、この新しい毒ガスはその開発者ロンメルとスタインコプフにちなんで〟ロスト〟と呼ばれていた。ドイツ軍はこの物質にごく早くから目をつけており、それはドイツでは文献の検索がきわめて申し分なくおこなわれていた結果である。しかし、1916年の時点でこのロストの毒性は、ホスゲンに比べて低すぎると考えるようになり、フリッツ・ハーバー［図1］はその使用の打ち切りを決定する。だが1917年のはじめになってハーバーは突如、研究を再開。今この時点になってこの物質が注目されたのは、その物質が有する持続的毒性によるものである。いったん皮膚や眼などに障害が起きるとなかなかすぐには回復してこない。つまり、長期間の戦線離脱を余儀なくされる。このガスが長期にわたって兵士を無力化することに気が

図1　マスタードガス弾を開発したころのフリッツ・ハーバー

ついたのである。

また一方でこの物質が、長期にわたり環境汚染をもたらすこともわかってきた。このガスで汚染された地域は、ほとんどの場合に砲撃を受けたあとも引き続き長いあいだ危険であり、その地域にとどまる兵士たちや住民たちの不安や緊張感はとてつもなく耐えがたいものとなった。

これが化学戦において、一つの新しい展開をもたらしたのである。ドイツ軍では、これが実戦に使用されるようになると、ほかの化学砲弾と区別するため充填した砲弾に黄十字の印をつけたので、兵士たちはロストとは知らず〝黄十字弾〟と呼んでいた［図2］。日本軍ものちにこの物質に注目し、「イペリット」として大量に生産した。第二次世界大戦

図2　ドイツ軍のガス砲弾。ガスを識別するため十字のマークをつけた。イペリット砲弾には黄色の十字がつけられた

後はイペリットではなく、マスタードガスという名称が一般的に使用されている。

ルーデンドルフは回顧録の中で、「弾薬製造とともに歩調を合わせなければならないのは、ガス製造である」とし、「従来からおこなってきたガス放射攻撃は次第に廃止された。その理由は、歩兵部隊が依然としてこの攻撃法を喜ばず、これにかわってガス弾の使用がますます顕著となっていったからである。とくにマスタードガス弾は、敵に大いに恐怖を与えた。この毒ガスの効力に対する不安は、ドイツ軍自体にも長いあいだすこぶる強大であり、これはようやくあとになって改善された。枢密顧問官となっていたハーバーは、化学戦においてこのガスを採用し、功績があった」と、めずらしく高く評している。

ドイツ軍首脳部は、開戦以来ずっと化学兵器の使用について不信感を抱いており、あまり信用していなかった。それは戦略的効果の面もさることながら、化学戦を指揮していたユダヤ人化学者ハーバーをほとんど信用していなかったことにもよる。今回導入されたマスタードガス弾の効果は、ドイツ軍にとってさすがに予想以上のものであった。ルーデンドルフが、わざわざハーバーの官職名まであげて称賛しているのは注目されてよい。

アメリカのある将軍は、ドイツ軍のマスタードガス弾攻撃を評して、「幸いにもこの攻撃では、ドイツ軍の使用したガスの量がきわめて少なかった。もしこれを大量に生産し、使用していれば、ドイツ軍は戦争を有利に終結できたかもしれない」と述べている。

連合国側の緊急対応

ドイツ軍によるマスタードガス弾の採用は、軍事的にみて連合国軍の立場を根底から揺るがしていた。これら化学兵器生産の基盤となっている染料工業の発展が、ドイツにはかりしれない軍事的優位をもたらしたのである。アメリカの軍事専門家ジョーゼフ・ボーキンはいう。「化学戦の新しい技術において、染料工業を欠く国はその敵国に対して弱点を露呈していた。これは耐えがたい事態であり、連合諸国ではそれぞれ、この差をつめるための計画を血眼になって推進していた」。

従来、毒ガス対策に関しては、連合国がたがいに協力するということはなく、各国はそれぞれ独自の方策を講じていた。しかしドイツ軍が次々と新たな毒ガスを開発して攻撃するようになってからは、相互に情報交換の場を作る必要が生じてきた。１９１６年以来こ の方面を担当していたルフェビーア大尉（のちに少佐に昇任）は、イギリス軍の連絡将校としてパリに駐在しており、彼の尽力によって１９１７年５月28日と29日にパリではじめて、イギリス・フランス両国のガス防護会議が開催されている。

ドイツ軍のマスタードガス弾攻撃におどろいた連合国側は、あわてて「連合国軍事化学供給委員会」を設立。1917年9月17日から19日までの3日間、パリにおいてガス技術に関する初の協議会が開催された。これにはロシアをのぞき、アメリカやイタリアも参加。その結果、連合国側はマスタードガス製造の中間体として重要なエチレンクロルヒドリンの大規模な製造を、アメリカに依頼することが目下の急務であるという結論に達した。

アメリカでは、鉱山局が化学戦研究の責任を担っていた。ドイツ軍がマスタードガスで攻撃をかけてきたと知るや、アメリカン大学を接収し、全国にいる合成化学の専門家を総動員して、1919年9月末までにその大量生産に向けての突貫作業を開始。そして、アメリカ陸軍軍需品部は、砲弾へ

図3　マスタードガスに倒れたオーストラリア軍兵士（1918年）

の充填工場をメリーランド州の人里離れた森林地帯に造った。この地はのちにエッジウッド兵器工場と名づけられ、よく知られるようになる。

マスタードガスの生産と砲弾への充填は、新たに設立されたフライス少将指揮下の化学戦局が率先して担当することになる。しかし、連合国側では１９１７年内に、自軍用のマスタードガスを十分に生産することができなかった。それでもアメリカの総生産量は、大戦末期の数か月間には急速な増加をみた。そしてアメリカがヨーロッパ戦線に介入して数か月以内には、アメリカ軍の砲弾の約10パーセントはマスタードガスなどの毒ガスが充填されることになる。アメリカ軍は、マスタードガス砲弾が近い将来、どの国でも主要兵器として普及すると信じていた。

脚注：表紙の絵「Gassed（毒ガスの犠牲者）」はイギリスの画家サージェントが、マスタードガスで被害を受けたイギリス軍兵士の悲惨な状況を描いたものである。

20 イタリアの惨劇

刻々と拡大するイタリア軍の損失

1915年6月の開戦時点では、イタリア軍の総兵力は150万人であった。その後終戦までに約510万人が動員されたが、相次ぐイゾンツォ会戦でイタリア軍の損失は刻々と拡大していった。イタリアが参戦した最初の冬（1915〜1916年）だけでも死者、負傷者、捕虜、行方不明者、合計40万人が戦場から姿を消した。トレンティーノでも、オーストリア＝ハンガリー軍が攻勢に出た1916年の5月と6月のたった2か月間だけで10万人以上の死者が出ていた。これほどの大規模な犠牲者が出た理由には、イタリア軍参謀総長ルイジ・カドルナ将軍［図1］の選んだ攻撃戦略が大きく関与していた。彼はたび重なる敗北にもかかわらず、かたくなに東方のトリエステに向けて積極的に攻撃を続けることにこだわったのである。そして敗戦が続くにつれて、イタリア軍の軍規が次第に厳

図1　イタリア軍参謀総長
ルイジ・カドルナ将軍

しいものとなっていった。

カドルナは、ほとんどが南部の農民出身で戦争にまったく関心がない下級兵士たちを、軍規がゆるんでいるという理由で厳しく締めつけた。それればかりでなく、将軍を含む高級将校も自分と意見が合わない場合は臆病者とか無能といった烙印を押して次々と更迭。その結果、指揮系統にいろいろと問題が生じることとなった。前線に釘づけとなっていた兵士たちのあいだでは、戦場から離脱するために自分の手や足を銃で撃ちぬく事件が相次いだ。脱走兵の数もイギリス軍やフランス軍に比してとてつもなく多く、その数はカポレットの戦いの前までにすでに約6万人にも達していた。脱走兵は簡略な軍事法廷で有罪となるとすぐに死刑が執行された。

オーストリア＝ハンガリー軍に投降しようとする兵士に対しては、部隊長レベルの厳命で射殺命令が出された。なんといってもイタリア軍内でもっとも重大な犯罪とされたのは命令に対する不服従である。上官に対するささいな反抗でも厳罰を受けることがあり、その場で射殺されたり、部隊全体が命令に服従しなかった場合はおどろくべき野蛮な「十分の一刑」が適用され、兵士10人に一人が適当に選ばれて処刑されたりした。それでも、イタリア軍の前線の兵士に不可欠であったコニャックとチョコレートの配給が途絶えたというだけで、上官の命令に反抗する兵士も少なくなかった。

ドイツ軍のイタリア戦線への介入

1916年6月になると、イタリア軍の敗北がいよいよ濃厚になってきて、アントニオ・サランドラ首相が辞任に追い込まれる。後任には、自由主義右派のパオロ・ボゼッリが選ばれ、国民統一政権が組織された。イタリアは、オーストリア＝ハンガリーに対して宣戦布告してからすでに1年あまりを経過していたが、ドイツに対しては地理的関係もあり、交戦状態に入っていなかった。しかし8月27日、東方においてルーマニアが、イギリス・フランスの連合国側について参戦。ドイツ軍もオーストリア＝ハンガリー軍同様に相当の窮地におちいっていると判断したイタリア政府は、翌日の8月28日にドイツに対しても宣戦布告をした。

イタリアは、ドイツにまで宣戦布告をする必要性が本当にあったのだろうか。ドイツ軍をわざわざイタリア戦線に引き込むことが、イタリアにとって大きな損失につながっていくことは目に見えていた。しかしながら、イギリスやフランスにとって西部戦線での負担を軽減するためには、一刻も早く、少しでも多くのドイツ軍をイタリア戦線に送り込みたいという強い意向があった。彼らはイタリア政府に圧力をかけ、宣戦布告をうながす。そのかわり、イタリア軍が危機におちいることがあればすぐさま援軍を差し出すという条件まで出していた。イタリア政府もドイツ軍にはイタリア戦線にまで介入するゆとりがまったくないと判断したのだろうか。ドイツ軍がイタリア戦線に介入してくることが、いかにイタリアを苦しめることになるかを、イタリアはのちにつくづく思い知らされることになる。

ドイツ軍参謀次長に就任していたエーリヒ・ルーデンドルフは、本音のところ西部戦線で本格的攻撃を再開するためには、アメリカからの援軍が到着しない早いうちに、思いきって一挙にイタリアをたたきつぶしておきたかった。それまでは、オーストリア＝ハンガリー軍から支援の要請があった際は、イタリアに気づかって、ドイツ兵はわざわざオーストリア＝ハンガリー軍の軍服に着替えてこっそりと攻撃部隊に加わっていたが、これ以降は堂々とドイツ軍の軍服・ヘルメットを着用して攻撃に出られる。ドイツ軍の存在と威信を、イタリア軍に見せつける好機であった。

ゴリツィア占領の代償

1916年7月にカドルナは、イゾンツォ戦線でゴリツィア攻略の準備をはじめ、8月6日に第六次イゾンツォの戦いを開始した。8月17日、この戦いが終わったときイタリア軍に5万1200人の死傷者。オーストリア軍に3万7500人の死傷者が出た。8月中旬には、イタリア軍はイゾンツォ川方面から攻撃準備を開始し、8日にモンテ・ネロから海岸までの56キロメートルの正面に砲撃をはじめる。次いで翌9日の夜明けからまずゴリツィア北方において、ルイジ・カペロ大将の指揮するイタリア第2軍はおよそ10個師団の兵力でもってイゾンツォ川を渡って攻撃を開始。その後バインジッツア高原に向かい、一挙にオーストリア＝ハンガリー軍5個師団を撃破して諸要地を攻撃し、イタリア第2軍は、やっとのことでゴリツィア北の高原の大部分を占領したものの、10日間連続の戦いで予想外の犠牲者を出していた。

この第六次イゾンツォ川の戦いでは、4週間の苦闘のあとで予想以上の犠牲者が出て攻撃を中断せざるをえなくなったが、ゴリツィアの占領は、愛国主義者にとっては未回収のイタリアをやっと一部確保できたという理由で偉大な栄誉と賞賛された。

しかし、一般の市民や兵士たちにとっては「無益な虐殺の戦いの象徴」とみなされ、徹底的に非難の的になった。ただしこの戦闘が、疲弊しきったオーストリア＝ハンガリー軍に与えた打撃は大きく、この時点で早くもルーデンドルフは「オーストリア＝ハンガリー帝国の崩壊を防ぐために、ドイツ軍のイタリアに対する攻撃を決断する時期がいよいよ迫ってきた」と述べている。

第七次イゾンツォの戦い（9月14日〜17日）、第八次イゾンツォの戦い（10月10日〜12日）、第九次イゾンツォの戦い（11月1日〜4日）、この3回の戦いでイタリア軍に8万人の死傷者が出ており、オーストリア＝ハンガリー軍にも7万3000人の死傷者が出た。

2年半にわたるイゾンツォの戦い

1917年の3月12日から6月8日にかけて、第十次イゾンツォの戦いがおこなわれた。イタリア軍はクークとヴォーディチェの高原地帯を占領して、局地的には勝利を得たものの、それもすぐにオーストリア＝ハンガリー軍の反撃にあい無に帰してしまう。イタリア第4軍のアジアーゴ高原への攻撃（6月10日〜25日、オルティガーラの戦い）も具体的な成果はあがらなかったが、8月19日から9月12日にかけての第十一次イゾンツォの戦いでは、両軍ともまさに血みどろの戦いとなった。イタリア軍はめずらしく成果らしい成果をあげ、戦略的に重要なバインジッツァ高原とモンテ・サントを奪取。しかし、砲弾と食料の補給が困難となってきたので攻撃を中止せざるをえなくなり、最終的にオーストリア＝ハンガリー軍の防衛線を撃破することはできなかった。

こうして2年半にわたり、イゾンツォ川の正面で11回もの戦闘がおこなわれた。しかし大きな戦果はあがらず、出発点からほとんど前進してないうえに、イタリア軍の人的損害は合計約１１０万にのぼる。それに対してオーストリア＝ハンガリー軍のそれは約65万であった。戦闘が繰り返されるたびにオーストリア＝ハンガリー軍も消耗が著しく、いよいよ崩壊の危機が真に迫っていた。彼らはこれ以上イタリア戦線で戦い続けることは到底無理と判断し、あわててドイツに救援を求めることにした。オーストリア＝ハンガリー帝国の新しい皇帝に即位したカール1世は8月26日、オーストリア＝ハンガリー軍総司令官としてドイツのヴィルヘルム2世に親書を送り、一刻も早くイタリア攻撃に出ることを強く要請した。

9月10日、ルーデンドルフはこれに同意する。信頼できる部下オットー・フォン・ペローをイタリア戦線の総司令官に据えることを条件に、東部戦線からドイツ軍7個師団を抽出し、オーストリア＝ハンガリー軍を支援することを決める。ドイツが無理をしてイタリア戦線への攻撃を決意したのは、イタリア軍のほうもオーストリア＝ハンガリー軍に劣らずすっかり衰退しており、必勝の確信があったからだといわれている。

当時イタリア国内には、疲弊と政府への不信感が強まっており、兵士たちのあいだでは前線でも国内でも、中立主義者や敗戦主義者による反戦運動が高まりをみせていた。すでに6月のなかばには社会党が、「イタリア人民は、3年目に入った戦いにはもはや耐えることができない」と公言していた。8月22日、トリノでパンを求める民衆争乱が勃発し、それが反戦蜂起に発展した。これがまたゼネストにつながり、4日間続いた。ポゼッリ政府は、9月末にはトリノとジェノヴァに戒厳令を布告。10月18日に国会が再開されたときには、イタリアにはすでに深刻な敗戦ムードが漂っていた。

カポレット攻略に向けて

ペローの率いるドイツ第14軍（ドイツ軍6個師団、オーストリア＝ハンガリー軍9個師団）が新たに編成され、ペローはこの少ない兵力で勝利を勝ちとるためにイタリア戦線はどこから奇襲攻撃に出るべきかを検討していた。そして攻撃地点として、イタリア第2軍の守備領域は広範に延びきっており、しかも陣地の多くが山岳地帯で交錯していることからカポレット周辺がもっとも適当ではないかと考える。そこで山岳戦の権威で、先のルーマニア戦で大活躍したアルプス軍団長コンラート・クラフト・フォン・デルメンジンゲン将軍を現地に派遣。徹底的に調査させた結論として、オーストリア＝ハンガリー軍がイゾンツォ川の西岸に確保していた唯一の橋頭堡、トルミーノ（カポレットより北方にある）付近でイタリア軍は手薄であり、ドイツ軍の精鋭部隊を集めて［図2］、そこから突破をはかることがもっとも効果的であるという報告がなされた。

8月25日に、ドイツとオーストリア＝ハンガリー両軍の首脳部が会談。攻撃計画を持ち寄って作戦を策定するが、このときペローはさまざまな新戦術を採用することにした。ドイツ軍はあくまでも精鋭部隊を中核として奇襲攻撃に出て、その両側に山岳戦に長けたオーストリア＝ハンガリー軍を配置して攻勢を補助するという作戦である。ドイツ軍の攻撃方向は、トルミーノ地区においてブレッツオからチヴィダーレに通じる方面に画定される。

図2　トルミーノへ向かう同盟国軍の精鋭部隊

9月中旬から準備をはじめ、6〜8週間で攻撃態勢を整えるとして攻撃開始日を10月22日と定めたが、実際は天候不良で延期され、24日となった。脇を固めるオーストリア＝ハンガリー軍部隊は山岳戦での豊富な経験を生かし、トリエステ北方のジュリア・アルプスの山岳地帯を夜間に7日間かけてひそかに移動した。まずは突撃部隊を含む12個師団が先行して徒歩行軍を敢行。次いで300門もの砲を苦労して担ぎ上げ、その他の武器、弾薬、食料は軍馬による輸送で引きずり上げた。

一方、イタリア軍のほうは、敵の大軍がまさか急峻でろくな道もない、標高1600メートルのマタユール山をはじめとしたジュリア・アルプス山岳地帯を乗り越えて攻撃に出てこようとは、夢にも考えていなかった。イタリア軍にとってこの山岳地一帯はもともと疲労した兵士を休養させる場所となっており、警備も手薄であった。さらに攻撃の当日はみぞれが続き、濃霧も出ていたため、イタリア軍は空からの偵察を怠っていたのである。

カドルナは、ドイツ軍がトルミーノ付近から攻撃に出ようとしていることを、情報部や投降してきたポーランド人将校の証言で知っていた。だがなぜか動こうとはしなかった。彼は、ドイツ軍はあくまでも南部のなだらかなバインジッツア高原から攻撃をしかけてくるものと確信していたのだ。

突撃部隊による浸透戦術の採用

このカポレットの戦いでは、ドイツ第14軍はペローの発案でフーチェル戦術、のちに「浸透戦術」といわれる新戦術を取り入れた。この戦術というのは、ドイツ軍のオスカー・フォン・フーチェル軍司令官がブルシーロフ攻勢から学びとった戦術である。これは、敵の陣地のなかでも薄弱部、間隙部と思われる陣地に主翼部隊である「突撃部隊」が突入してまっすぐ通り抜け、強固な陣地を迂回し、あとに残しておいたこの陣地を前後から掃討するという戦術である。敵軍陣地の一部に薄弱部を作るため、ブルシーロフ攻勢では坑道を掘り、前線陣地の鉄条網を爆破していた。この戦いではガス投射器が投入され、毒ガス攻撃で前線陣地をつぶしてゆく計画をたてた。

ドイツ第14軍はまず、第1日目にイエザ（トルミーノ西方）の山の背を占領したのち、有力な右翼部隊をもってマタユール山に向かって前進し、その後方向を西南にかえてチヴィダーレ北方高地にわたる線に前進することにする。

マタユール山に続く尾根を前進したドイツ軍部隊では、ある中尉が山岳歩兵中隊を率いて45時間も不眠不休で進撃した。まず山地中腹を迂回してクック山を占拠、そのまま強行

図3 若き日のエルヴィン・ロンメル中尉

軍でマタユール山を攻略し、イタリア軍の将校150人、下士官および兵9000人、大砲81門を捕獲するという大戦果をあげた。イタリア軍兵士たちは、霧の中から突如として現れたドイツ軍兵士のヘルメットを見ただけで、戦意をなくし、手を上げた。この中尉こそ、のちに名将と評されるエルヴィン・ロンメル［図3］である。この功績は高く評価され、第一次世界大戦に参戦した将校の最高勲章、プール・ル・メリットを授与されている。

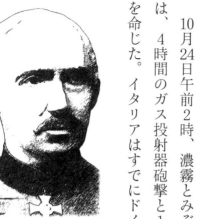

21 カポレットの戦い

カポレットの戦い

10月24日午前2時、濃霧とみぞれの混じるなか、ドイツ第14軍総司令官ペロー［図1］は、4時間のガス投射器砲撃と1時間の通常砲撃ののち、午前9時から本格的な歩兵攻撃を命じた。イタリアはすでにドイツに宣戦布告をしており、いずれはドイツ軍と戦闘状態に入ることは覚悟していたものの、最前線の正面にいたイタリア第2軍の兵士たちは、まさか目の前に実際に機関銃を持ったドイツ軍兵士が現れ、攻撃をしてくることが信じられなかった。

図1　ドイツ第14軍総司令官に指名されたオットー・フォン・ベロー大将

ドイツ第14軍は、この戦闘ではガス投射器と榴弾砲撃による短時間の攻撃によって、まずイタリア軍の前線の一部を沈黙させた。少数精鋭のドイツ軍の突撃部隊が霧雨の中から現れて、イタリア軍の陣地の間隙をあっという間に突き抜けた。イタリア軍の通信網はずたずたに寸断され、第一陣地はたちまちのうちに粉砕される。突撃部隊の任務が完了したのち、重武装の後続部隊が、最初に攻撃を避けていたイタリア軍主要陣地や司令部を本格的に前後から挟撃。戦線各所に浸透したドイツ軍の突撃部隊［図2］はそのまま前進を続けながら迂回し、イタリア軍部隊を次々と包囲して降伏させた。その時点で、ドイツ・オーストリア軍の手に落ちた捕虜だけでも25万に達した。

正午からは、ドイツ軍部隊は次々とイゾンツォ川の渡河《とか》に成功し、午後2時には対岸のカポレット（現在スロベニア共和国の最西部の小都市、コバリード）を占領する。ドイツ軍の急襲の報告を受けたカドルナ

図2　まさに浸透戦術にでようとしているドイツ軍精鋭の「突撃部隊」

は、ただちに防御態勢を組みかえる指令を出した。しかし、肝腎の第2軍司令官カペッロが病床にあったので、司令官代理がその指令を受理。態勢を整えるのはとても無理と判断し、勝手に無視してしまった。これを聞いたカドルナは非常におどろき、激怒する。攻撃がはじまって早くも2日後の10月26日には、イタリア軍がカポレットで大敗北を喫したという噂が広まり、イタリア国内では大問題となった。政府はその責任をとらされて、ボゼッリ内閣が総辞職する。国王は、新政権の組閣をヴィットリオ・エマヌエレ・オルランドに命じた。イギリスやフランスも、イタリア戦線では8月も9月も優勢であるという報告を受けており、安心しきっていたので、突如としてカポレットでの大敗北の報告を受けて大いにおどろき、深刻な事態に憂慮した。

突起部にいたイタリア第2軍は、カポレットが占領された時点でまさに消滅してしまったのである。翌日、もはやイゾンツォ戦線の守備が不可能と判断したカドルナは、第3軍にはタリアメント川まで撤退して、とりあえず守備固めに入ることを命じた。第3軍は指令どおり、整然と退却した。

ガス投射器の登場

ドイツ軍は10月24日、このカポレットの戦いではじめてドイツ軍手作りのガス投射器［図3］を使い、浸透戦術の一環としてトルミーノ地区においてホスゲンと塩素を充填したガス砲弾でイタリア軍を攻撃した。これは、イギリスの開発したリーベンス投射器をまねて、ドイツ軍が独自に作製したものである。これを用いた理由は、高原地帯で山あり谷ありの複雑な地形の場合、通常のガス放射やガス砲弾攻撃では特定の陣地へ集中させることが難しく、十分な効果が得られないと、ドイツ化学戦の総責任者ハーバーが勧告したことによるといわれている。ドイツ軍では、ガス投射器の使用はまったくはじめての経験であった。ドイツ軍最高司令部は、この新兵器による攻撃にたいへん興味を示し、化学者オットー・ハーンなど多くの

図3　カポレット戦に登場したドイツ軍の新兵器、ガス投射器

人たちが注目する。このガス攻撃を実際に担当したのは、オーストリア＝ハンガリー軍第22師団に配属されていた、ファイル少佐の指揮する工兵第35連隊である。最初は１０００門のガス投射器で攻撃する予定であったが、輸送に苦労し、攻撃前日の11月23日までに８９４門の投射器がカポレット近くのトルミーノ周辺に到着。その日は明け方の暗いうちから埋設を開始して、午後10時30分に完了した。

その夜、イタリア軍陣地はすっかり静まりかえっており、当時イタリアで流行していた「マレキアーレ」という歌が時折もの悲しく流れていた。翌24日午前２時に、いよいよガス投射攻撃が開始される。目標地点に着弾した投射器の砲弾は、８１８発にとどまった。ドイツ製の投射器は、リーベンス投射器に比して充填可能なガス量が少なく、イタリア軍の前線に届いたガスの量は合計で５トンかせいぜい６トンにすぎなかった。とはいえ、リーベンス投射器よりも精度と射程ははるかに優れていたので、イタリア軍に相当強烈なインパクトを与えたことはまちがいない。

その理由は、イタリア軍側では毒ガス攻撃について事前の警報もなく、国産のガスマスクもわずかしかなく、まったくの無防備といってよい状況にあったからである。実際、特定の陣地に集中してガス砲弾が撃ち込まれたため、ガスによる被害者はおどろくほど多く出ていた。さらに恐るべきことは、ドイツ軍があまり予想していなかったことであるが、イタリア軍陣地の背後につらなる山並みが、ガスの消散をさまたげる結果になった。

オーストリア＝ハンガリー軍が前進をはじめた地域では、イタリア軍からはなんの反撃もなかった。ガスを吸入した兵士たちはからだがほとんど動かせず、新鮮な空気を吸い込もうともがいていた。安全地帯を求めて山稜をやっと這い上がることができても、結局は捕虜となるしかなかった。この攻撃での死傷者の数は、最終的には不明であるが、連合国軍の専門家によると数千人におよんだという。ドイツ軍側は、峡谷の東を投射器で攻撃した直後に、戦死者は少なくとも５００ないし６００人と見積もっていた。さらにカポレット近郊では、地形的にみて死傷者はずっと多く出ていたものと想像された。このガス投射攻撃はドイツ軍に大いに自信をもたせ、やがて１９１８年以降の作戦計画に組み込まれることになる。

午前９時から歩兵の突撃が開始された。

カポレットの戦いでは、このガス投射攻撃にイタリア第２軍はおどろき、とまどい、あ然としてしまい、すっかり戦闘意欲を失って武器を捨て、算を乱して逃げるしかなかった。イタリア軍はしきりに探照灯をあてて反撃を試みようとしたが、どうしようもなかった。ガス投射器の投入は、カポレットの戦いではドイツ第14軍の大勝利にみごとに貢献した。

カドルナ将軍の戦略に欠陥

イタリア軍総司令官である国王ヴィットリオ・エマヌエレ3世は、「退却するものはすべて反逆罪とみなす。将兵は一体となって戦え」と布告した。また参謀総長カドルナは、カポレットの戦いでの敗北の知らせを受けるや、ただちに次のような声明を出した。悲劇を招いたのは「第2軍の諸部隊が抵抗もせずに戦闘を放棄して逃走し、屈辱的にも敵に降伏した」ためであったとし、それは卑劣な態度であり、戦時法によって厳しく罰せられるべきであると。ようやく生きのびてタリアメント川にたどりついた将校や士官は、第2軍の所属とわかると次々と逮捕され、銃殺された。このようなカドルナの残酷な命令に対して、一般の兵士たちも恐慌状態となり、集団または単独でひっそりと逃亡するしかなかったが、これには戦地憲兵による厳しい追及がなされた。

イタリアでは、一般市民はカポレットでのあまりにも無惨な敗北におどろき震えあがり、しばらくは国全体に無秩序な状況が続くものと恐れられた。このカポレットの戦いによってドイツ軍は次々とイタリア平原になだれこんでゆき、イタリア軍は十一次にわたるイゾンツォ会戦で得たもののすべてを失ってしまったのである。これに対してドイツ・オーストリア＝ハンガリー同盟国軍の損害は、わずか約２万にとどまった。

戦争が終結したあとで、カポレット敗北調査委員会が設置されたが、この委員会は敗北の原因となった重大な軍事的誤りを、カドルナとカペッロの責任であることを指摘したもののの、なぜか大きな問責とはしなかった。この２人は、オーストリア＝ハンガリーとドイツの同盟国軍が山岳地帯から攻撃に出るという情報を無視し、敵の兵力を過小評価していた。さらに重要なことは、カドルナは主戦力のほとんどを前線に張りつけていたが、予備戦力を残していなかったという軍事的戦略に欠陥があった。カドルナは、敵はカポレット南方のバインジッツア高原から攻撃してくるものと確信していたのである。

一方、イタリア軍の兵士は２年半にわたりろくな食料も与えられず、弾薬も十分でなく、粗悪な環境のもとで繰り返し突撃命令が出され、酷使され続けていた。そのためイタリア軍兵士たちからカドルナは、大いに反感をかっていた。

カポレットの戦いの推移と意義

このカポレットの戦いだけでも、イタリア軍は65個師団中38個師団が戦闘不能におちいり、死者１万１０００人、負傷者２万９０００人が出ており、約29万５０００人が捕虜となるなど約60万人もの兵士が消えてしまった。このなかには敗残兵や逃亡兵も含まれている。その他、大砲2500、機関銃3000、迫撃砲1700に加え大量の弾薬、食料などの補給物資を失い、イタリア東部からは難民40万人も流れ込んでいた。イタリア第2軍は総崩れとなってしまったのであった。これに対してドイツ・オーストリア＝ハンガリー軍の損害は、死傷者2万3000人に過ぎなかった。

この戦いによる悲惨な大敗北は、イタリアでは誰もが知る常識となっている。ヘミングウェイの名作「武器よさらば」でも世界的に有名になった。この戦いののち、イタリアにおいて「カポレット」という言葉は、単に第一次世界大戦の激戦地名というものではなく、「ひどい敗北」をさす特別の意味をもつ言葉となり、広く使用されている。

カポレットの戦いではドイツ軍が大勝利を得た。濃霧とみぞれという悪天候のなかで、ガス投射器を用いて毒ガス攻撃をうまく利用したドイツ軍の浸透戦術がみごとに功を奏した。カポレット戦でのドイツ軍の毒ガス攻撃はあまりにも有名である。ドイツ軍は、このガス投射器という新兵器により、カポレットを占領することができた。「浸透戦術の際には、カポレットの戦いにみられるように毒ガス攻撃によってまず敵の前線の一部を崩し、そこから突撃部隊が浸透してゆく作戦がいかに有効であったか」。これは、実際に第一次世界大戦に従軍し、参謀将校であったイギリスの戦史家J・F・C・フラーが著書「制限戦争指導論」で強調しているところである。その後、ドイツ軍は浸透戦術にはなんらかのかたちでの毒ガス攻撃が不可欠となった。

この戦いののちに、イタリアはイギリスからの助言もあって化学兵器に注目するようになった。まずイギリスから大量のガスマスクを輸入し、化学兵器の製造に乗り出す。そして第一次世界大戦後には、イタリアは化学兵器大国に成長していった。

イタリア戦線では、オーストリア＝ハンガリー軍も多大な損害を受け、崩壊しかけていた。ここでイタリアがわざわざドイツに宣戦布告をし、ドイツ軍の大々的な介入を招いたことも大きな問題である。ドイツ軍の救援によって、オーストリア＝ハンガリー軍が一時的ではあるが窮地を脱した。

カポレット戦の最大の功労者であるドイツ第14軍司令官ペローは、山岳地帯からの奇襲、浸透戦術、ガス投射器の投入などさまざまな新戦術を採用し、すべてが成功した。イタリア戦線から離れたあとはルーデンドルフから重用され、終戦まで西部戦線各地で軍司令官として活躍、戦後も義勇軍の軍司令官に指名された。ペローはロンメルを育てあげた点でも評価されている。

カポレットの戦いでは、参謀総長であったカドルナの戦略にも大きな問題があった。なにしろイタリア軍にまったく予想外の損害がでた点が深刻な問題であった。これはイタリアの戦史上かつてない大事件といえる。またイタリア軍の将校や兵士の多くが、無惨にも自軍の命令によって抹殺された事実もおどろくべきことである。

先に紹介したソンムの戦いでは、イギリス軍将校の死亡率がきわめて高かったことを述べた。このカポレットの戦いでは、イタリア軍将校の死亡率の実数は発表されていないものの、おどろくほど高かったことがうかがえる。この戦いでイタリアが、有能な若者や人材を数知れず失ったことはまちがいない。さらに問題なのは、イタリア人同士でおたがいの不信感がいっそう高まり、全国隅々まで反戦運動が広まっていった点である。

ムッソリーニは開戦とともに従軍し、狙撃隊の一員として山岳地帯の塹壕戦でオーストリア＝ハンガリー軍と戦い、大活躍して伍長に昇進した。ところが1917年2月23日、擲弾筒《てきだんとう》の暴発事故にあい、幸いにして助かったものの全身40か所も砲弾の破片が刺さる重傷を負う。このため何度も手術を受けてミラノの病院で入院生活を送り、6月10日に松葉杖をついて退院した。

彼はそのまま除隊を命じられたので、すぐに本業の新聞「ポポロ・ディタリア」の編集長に復帰した。カポレットの戦いで彼が受けた衝撃は大きく、一時は深刻なうつ状態におちいったが、やがて立ちなおると堂々と論陣を張り、イタリア人の団結と国粋主義を国民に訴え続けた。また領土回復のためオーストリア＝ハンガリーとの戦闘継続を主張。ムッソリーニ自身、化学兵器に大いに関心を抱いていた。

フーチェルの戦術を用いたカポレットの戦いの成功により、ドイツ第14軍はイタリア戦線において大いに活用され、ドイツ軍は数々の目を見張る戦果をおさめた。これらの功績によりフーチェルは、ヴィルヘルム2世から直々にプール・ル・メリット勲章を授与される。この戦術はその後に他の地区での戦闘でも広く使用された。

10月29日、ドイツ軍とオーストリア＝ハンガリー軍がカポレットの南西にあるウーディネまで進出し、占領したが、そのころまでにイタリア軍兵士およそ29万人が投降してきた。

脚注：イタリア軍の状況について、北部戦線（イタリア第4軍）のことはエミリオ・ルッスの「戦場の一年」にくわしく紹介されている。これは小説ではないが、戦争文学の傑作と評されている。カポレットの戦いについてくわしくは、ヘミングウェイの「武器よさらば」を参照されたい。このイタリア戦線がいかに過酷なものであったかがよくわかる。同じくカポレットの戦いについて、ドイツ軍士官ロンメルがドイツ軍の立場から、自らが体験した貴重な記録を「歩兵は前進する」に詳細に残している。

22

背水の陣を敷いたイタリア軍

タリアメント戦線を前に敗北

第2軍の崩壊を眼前にして、イタリア軍参謀総長ルイジ・カドルナは、イゾンツォ戦線の南部にいた第3軍が包囲、撃破されるのを避けようと、1917年10月27日にタリアメント川までの総退却を命じた。だがしかし、ペローの指揮するドイツ第14軍の突撃部隊の進出はあまりにも急速であった。自動車を活用した突撃部隊はわざと戦うことなくイタリア軍部隊を次々と追い抜いてゆき、他方では爆撃機を用いてイタリア軍の最先端にいる部隊への先制攻撃を繰り返した。

一方、これに続いてオーストリア＝ハンガリー軍のスヴェトザル・ボロイエヴィッチ軍集団は、イタリア軍部隊を追いかけるようにしてドイツ第14軍の南方をゆっくりとタリアメント川に向けて前進した。からくもせん滅をまぬかれたイタリア第2軍の一部と第3軍の主力部隊は、30日の夜半になってようやくタリアメント川西岸にまで退却することができた。しかし、川の東岸にとどまっていた後衛部隊はドイツ第14軍の猛烈な追撃を受け、必死に防戦する。あいにくそのころ、タリアメント川の水嵩《かさ》は急に高くなり、急流となっていたため、これらの部隊はドイツ軍の空爆でわずか3個しか残っていなかった軍橋を渡ることができず、とくに下流ラチサナ付近にいたイタリア第3軍の護衛部隊は退路を完全に遮断された。そして捕虜6万人と火砲数百門がドイツ軍の手に落ちた。

このタリアメント川の思いがけない増水は、ますます敗者の損害を大きくし、イタリア軍は決定的な打撃をこうむったのである。イタリア戦線は左翼のトレンティーノの第4軍も、南方のイタリア戦線の中央部が突破されたことを聞き、包囲を逃れるためあわてて後退していった。西北方に展開したドイツ第14軍に追われていたイタリア第4軍の4個師団は、ドイツ・アルプス軍団とオーストリア＝ハンガリー・コンラート軍集団に包囲され、なすすべもなく降伏した。ドイツ軍側の発表によると、10月31日までにイタリア軍全体の損害は捕虜18万人、火砲1500門を数えていたという。11月2日、ペローの第14軍はついにタリアメント川東岸を制圧した。

11月4日、ペローはコンラート軍集団に北方からの進撃を指示。タリアメント川の西後方にまわり込み、イタリア全軍を包囲せん滅することを命じた。そこで11月5日、タリアアメント川の流れも正常に復したのでドイツ第14軍の一部隊はオソッポ付近で渡河をはじめ、フォルガリを占領して攻勢の拠点を作った。

一方イタリア軍は、この時点に至ってようやく優勢な援軍を得てピアーヴェ川東部にあるリヴェンツア川沿いに陣地を構築し、一挙に猛反撃に転じようとしていた。イタリア第3軍の主力が攻勢に出ているあいだに、左方にいた第4軍も包囲を逃れて予定の陣地に着々と後退。こうしてせっかく立てなおしをしようとしていたリヴェンツア戦線だったが、ドイツ・オーストリア＝ハンガリー同盟国軍にもろくも粉砕され、イタリア軍の防御線は次々と崩れ落ちてピアーヴェ川まで後退せざるをえなかった。おどろいたカドルナは、11月5日にはあわててピアーヴェ川までの撤退を命じた。

再建をめざすイタリア軍

フランス軍総司令官フェルディナン・フォッシュ元帥［図1］は、イタリアにおいて緊急非常事態が起きつつあることを危惧していた。同じ日に、まず自らがイタリアに乗り込み、軍当局と会見する。彼はイタリア軍があらゆる面で窮乏のどん底にあえいでいることにおどろき、イギリス・フランス連合国軍の精鋭部隊を早急に派遣することを決めた。そ

図1　フランス軍総司令官フェルディナン・フォッシュ元帥

してその見返りとして11月6日、イタリア政府にカドルナの更迭を強く要求する。11月9日、イタリアのジェノヴァ近郊のラッパロで、イギリス、フランス、イタリア各政府代表や軍当局者の首脳会談がおこなわれた。この会議では連合国軍の軍事問題、ことにイタリア軍をいかに救援していくべきかという問題が集中的に話し合われた。これには、発起人フォッシュのほか、イギリスのロイド・ジョージ首相も飛んできていた。このラッパロ会議で、イギリス、フランス、イタリアの首脳による最高軍事会議が定期的にヴェルサイユで開催されることが決まり、この会議の開催を呼びかけたフォッシュが連合国軍最高司令官に任命される。この日、カドルナはこの最高軍事会議によってさっそく更迭された。

カドルナの後任として、アルマンド・ディアッツ大将［図2］がイタリア軍参謀総長に任命された。彼は手はじめに、イタリア軍の軍団や師団の再編成をおこなうとともに、かた

図2　イタリア軍参謀総長に新たに任命されたアルマンド・ディアツ大将

くなに規律第一主義にこだわった前任者の軍事戦略を変更する。兵士たちの信頼を得ることに腐心し、なんとかして士気を回復させようとした。ディアツは、カドルナのおこなってきた残酷な処罰をとらないことにした。彼はまさにヴェルダン戦におけるフランス軍のペタン将軍の役割を演じようとしたのである。イタリア政府も、兵士の大部分をなす農民へのさまざまな優遇策を提案した。

そのときイタリア軍は総兵力の約半数60万人を失っていたので、ディアツは少ない兵力で前線を固めるため防衛戦を２５０キロメートルまで大幅に縮小せざるをえなかった。そしてピアーヴェ川の川沿いに強固な防衛戦を築くことを決め、リヴェンツア川にとどまっていたイタリア軍をさらに西方のピアーヴェ川の線にまで後退させた。これはヴェネツィアを守るためである。同じ日に、イギリス軍とフランス軍の精鋭部隊が次々とアルプスを越えて南下し、北イタリアのガルダ湖の西方付近に陣をかまえた。

11月10日、ドイツ軍はピアーヴェ川戦線を攻撃したが、失敗に終わる。そのすぐあと、トレンティーノ戦線のコンラート軍集団は新たな攻撃をはじめていた。この方面のイタリア軍は全面的に退却せざるをえなくなり、100キロメートル以上も西まで退却。11月12日にようやくトレント南方のパスピア山からピアーヴェ川をへてヴェネツィア湾に至る線に新防御線を構築した。ペローの指揮するドイツ第14軍の快進撃もそこで兵站支援が延びきってしまい、攻勢をいったん中止する。1917年の11月から12月にかけて、ドイツ軍が新たな攻勢をしかけてきたとき、イギリス軍は約2個師団を、フランス軍は約3個師団をピアーヴェ戦線のはるか後方に展開し、いずれもピアーヴェ戦線が崩壊したときにかけつける手はずになっていた。

功を奏したドイツ軍の新たな毒ガス砲弾

カポレットの戦いに敗れたイタリア軍は、11月にはピアーヴェ川まで後退し、新たな戦線を築くが、ここでイタリア軍は新たな毒ガス弾攻撃を受けた。これには従来の窒息を起こす毒ガスではなく、皮膚にびらんを起こすマスタードガスが充填されており、すでに1917年7月12日に、西部戦線のイープル戦区に投入されていた。それがあまりにも効果的かつ印象的であったため、ドイツ軍はイタリア軍に向けてその効果をためしてみたのである。

ピアーヴェ川の戦いでもイタリア軍への攻撃に使用された。しかしながら、たまたま降り出した大雨に見舞われて、マスタードガス弾の効果は激減。攻撃は思わぬ天候悪化のためみごとに失敗した。マスタードガスは雨に弱いのである。被害者の数字はあきらかにされていないが、あまり大した損害はなかったようである。このときにはイタリア軍にも小箱型のガスマスクが支給され、配布されていたがマスタードガスにはまったく無効であった。

だがその威力にはイタリア軍兵士たちは大いに狼狽する。マスタードガス弾を浴びたイタリア軍兵士は全員、眼をやられた。結膜は充血し、まぶたが腫れて開眼できず、何も見えなくなった。これが付着した皮膚はただれて痛みが増し、火傷のため身動きできなくなった。これを見た兵士たちは恐れおののいた。マスタードガスにはこうした身体的障害に加えて抑うつ状態や厭戦気分をもたらす特徴があった。ドイツ軍としてはあくまでもイタリア軍に恐怖感を抱かせるための脅かしにすぎなかったようである。マスタードガス弾によるイタリア軍の犠牲者の数は公表されていない。

その後、イタリア軍首脳部もイギリス軍のプラマー大将からの助言に基づいてマスタードガス攻撃と防御に力を入れるようになり、ルステイグを化学戦部隊司令官に任命した。

マスタードガスの製造法もイギリスから学び、やがて大量生産するようになる。

脚注：カドルナは失脚後、軍の指揮権をすべて剥奪されたが、戦後にファシストが政権をとると、ムッソリーニから信頼されて復権し、元帥に叙せられる。

23

革命に揺り動かされたロシア

厭戦《えんせん》気分の高まり

この大戦で、ロシアでは開戦から2年半をへた1916年12月までの徴兵による総兵力が、1437万人にのぼった。これは国内全労働者の47％にあたり、このようにしてロシアは当時、数のうちでは世界最大の兵力を有する軍事大国となった。しかし人海戦術を繰り返すのみで武器も乏しく、ドイツ軍の誇る機関銃や化学兵器などの新兵器もない。さらには軍首脳たちの未熟な作戦指導などの点でもろさを露呈していた。こうして開戦以後、320万人（将校4万7000人、兵士315万人）が死傷する。捕虜および行方不明者が284万人（将校1万7000人、兵士282万人）であり、人的損失は総計600万人を超えた。その結果、労働力が著しく不足し、とくに農村の荒廃は目を覆うばかりになっていた。またその影響で、国民は食料不足で窮乏生活を強いられていた。軍隊を維持するには膨大な量の食料が必要なため、都市生活者に大きなしわ寄せがきていたのである。とりわけペトログラードなどの大都市では、食料不足が深刻な状況になっており、これに加えてブルシーロフ攻勢による大損害によって、兵士や民衆のあいだでは厭戦気分がいやがうえにも高まりをみせていた。

1916年も押し詰まった12月30日、国民全体からもっとも嫌われていたラスプーチンが暗殺された。その後はドイツ生まれの皇后アレクサンドラ・フョードロヴナと、優柔不断な皇帝ニコライ2世が一般民衆の怨恨の的となった。とりわけ皇后は「あのドイツ女」と罵《ののし》られ、野戦軍司令部や参謀本部では遠慮も会釈もない悪口の対象となっていた。彼女の逮捕のみならず、皇帝を退位させることも話題にのぼっていた。それをいつ、どういうふうに実行するかまで、将軍たちは議論していた。皇帝を暗殺して別の皇族を擁立する、純然とした宮廷クーデターも軍の高官のあいだでは真剣に検討されていた。実際に前線の指揮官のほとんどが、このクーデターが起こることを期待していた。

国会は休みなく開かれた。2月23日に開催された国会で、人権派出身の弁護士で、知名度の高かったアレクサンドル・ケレンスキーという新人議員が雄弁をふるった。「現在の厳しい事態を引き起こした責任は、官僚や黒い勢力にあるのではなくて、王室自体にあり、悪の根源は王座についている人々の中にある。この破局を回避するためには、やむをえなければ皇帝自身をも除かなければならない」と。さらに「歴史的な課題は、いかなる犠牲を払っても、中世的な政権を打ち倒すことであることを悟れないのか」と議員たちに問いかけた。

これを聞いた国会副議長で、内相であったアレクサンドロ・プロトポポフがさっそくアレクサンドラ皇后に報告したところ、皇后は怒り狂い、「ケレンスキーを即刻絞首刑にせよ」と叫んだという。その2～3日後、国会議長ミハイル・ロジャンコ（地主出身）は、国家に対する重大犯罪の容疑者として、ケレンスキーから議員としての特権を剥奪するよう要求する内相の覚え書きを受け取った。しかし、ロジャンコは「心配することはない、国会は決してあなたを引き渡したりすることはないよ」と約束し、最終的にはケレンスキーは逮捕されることはなかった。ロジャンコは、ケレンスキーの主張にかたむいていたのである。

食料不足の深刻化とストの過激化

その当時、前線はもちろん都会でもパンが極度に不足し、パン屋の店頭には毎朝飢えた人々が長蛇の列をなしていた。実際に1月から2月の時期、首都の食料事情は需要量の25

図1　1916年、ペトログラードでの婦人たちによるデモ

%しか供給されないという破局状態におちいっていた。また首都ペトログラードでは、3月に入っても例年になく厳しい寒さが続いていた。気温は連日零下30度をはるかに超えるほど低下し、人々は家に閉じこもらざるをえなくなり、パンなどの買い出しができずに食料不足が日に日に深刻となっていた。これが、ついに革命運動に火をつけた［図1］。

「国際婦人デー」にあたる1917年3月8日（ユリウス歴2月23日）の朝、ペトログラードではめずらしく気温が上がり、摂氏4℃まで上昇。市民は久しぶりに家から出てきた。そうしているうちに子ども連れの婦人労働者数千人が、ネフスキー大通りに幅いっぱい広がって、パン不足に抗議するデモ行進を開始したのである。これに呼応して、すでにストライキに入っていた男性の金属工場労働者たちが合流した。

翌3月9日の朝には大勢の市民が市街に流れ込み、ほうぼうのパン屋でパンを略奪しはじめた。ストライキ参加者の数も増えてゆき、学生も加わり、大規模なものとなっていく。スローガンも「パンをよこせ」から、それに「戦争反対」が加わり、さらには「専制政治打倒」とだんだん過激になっていった。

3月10日には、ストライキの波がペトログラード全市を覆い、労働者住民のほとんどがデモに参加した。ネフスキー大通りはデモ隊で埋まり、革命歌※脚注「ラ・マルセイエーズ」が響きわたった。こうして鉄道、バス、タクシーなどの交通機関も遮断され、新聞の発行も停止。政府はその日に閣議を開いて食料問題の解決に必死に取り組んだものの結論が出るはずもなく、皇帝に首都に戻るよう打電し、国会が受け入れる新内閣を任命するよう懇願した。そして閣僚のほとんどが辞任を申し出た。

3月11日になると、ペトログラード市内各地でデモ鎮圧に出動した警官隊が一般民衆に向けて発砲。100人を超す死者が出て、一時は鎮圧が成功したかにみえた。

しかし3月12日、ペトログラードの事態は一変する。その日の朝、一人の軍曹が、前日自分を殴った大尉を射殺した。これを見た他の士官たちがいっせいに兵舎から逃げ出しはじめた。首都防衛にあたるヴォリンスキー連隊はデモ隊への発砲を拒否して空に向けて撃ち、パヴロフスキー近衛連隊の一中隊は全員が発砲を拒否し、指揮官が強制すると向きをかえてその十官を射殺した。こうして他の部隊も次々と反乱を起こす。

これに対して政府は鎮圧のため軍隊の出動を命じたが、兵士たちは民衆への発砲を拒否し、反乱軍側につく部隊が続出。夕刻までに6万人以上の兵士が反乱軍側に移った。この日、ペトログラード守備隊20万の兵士たちが突然、指揮官のいない状況におかれたのである。

国会議長ロジャンコは、事態収拾のため閣僚と話し合う。しかし軍の無能ぶりにおどろき、大本営のあるモギリョフにいる皇帝に「ペトログラードの事態は急、首都は無政府状態におちいり、政府は無力です。運輸、供給、燃料の配備は完全に無秩序となりました。即時、新政府を組織し、事態を収拾すべきです」と急を告げる電報を打った。だが皇帝は、事態が深刻な状態になっているとは夢にも思っていなかったのである。同じ電文は、軍の最高司令官に任命されていたミハイル・アレクセーエフ大将にも送られていた。

3月13日には、首都にいた軍隊のさらに多くが反乱軍側につき、ペトログラードは完全に労働者と反乱軍によって占拠された。労働者や兵士からなるデモ隊によって警察署や兵器庫が襲撃され、3000人におよぶ政治犯が解放される。首都ペトログラードでは、強盗略奪が日常茶飯事となった。
政府は国会の停止など、強行措置に出ようとしたものの、もはや無力であった。逆に国会のほうが臨時委員会を組織し、カデット（立憲民主党）を中心として穏健かつ自由主義的な新政府を樹立しようとしていた。事態は日を追うごとに悪化していた。

ロマノフ王朝の終焉

そのころ、反乱軍を鎮圧する軍隊は首都からまったく消えていた。前線から派遣されてくる鎮圧軍部隊も、鉄道労働者による妨害によって首都に入ることを拒否された。たとえ首都に到着しても、たちまち反乱軍側へ寝返るありさまであった。

もどかしくなったロジャンコはその日、再度皇帝に「事態はますます悪化してきていいます。ただちになんらかの方策を講ずべきです。明日ではもうおそすぎます。帝国と王朝の運命を決すべき最後の日はすでに近づいています」という電報を打った。モギリョフでようやくことの重大さを悟った皇帝は、北西正面軍に首都進撃を命じた。そして自らはその日の夜おそく、列車でこっそりとモギリョフを発ち、皇后とアレクセイ皇太子がいる首都近郊のツアールスコエ・セロー（ツアーリの村を意味する）の離宮に戻ろうとして北方に向かう。しかし、時すでにおそく、彼の乗った列車は翌14日午前2時、ツァールスコエ・セローのすぐ近くで反乱軍によって行く手をはばまれた。しかたなく北西正面軍司令部のある西方のブスコフに回送され、午後8時、ブスコフ駅に到着。これを出迎えた北西正面軍司令官ニコライ・ルズスキー大将は、ペトログラードとツァールスコエ・セローのすべての部隊、とくに近衛連隊までが敵側へ寝返ったという、恐るべき状況を報告した。

3月15日、国会の代表2名が、事態収拾策として皇帝に退位を勧告するためブスコフに向かった。この知らせを聞いたルズスキーは、すぐさま陸・海軍司令官たちに皇帝の退位について意見を聞く電報を流す。皇帝の到着を待つまでもなく、彼がもっとも信頼していたアレクセーエフ大将をはじめ陸・海軍の将軍たち全員から、退位を求める電信の嘆願書がブスコフにもたらされた。ルズスキーは皇帝のいる列車のサロンに出向き、午前10時45分に嘆願書を手渡した。この全員からの嘆願書には、「ロシアを救済し、前線の部隊の平静を保つため、退位の決断が必要である」といった文言が書かれていた。それを見た皇帝は、とくに表情をかえることなく黙ってうなずく。

午後2時半、ニコライ2世はついに退位を決意した。皇帝は、その日の日記に「まわりはこれすべて裏切り、怯懦《きょうだ》、欺瞞！」と心境を吐露している。皇帝はアレクセイ皇太子に譲位しようとしたが、病弱で無理であることを考え、どうしようもなくなって弟のアレクサンドローヴィチ・ミハイル大公に帝位を譲ろうとした。

　この日の夕方には、警察署、兵器庫、裁判所など多くの公共建築物が火に包まれた。冬宮には群衆が乱入したし、国会の開かれていたタヴリーダ宮殿は反乱軍によって占拠された。このように首都の情勢があまりにも悪化していることにミハイル大公も恐れをなし、翌16日には帝位の受諾を拒否し、辞退する声明を発表する。そして国民に対しては、臨時政府に服従するよう要望した。

　3月17日、ニコライ2世は正式に退位を宣言する。ロマノフ王朝300年祭の式典を盛大に祝ったほんの4年後、ロマノフ家の歴史はあっけなく終焉した。この日、ペトログラードの騒乱はいったん落ち着いていた。しかし、皇帝一家にとっては長い悪夢のはじまりとなった。

　これが3月革命、ロシアで当時採用されていたユリウス歴でいう「2月革命」である。

　3月21日、ニコライ2世は軍隊に最後の挨拶を送った。それにはこう書かれてあった。

「最後にもう一度、私が心から愛した部隊の皆さんにお願いする。私は退位し…国政の権限は臨時政府に移譲された。ロシアが栄光と繁栄の道を進むように、私は神のお助けを祈り続けるだろう。神のご加護のもとに、わが勇敢な部隊が祖国を残忍な敵軍から守ってくれることを心から祈っている…」。その日のうちに彼は拘禁され、翌朝ツアールスコエ・

セロー へ護送された。
2月革命は、比較的流血の少ない出来事であった。死傷者の総数は1300人から1450人のあいだで、そのうち死者は169人であったとされている。ケレンスキーが国会議員として、またソヴィエトの副議長としての権限を用い、かなり危険をおかして暴徒たちから皇族や政治家たちを守らなかったならば、相当数の犠牲者が出たといわれている。少なくとも4000人もの人たちが保護され、ペトロパブロフスク要塞へ移送された。ケレンスキーはみごとな手腕を発揮したのである。

脚注：ラ・マルセイエーズは、1792年にフランスの工兵大尉ルージェ・ド・リールが、出征する部隊を鼓舞するため一夜にして作詞作曲したというのが定説である。この歌は、1795年に国民国会でフランスの国歌として採用されたが、ロシア革命の前期には革命歌としてペトログラードで大流行した。もちろん歌詞はロシア語では大きく改変されており、フランスのものとは大いに異なっている。

24

革命か戦争か。ロシアの選択

ソヴィエト誕生と指令第一号

１９１７年3月15日、ケレンスキー（社会革命党右派）の呼びかけにより、ペトログラードの労働者と兵士たちから選出された代表者による新たな評議会「ソヴィエト」が誕生する。そして新設されたペトログラード・ソヴィエトは、将校グループによる反革命を恐れ、3月21日付のソヴィエトの機関紙「イズヴェスチア」に、悪名高い「指令第一号」（命令第一号ともいう）を掲載した。これは、もともとはあくまでもペトログラードの守備隊に向けて発せられたものであり、ただちに後方にも前線にも、すべての部隊に適用されるものであったのだが、広い意味で都合のよいように解釈され、結果的にロシア政府と軍を崩壊させる大きな原因となっていったのである。

その指令では、「兵士委員会が各部隊を支配し、すべての武器は委員会の管理のもとにおき、決して将校に引き渡してはならない」とされた。これによって将校たちは襟章や肩章をはぎ取られたし、部隊の指揮官はそれぞれ投票によって決められた。

こうした事態によって政府は軍への統率力を失い、ソヴィエトがロシアの真の主人公となった。軍隊における将校と兵士の立場が逆転したのである。この指令によって、軍律に厳しい有能な将校は反革命分子とみなされて、罷免されるかまたは殺害されはじめる。日ごろから嫌われていた将校は、とくに理由なく射殺された。

その結果、4月半ばまでに将校の50%が消えた。それでなくても日露戦争のあとにおこなわれた広範な追放令により、大勢の将校が辞職するか、強制的に解任されていた。ある年などは、フランス軍全体の将官の総数にほぼ匹敵する300人の将官と400人の佐官が、無能という理由で退役させられていた。ドイツ・オーストリア＝ハンガリーとの会戦がはじまる1年前には、将校がすでに3000人も不足していたのに、である。一方では、この指令によって脱走しても死刑とはならなくなり、軍隊から多くの兵士たちが脱走した。誰もこれを止めることができなかった。

さらに3月15日には、ペトログラード・ソヴィエトの合意のもとに、ゼムストヴォ（地方自治会）議長のウラジミール・リヴォフ公爵（法律家）を首相とする第一次臨時政府が成立した。閣僚はカデット（立憲民主党）党員がほとんどであったが、これには特異な存在としてソヴィエト副議長となっていたケレンスキーが法相として入閣する。その当時、彼はまだ38歳という若さであった。彼をよく知る政治家によると、「彼の発言は鋭く、明快で、目は輝いていた」という。臨時政府は、社会主義政党の代表をできるだけ早期に加えることが必要であると考え、ソヴィエト副議長のケレンスキーを入閣させることにしたのである。これによって彼が反政府勢力をある程度抑えてくれるのではという意図が含まれていたことはまちがいない。ケレンスキーは、このようにしてソヴィエトと臨時政府の両方にメンバーの資格を有する貴重な人材となった。

このとき以来ロシアは、臨時政府とソヴィエトとの相反する二重構造によって支配されるということになった。

臨時政府との対立

新たに成立したロシア臨時政府は、戦争の継続を連合国軍に約束した。新政権は、ペトログラード・ソヴィエトと戦争継続の是非をめぐって次第に対立することとなるが、この時点では連合国が勝利するまで戦争を継続することを決めていた。

4月16日、変装してスイスに隠れていたウラジミール・イリイッチ・レーニン［図1］

図1　ドイツ外務省の支援によりスイスから帰国したウラジミール・イリイッチ・レーニン

と彼に追随する扇動者たちは、革命が成功したことを知るとブルジョア主導の臨時政府を転覆させるため、ドイツ外相アルトゥール・ツインメルマンの計らいと保護によって特別に仕立てられた封印列車でペトログラードに帰還。トロツキーも彼らに加わった。レーニンは帰国するとすぐ、4月17日にいわゆる「4月テーゼ」をボリシェヴィキ（ロシア社会民主労働党の多数派）の機関紙「プラウダ」に発表した。

それは、ソヴィエトが実権をにぎり、現在のブルジョワ的な臨時政府を支持しないこと、社会主義共和国に変革し、戦争の続行に抵抗するというもので、この方針は当初ボリシェヴィキの同志たちからも反対されたのだが、次第に彼らに、それからソヴィエトに受け入れられていった。戦争が続くかぎり国民の窮乏状態が改善されずにいたことも、ボリシェヴィキの勢力を増やすことにつながった。臨時政府が国内の諸問題にはほとんど手をつけず、連合国と協力してさらに戦争を無理やり続行したことが、ボリシェヴィキにとって有利に働いたのである。

ドイツ軍は、ロシアを刺激し、軍が新政府樹立によって祖国防衛の一枚岩にならないよう東部戦線における攻撃作戦をすべて中止していた。一方では一刻も早くアメリカの参戦に対応するため、東部戦線から兵力を抽出してイタリアと西部戦線に転用しなければならなくなっていた。

5月1日、臨時政府の外相パーヴェル・ミリューコフは、イギリスとフランスに向かってあらためて最後の勝利まで戦争を継続することを表明する。この日ソヴィエトは、この政府の表明に反発して民衆による大行進を組織。ミリューコフは信用を失って辞職した。その結果、5月18日、国内の政情不安にもかかわらず、リヴォフを首相とする第二次臨時政府が誕生。この内閣でケレンスキーは陸相に任命された。彼は軍務の経験はなかったが、陸相として称賛に値するほど精力的に任務の遂行に取り組んだ。ケレンスキーは、ロシアにおける民主主義の存続は軍の動向にかかっており、その軍の士気を高揚するには攻勢を成功裏に遂行するに勝るものはないと信じていた。彼はまた、ロシア軍の勝利によって、彼の政府と敵対するボリシェヴィキをもあっさりと片づけることができるものと期待していた。

6月3日、ミハイル・アレクセーエフ大将の辞任にともない、ペトログラード軍管区軍司令官であったラーヴル・コルニーロフ大将［図2］が、ロシア軍最高司令官に任命され

図2　ロシア軍最高司令官に就任した
ラーヴル・コルニーロフ大将

た。彼はシベリア・コサック出身で、勇敢な、規律厳守・励行の軍人として、ヒーローに祭りあげられていた。熱烈な愛国者であったコルニーロフは、軍の最高司令官に就任すると軍部高官たちの代弁者となり、一転して政府攻撃の論客となった。

軍の指揮権をめぐってケレンスキーとコルニーロフは意見が分かれ、次第に険悪な状況になっていく。ケレンスキーは、軍部によるクーデターを強く恐れていた。そのうちにモスクワ地区では、圧倒的に右翼のコルニーロフの支持者が増えてきた。彼は軍司令部、企業経営者たちからも、さらには連合国軍からも信頼できる軍人として急速に人望を集めはじめ、それはいつしかケレンスキーとの権力闘争にかわっていった。

ケレンスキー攻勢

イギリスやフランスからの強い要望を受けて、ケレンスキーはガリツィア方面で大規模攻撃をかけるよう命じる。2日間の準備砲火射撃に続き、6月29日、いよいよケレンスキー攻勢がはじまった。ロシア軍は将校の約50%が粛清・追放されたとはいえ、まだ戦闘力を残しており、彼は攻勢に出られる戦力をすべてかき集めてガリツィアに向かって進撃に出た。この戦闘には、※脚注マリア・ボチカリョーワ中尉の率いる「女性決死大隊」［図3］も参加している。この、女性だけの戦闘部隊の誕生は、ロシア軍史上はじめての出来事であり、世界中から大いに注目された。

この攻撃は当初、崩壊しかけていたオーストリア＝ハンガリー軍の防衛線を突破し、戦局が有利に展開していた。最初の2日間はすべてがうまくいき、兵

図3　ロシアではじめての女性志願兵からなる女性決死大隊

士数千人を捕虜にしたうえ野砲数十門を捕獲する。ロシア軍は30キロメートル前進したが、3日目になると進撃は止まってしまう。ケレンスキーは軍の規律低下をあまりにも甘く考えていたのである。

大多数の連隊では、もう割りあてられた分だけのことはやったのだから、それ以上前進してもしかたがない、といった悲観的な考えが支配的となっていた。しかもイギリスから贈与された203ミリ榴弾砲24門のほとんどが老朽化しており、2日間使用しただけで使えなくなるような欠陥品が多かった。

図4　前線をまわり士気を鼓舞するアレクサンドル・ケレンスキー陸相（右後ろ）

ケレンスキーは、自ら兵士たちの士気を鼓舞するため足しげく最前線へおもむき［図4］、この攻勢が勝利すればロシア軍の士気が回復し、ロシアに真の民主主義国家が確立できると部隊を鼓舞してまわった。彼は必死でロシア軍を立てなおそうとしたのである。この行動は、フランスの当時の軍需相アルベール・トーマの助言によるものであった。

7月1日、ペトログラードでボリシェヴィキは「資本家大臣追放」「全権力をソヴィエトへ」をスローガンとして大デモ行進を開始する。「戦争継続反対」のデモが全国に拡大し、治安も悪化してきた。7月3日にはボリシェヴィキの指導下で赤衛軍による新たな暴動が起きたが、これは臨時政府によって鎮圧される。これを契機に政府は何百人ものボリシェヴィキ活動家を逮捕。レーニンは「ドイツ皇帝のスパイ」と呼ばれ、国家反逆罪に問われたため、またもやあわててフィンランドへ逃亡した。このようにして首都ペトログラードで大規模な戦争継続反対のデモがおこなわれている最中に、夏季攻勢が開始された。

図5　首相となったアレクサンドル・ケレンスキー

7月16日から18日にかけて、ボリシェヴィキの武力蜂起があちこちで起きた。大規模デモとストライキに対応しきれなくなったリヴォフは7月20日、臨時政府の首班を投げ出し、ケレンスキー［図5］に助けを求めた。こうして7月21日、ケレンスキーは広範な権限を委ねられ、第三次臨時政府の首相を引き継ぐことになる。軍の首脳部や民間・政界のリーダーたちは彼に、

「祖国と自由の救済」のために「鉄の規律」と「強力な国家権力」を復活せよと公然と呼びかけた。

ドイツ軍の毒ガス攻勢で総崩れ

東部戦線で参謀長となっていたホフマン指揮下のドイツ東部軍は、7月19日に西部戦線から迅速に増援を受けて反撃に転じた。マッケンゼンの率いる精鋭のドイツ東部方面軍が本格的に反撃に出てくると、ロシア軍兵士ほぼ総崩れになって押し戻された。

7月28日には、ドイツ軍はオジエルキ付近でロシア軍陣地に対してはじめて、「迫撃砲」を用いて塩素とホスゲンを詰めた毒ガス弾攻撃をおこなった。これはイギリス軍がすでに採用していたストークス迫撃砲をまねて作製されたものである。砲撃の開始は午前5時で、6時までに400発の砲弾を撃ち込んでいる。

この際に使用した毒ガスは、塩素とホスゲンであった。ドイツ軍の観測機はそのときの状況を「右翼方面に濃い白い雲が起こり、たちまち北方に向かって広がり、かつ比較的一団にまとまったまま風にともなわれて敵軍陣地へ流れていった」と教えてくれている。この迫撃砲による毒ガス弾攻撃は、ガスが友軍陣地に逆流してくることのない場合、すなわち無風であるか、あるいは射線が風下方向にある場合に実施すべきであるとした。ただし、たとえ風が友軍陣地に向かって吹く場合でも、ガス防護装備が良好であり、かつその教育が十分になされており、攻撃目標があまり近くない場合は実施しても差しつかえないという教訓を得ていた。

そこで同じオジエルキ付近で、10月27日には思いきってホスゲンや臭化キシリルなどを充填した迫撃砲弾で大攻勢をおこなった。これらの攻撃で、ロシア軍にどの程度の被害が出たのかはあきらかにされていないが、ドイツ軍にとって当時の東部戦線は絶好の毒ガス攻撃の実験場となっていた。このように奇襲的かつ強力なガス弾砲撃に続いて、ドイツ軍は北翼から進撃し、たちまち士気が沈滞していたロシア軍に大打撃を与えた。前線のロシア兵は、新たに攻撃に出てきたのがオーストリア＝ハンガリー軍でなくドイツ軍であることを知っただけで、列を乱して逃げだしはじめた。ロシア軍は崩壊し、広大なプリペット湿地以南の地域にロシア軍は一兵もいなくなったといわれるほどになる。

しかしホフマンは、前線をあまり延ばして兵站物資を無駄に消耗しないよう、いったん進撃の停止を命じた。広い地域を占領すれば、それだけ兵力と軍需物資が必要になることを計算に入れていた。

こうしてケレンスキーが期待した夏季攻勢は4万人が戦死、負傷者は6万人という惨たんたる結果をもって失敗に終わる。臨時政府が試みた東部戦線の攻撃計画はすべて失敗し、ロシア全国各地で民衆の不満はいっそう高まった。

脚注：マリア・ボチカリョーワは、ロシアのジャンヌ・ダルクともいわれロシア救国の英雄とたたえられた。内線終結の際に捕らえられ、ボリシェヴィキにより銃殺された。

25

相次ぐ権力闘争で敗北したロシア

フーチェル戦法の勝利

ドイツ軍の東部戦線参謀部長ホフマンは、アメリカ軍が参戦する前に西部戦線でロシア軍を徹底的に壊滅しておく必要性から、1917年9月に北部戦線において最後の大攻勢を開始することとした。オスカー・フォン・フーチェル将軍［図1］の率いるドイツ第8軍は、ロシア北部戦線の最重要拠点であるバルト海沿岸のまち、人口55万を有するロシア屈指の大都市リガに対して攻勢作戦を開始した。ここは、ロシア軍が

図1　浸透戦術をあみだし、有名となったオスカー・フォン・フーチェル将軍

1915年8月以来ずっと橋頭堡をもうけて、ドイツ東北軍に対してにらみをきかせていた。1917年当時リガには、ロシア臨時政府により任命されたパルスキー将軍が指揮するロシア第12軍が陣をかまえていた。

フーチェルは、9月1日午前4時、計画どおりにふんだんにジホスゲンとジフェニルクロロアルシンをつめた毒ガス弾でもって攻撃を開始した。このガス砲弾攻撃によってまず、ロシア軍砲兵陣地がつぶされ、2時間後には歩兵陣地も粉砕された。この際、ドイツ軍はリガ正面からの攻撃を避け、その西方でバルト海に流れ込むドヴィナ川を上流のユクスキュール付近から渡河。ドイツ軍はロシア第2軍をドヴィナ川沿いに攻撃した。まず大量のガス弾砲撃ののち、突撃部隊が前線を突破し、ロシア軍の強固な陣地を迂回して進撃。次いでドイツ予備軍が残された陣地を無力化するという、二段構えの「浸透戦術」を用いてロシア軍陣地を包囲し、なし崩しにしていった。

9月2日には、両軍とも壮烈な白兵戦を展開。ドイツ軍はさらに東方に向かって進撃するとともに、リガ要塞を包囲した。ロシア軍兵士はリガでの徹底抗戦を避け、持ち場を放棄して撤退していった［図2］。あっけない予想外の勝利であった。9月3日、ドイツ軍はあまりたいした抵抗を受けることなくリガを占領し、バルト海沿岸からのロシア軍の完全な退却をもって作戦を終了した。ロシア第12軍ははじめて経験する「浸透戦術」により、完全にパニック状態におちいって東方に逃れた。

東部戦線最大の毒ガス弾攻撃

この作戦では、ドイツ軍は思いきって総計11万6400発の毒ガス弾を使用した。このガス砲弾のなかには、マスタードガス弾も混ざっていたようである。マスタードガス弾攻撃のことは、ケレンスキーの回顧録にわざわざ明記されている。これは彼の目に、マスタードガス弾の威力があまりに鮮明に映ったからにほかならない。とにかく、これは東部戦線においてドイツ軍が投入した最大の毒ガス弾攻撃であったことはまちがいない。東部戦線に持ち込んでいた

図2　リガ要塞への毒ガス弾攻撃で逃げまどうロシア軍兵士

すべての毒ガス弾を、ここで残らず使ってしまおうとしたようである。その結果、ドイツ軍は捕虜8000人、火砲262門、機関銃150挺の戦果を得たが、ドイツ軍側にも死傷者4万2000人が出ている。

ドイツ軍は海上でも、ドイツ海軍が支援する上陸作戦でリガ湾内のエーゼル島とダゴ島を占領する。リガ要塞の陥落によって、首都ペトログラードがいよいよ危機に瀕するようになってきた。この時期からケレンスキーは、政府をペトログラードからモスクワへ避難させることを真剣に検討しはじめる。一方でボリシェヴィキが徐々に権力をもたげはじめていた。

実際、ドイツ軍の浸透戦術は大成功であった。フーチェルのこの勝利は、ドイツ軍の最高統帥部を大いに力づけた。ルーデンドルフはこの浸透戦術に多大な期待を寄せ、西部戦線での今後の新たな攻勢にこれを大いに活用することにした。リガ攻勢はまさに、6週間後に予定されていたカポレットの戦いの重要なリハーサルであり、これこそ「フーチェルによる浸透戦術」の最初の実験であった。1918年までに西部戦線の大部分の部隊は、機関銃中隊を中心とする独立突撃大隊を持つようになる。

兵士たちの反乱とロシア経済の破局

じつをいうと当時のロシア軍は、リガ防衛にこだわるどころではなかった。ロシア軍自体が崩壊の危機に瀕していたのである。そのころになるとロシア軍では再び、軍内部で兵士たちの反乱が頻発するようになっており、「反革命派」の疑いがかけられた何百人もの士官が兵士たちに逮捕され、その多くは射殺された。また農民出身の兵士たちは集団で脱走し、その数は一日あたり数万人にものぼったといわれている。彼らは一刻も早く自分の故郷に帰ることで、地主たちから土地や家畜の配分をもらえるものと期待していたのである。

10月のはじめには、軍隊から脱走した兵士の数は２００万人以上にもなっていた。これら脱走兵たちは、故郷に帰る途中に立ち寄ったまちの商店で略奪してまわり、住民に危害を与えたため、全国各地の都市で恐怖をまき散らしていた。当時、ロシアでは長いあいだ悪名高く恐れられていた秘密警察は廃止されていて、新たに「民警（ミリツィア）」が誕生していたものの、これらの組織は治安維持にはまったく役に立たなかった。農村では、脱走してきた武装兵士たちによって地主の館が略奪・放火された。反抗したものはすぐさま虐殺されるという、悲惨な事件が相次ぐ。一方都市では、労働者たちが自分たちの工場を占拠し、「労働者統制」を認めるよう求めた。このためストライキが頻発し、働く意欲が低下する。都市の治安も大いに悪化していった。ロシアはリガ攻勢での敗北によって、まったくの無政府状態におちいっていたといえる。

こうした状況から、9月ごろになるとロシア経済はますます悪化し、破局的な様相を帯びてきた。食料不足や失業者の増加にともない、暴動が目立って多くなってくる。8月から10月までの期間に、ボリシェヴィキはペトログラード全域の工場群と、市内にある多くの兵舎に支持者を組織ぐるみで浸透させ、クーデターを起こして臨時政府を転覆させる計画を練っていた。このころにはボリシェヴィキの勢力は著しく拡大し、これまでソヴィエトのなかで勢力をもっていたメンシェビキ（ロシア社会民主労働党の少数派）を圧倒するようになった。フィンランドに逃亡し、その隠れ家でこの情勢を見守っていたレーニンは、党中央委員会に武装蜂起をうながす手紙を出す。

コルニーロフの反乱

ロシア軍最高司令官に任命されたラーヴル・コルニーロフは、ケレンスキーに対して「私の作戦命令と高級指揮官の任命にはまったく介入しないこと」など、軍事面でのすべての権限を自分に与えるよう強く要求した。さらにコルニーロフとその側近たちは、危機に瀕した国家を救済するために、強力な政権を打ち立てる工作をはじめる。もちろんケレンスキーを除外してしまうのではなく、政治家として連立政府に加えようと考えていたのである。

当時の新聞は、多くが競ってコルニーロフのことを取り上げ、「祖国救済者」の第一候補とはやしたてていた。彼は9月6日、建白書を手に首都に来て、ケレンスキーと就任後最初の会談をもったが、この会談はケレンスキーとの意思の疎通を欠いたため失敗に終わった。ケレンスキーはここで、コルニーロフの意図するところに気づき、警戒するようになる。そしてこの会談ののち、左翼系の新聞はいっせいに猛烈なコルニーロフへの非難キャンペーンに打って出た。ここで早くもコルニーロフの解任が話題にのぼりはじめ、このうわさが軍の内部に大きな動揺を引き起こした。そこでロシア軍の首脳たちは、一致してコルニーロフの解任に強い反対声明を出しはじめる。軍のみならず、政界や経済界でのコルニーロフへの期待はいやがうえにも大いに高まっていた。

いまや世論を完全に自分の味方につけたと読んだコルニーロフは、9月7日に軍部独裁政権樹立をめざし、臨時政府を打倒するため北部戦線からアレクサンドル・クルイモフ将軍のコサック騎兵師団「野獣師団」を引き上げて、ペトログラードへ進撃を開始する。これがよく知られているコルニーロフの反乱である。この師団には、コルニーロフに忠実な回教徒部隊も入っており、残酷さでも有名で非常に嫌われていた。この師団が首都に向かっていると聞き、ケレンスキーの怒りも爆発した。

9月9日の朝、ついにケレンスキーはモギリヨフにある総司令部に打電し、コルニーロフを最高司令官のポストからはずし、ペトログラードへ来るように命じた。コルニーロフはこれを拒否する。ついにケレンスキーはコルニーロフを解任せざるをえなくなった。しかし、この大物同士の反目で、政権は取り返しのつかない打撃を受ける。ケレンスキーがもっとも信頼を寄せていた軍幹部と将校たちまでが、臨時政府から離反していったのである。保守派も自由主義者も政府を見限った。ここでボリシェヴィキに思わぬところから幸運が転がり込むことになる。

ボリシェヴィキの登場

パニック状態におちいったケレンスキーは、軍から完全に見放されてしまったいま、頼りになるのは臨時政府に敵対し続けていたボリシェヴィキしかなく、政権を維持するため彼らに支援を求めるほかなくなった。政府は彼らのご機嫌をとり、協力をとりつけるため

図3　武装革命軍を創設したレオン・トロツキー

に、ソヴィエト執行委員会の圧力によって逮捕していたレオン・トロツキー［図3］やボリシェヴィキの有力者たちを釈放せざるをえなくなった。

9月14日、コルニーロフは逮捕される。クルイモフは、ケレンスキーから軍事法廷へ出頭することを命じられたが、出頭せずに友人のアパートで心臓を撃ちぬいて自殺した。

9月15日、ケレンスキーは国家を「ロシア共和国とする」声明を発表した。

9月17日、トロツキーは思いがけず自由の身となる。釈放されたトロツキーはただちに自分の人気を利用して労働者をつのり、武装革命軍（赤衛軍）を作り上げた。

すべての権力をソヴィエトへ

10月8日、ケレンスキーはこの反乱を鎮圧すると、自ら首相兼ロシア軍最高司令官に就任。こうして第三次臨時政府が成立する。臨時政府は危機をいったんは乗り越えたかにみえた。しかし、ケレンスキーが軍と完全に決裂したとみてとったレーニンは、今こそ時機到来ととらえ、スローガンを「平和、パン、土地」からもっと大胆に変更して「すべての権力をソヴィエトへ」を復活させ、公表した。コルニーロフを倒したボリシェヴィキは、メンシェビキを抑えてにわかに発言権を増し、党勢はさらに急速に伸長した。

レーニンがフィンランドに逃亡したのちにはトロツキーが先頭に立ち、ボリシェヴィキが本格的に政権奪取に乗り出した。レーニンは、「いまや政府は動揺している。われわれはなんとしても、その政府に致命的打撃を加えねばならない」とフィンランドから檄をとばしている。このあとペトログラード・ソヴィエトの新選挙で、ボリシェヴィキはやっと多数派となった。すでにボリシェヴィキに移籍していたトロツキーは10月16日、ペトログラード・ソヴィエトの議長に選出された。

こうして強い権力をにぎったトロツキーはその日、「ペトログラード軍事革命委員会」を組織する。この組織のおもて向きの目的は「ドイツの脅威からペトログラードの革命を守り、反革命勢力から人々の安全を確保する」というものであったが、実際にはこの組織を運用して、ボリシェヴィキによる臨時政府への武装蜂起を指揮することを企てていたのである。そして臨時政府を武力によって打倒する準備にとりかかった。コルニーロフの反乱のおかげで、レーニンたちは予想以上に早くボリシェヴィキ革命を実現することになったのである。

10月革命勃発

11月3日、ペトログラード・ソヴィエトは、軍事革命委員会が首都の部隊の指揮権をもつことを決議。翌11月4日、戦闘態勢をとるべく行動に移った。

11月6日の朝、あいかわらずボリシェヴィキの脅威を軽くみていたうえに、守備隊の協力をほとんどあてにできなかった政府は、まちの戦略上の拠点に士官学校生からなる部隊を配置したが、政府のある冬宮には数百人のコサック兵、士官学校生と「ペトログラード婦人決死大隊」しかいなかった。政府はあわててネヴァ川にかかる跳ね橋をすべて引き上げる命令を出した。これはボリシェヴィキ派の労働者たちによるデモ隊が、ネヴァ川南岸にあるペトログラード市の中心部に集まってくるのを防ぐための、一般的措置にすぎない。この日、政府がおこなったただ一つの挑発的な措置は、「プラウダ」などボリシェヴィキ派の新聞の発行を禁止したことと、印刷所の封鎖命令だけだった。

しかし、この件にいきりたったボリシェヴィキは、いよいよ本格的な武装蜂起に踏み切る。これに参加したのは、最初はせいぜい数百人の兵士だったが、のちには5000人近くに膨れあがったといわれている。

武装蜂起軍はまず、トロツキーの画策により、ペトロパブロフスク要塞の武器庫からライフル銃10万挺を押収。これで十分な武器を確保した軍事革命委員会の分遣隊は、市内の重要拠点占拠の三段階計画にとりかかった。11月6日の夜間に、最初の標的であるネヴァ川にかかる重要な橋をまず占拠した。翌7日の昼には、さらに多くの橋、電信局、中央郵便局、国立銀行を確保。さらに夕方には、冬宮を囲む重要な拠点を一つずつ押さえていった。橋や重要拠点の警備にあたっていた士官学校生の部隊は、わずかな機関銃で応戦する態度をみせたものの、退去を命じられるか、簡単に武装解除された。

そしてついにボリシェヴィキ革命、ユリウス歴でいう「10月革命」が起こった。11月7日午後9時45分、ペトロパブロフスク要塞からの合図を受けて、ネヴァ川をさかのぼって投錨していた巡洋艦オーロラ号の14センチ主砲が、冬宮へ向けて至近距離から一発の空砲を発射した。これを受けて、レーニンを支持するペトログラードの労働者赤衛隊とバルト艦隊兵士たちは、冬宮を占拠するためいっせいに窓ガラスを割って突入。それを見たソヴィエト系の労働者たちも立ちあがり、続々と冬宮をめざして行進していった。

軍事委員会はメッセージ「ロシア国民へ」にて政権掌握を宣言した。このとき新たな革命歌「インターナショナル」の歌声がペトログラードにこだましていた。これはロシア革命でもっとも感動的な瞬間だったことだろう。冬宮を警備していた守備隊は、援軍がまったく来ないことがわかると、それぞれ持ち場を離れ冬宮から逃亡しはじめた。

このようにして、世界ではじめての社会主義国家が誕生する。すべての権力が、ペトログラードのボリシェヴィキ支配のソヴィエトに移行した。

しかし、革命が全国に広がるにつれ、モスクワなどの大都市でボリシェヴィキたちは、首都におけるよりもはるかに強力な抵抗に直面することとなった。とくにモスクワでは、11月10日に反革命分子が「社会安全委員会」を組織し、地方の軍事革命委員会に敵対する立場を鮮明にした。主要な街路と広場にはバリケードが築き上げられ、砲火がモスクワのまちを見舞った。両陣営はクレムリン奪取をめぐって果敢な戦闘を繰り広げたが、11月15日、ついにソヴィエト軍が占領して終わりを迎えた。

26

ロシア帝国の崩壊と社会主義国家の誕生

民主主義革命の心からの奉仕者

ケレンスキーはそのころまだ冬宮におり、閣僚たちから離れて自室で前線にいる軍隊に救援を求める電話をかけ続けていた。しかし、誰一人として軍隊を動かそうとはしない。すっかり意気消沈しているところにアメリカの領事館員たちがかけつけ、冬宮から一刻も早く脱出するようせかされた。そこで副官を連れ、自分の車とアメリカ領事館の車でどうにか脱出する。彼はそのときもまだ、前線の救援軍を率いて自ら冬宮や首都を取り戻すつもりでいたのである。数のうえで圧倒的に勝る攻撃部隊に、冬宮に残っていた士官学校生と婦人大隊からなる守備隊は威圧されてゆき、ついに降伏。翌8日の午前2時10分、冬宮で会議を続けていた臨時政府の大臣たちが次々と逮捕され、冬宮はついにボリシェヴィキによって完全に制圧された。

ケレンスキーは冬宮から脱出したのち、まず北西正面軍司令部のあるブスコフにたどりついた。彼はそこでペートル・クラスノフ将軍に助けを求め、その第3騎兵軍団とともに首都に進撃しようとした。ケレンスキー軍の主力は、約5000人からなるコサック部隊である。この部隊は11月10日、首都から250キロメートルの距離にあるツアールスコエ・セローを大した抵抗を受けることなく占領するが、さらに首都に近づこうとした翌日、ブロコヴォ郊外の戦闘で敗北し、退却せざるをえなくなつた。そのためケレンスキー軍の戦力は著しく減ってしまうが、これにはボリシェヴィキの宣伝工作もからんでいた。コサック兵たちはこれ以上の進撃を拒否したし、クラスノフもケレンスキーに退去を進言した。11月12日、クラスノフはガッチナの宮殿で、トロツキーの率いる武装兵によって逮捕される。彼らはケレンスキーを捕らえようとガッチナ宮殿を探しまわったが、またもや取り逃がす。その後もケレンスキーはロシア各地で政権奪取を試みたが成功しなかった。

ケレンスキーは首相在任中、皇帝一家の処遇を非常に心配し、彼らがイギリスに亡命できるようムルマンスクへの巡洋艦の派遣を申し入れ、イギリス政府もいったんはこれを承認していた。ところが4月になると、イギリス下院および新聞業界の左翼勢力が猛烈に反発してきたため、国王ジョージ5世はやむなく、以前にロシア政府に与えた皇帝亡命に関する同意を撤回せざるをえない旨、イギリス大使を通じてケレンスキー政府に通告してきた。

1918年6月、ケレンスキーは「ロシア再生同盟」という組織の依頼で、イギリスやフランス政府と今後の対策を協議するためロシアを離れ、ロンドンにたどりつく。ロイド・ジョージ首相と会見し、ロシアの現状について報告するとともに、ニコライ一家のイギリス亡命を引き受けるよう依頼している。

ケレンスキーは、政敵たちによって厳しい批判がなされているが、本当は弁護士出身の「民主主義革命の心からの奉仕者であった」ことはまちがいない。ケレンスキー政権下では、言論・出版の自由、身分制度の廃止、宗教と民族の差別の撤廃、8時間労働制の導入など、当時としては画期的な改革がおこなわれた。ロシアはその当時、世界でもっとも民主的な国家となっていたのである。ケレンスキーはユダヤ人たちから信望があり、彼らから数多くの支援を受けてフランスに亡命後、アメリカに移り住んだ。

そして、彼を捕らえて殺そうとしたレーニンやトロツキーよりも、さらには彼を何度も抹殺しようとしていたスターリンよりも、ずっと長生きし、膨大な回顧録を残し、1970年に89歳で病没した。

ロシア軍総司令官の撲殺

コルニーロフ逮捕ののち、ケレンスキー政府のもとで参謀総長となっていたニコライ・ドゥホーニン大将は、11月18日にロシア軍総司令官に任命された。彼は、就任するとすぐさまドイツとの戦闘を中止し、和平交渉に入ることを要求された。しかし彼がその命令を拒否したため、レーニンはただちに罷免し、彼にかわってボリシェヴィキ派の准尉であったニコライ・クルイレンコを初代の軍事人民委員（国防相）に起用する決定を下す。

ドゥホーニンは、レーニンの罷免命令を認めなかった。しかも彼は和平交渉をはじめないばかりか、ボリシェヴィキと戦い、レーニンのソヴィエト政権を打倒するために躍起になって兵力を駆り集めていた。これを知ったレーニンは大いに怒り、人民委員会の名において兵士に直接訴えて、「（和平交渉を進めなかった）責任者の処罰を前線の部隊自らが引き受けること」を命じる。そしてクルイレンコに停戦協定を結ぶ権限を付与して、彼を前線に派遣。当時ドイツ軍司令部も停戦を望んでおり、クルイレンコはただちに全戦線での戦闘を中止する命令を発した。まもなく仮協定がドイツ軍最高司令部とのあいだで結ばれ、その効力は1918年2月まで保持された。

ロシア軍総司令官としての権限を剥奪されたドゥホーニンは孤立した。モギリヨフを反政府運動の拠点とする彼の夢は無残にも打ち砕かれ、そこに集結していた多数の将官たちは、逮捕・軟禁から逃れてきたコルニーロフに率いられてドン地方に逃げていった。

12月2日、クルイレンコの指揮する部隊の兵士がモギリヨフの大本営を占領し、ドゥホーニン前総司令官を殴り殺した。

クルイレンコは、レーニンにより抜擢され、のちに検事総長、司法人民委員（法相）を歴任するも、1937年、スターリンによって裁判なしで銃殺された。

ブレスト＝リトフスク条約

一方、レーニンたちは、もともとドイツから政府転覆のために送り込まれた事情から、ドイツ政府とは外交関係がなくとも外務省とは交渉ルートを持っていた。外務人民委員（外相）となっていたトロツキーは、11月21日には早くも別の外交ルートでドイツとの和平交渉を提案し、11月27日、ドイツ外務省はその提案を受諾する。

12月15日、ドイツとソヴィエト政府は、ブレスト＝リトフスクでの12日間にわたる交渉ののち、休戦協定に合意。ここに3年あまりも続いた戦闘はついにやんだ。連合国側はもちろんこの単独講和に異議をとなえ、ボリシェヴィキに対してますます敵意を燃やすようになる。そして、ソヴィエト政府はこれをもって連合国から永久に仲間はずれにされることとなった。

また、ロシアが大戦から完全に手を引いたことで、ドイツ軍はただちに西部戦線に戦力を集中することができた。

１９１８年1月31日、第3回ロシア労働者・兵士代表ソヴィエト会議は、「ロシア・ソヴィエト連邦社会主義共和国」の成立を宣言する。

ところが、ロシア軍がまったくの無力と化していることに気づいたドイツ軍は、休戦期間が満了した１９１８年2月18日12時をもって全戦線にわたって進撃を開始した。おどろいたトロツキーはすぐに、少なくとも1週間の猶予期間を付すべきであると要求。しかしドイツ軍は無視する。ドイツ軍は、ほとんど抵抗にあうことなく侵攻し、数日のうちにキエフ、ハリコフ、ロストフなどの大都市を占領。2月19日に人民委員会が講和条約への調印を電信で伝えたが、ドイツ軍はさらにこれを無視し、攻撃を続けた。

2月22日、ソヴィエト政府はトロツキーを全権代表として、ドイツ・オーストリア＝ハンガリーとの講和交渉を開始した。トロツキーは、革命運動がドイツをはじめとしてヨーロッパ中に広まることを期待して故意にだらだらと交渉を長引かせようとしたが、あてにしていたドイツでの革命はすぐには起こらなかった。ドイツ軍の思いがけない進撃によって広大な領土を失ったソヴィエト政府は、ドイツが提示した膨大な賠償金など、厳しい条件を受け入れざるをえなくなった。

2月24日には、ドイツ軍はプスコフをも占領し、ペトログラードの近郊まで進出。トロツキーは責任をとって外務人民委員を辞した。ドイツ軍の攻撃が最終的に停止したのは、3月3日の講和条約調印の日であった。その日、新任のグリゴリー・ソコリニコフを団長とするソヴィエト代表団は、やむなくブレスト＝リトフスク条約を締結する。

3月6〜8日、ロシア共産党会議が開かれ、ブレスト＝リトフスク条約を承認。党名もロシア社会民主労働党（ボリシェヴィキ）からロシア共産党とあらためられた。

講和成立後の3月13日、トロツキーはソヴィエト政府の第2代軍事人民委員に就任した。彼は、断固たる決意をもって、新しい正規軍を編成するという課題に本格的に取り組み、既存の、寄せ集め集団となっていたロシア軍部隊の再編制をおこなうとともに、脱走していた元兵士たちに呼びかけて新たな志願制度を作り、統制のとれた軍部隊、赤軍の創立をめざす。そして、そのために部隊指揮官の選挙制を廃止し、任命制を復活、さらには旧政府軍に勤務していた将校を積極的に採用した。政府軍の将校のなかには、ドイツという宿敵からロシアを防衛しなければ、という意味でボリシェヴィキ政権に協力しようという者も少なからずいたのである。すでに紹介したアレクセイ・ブルシーロフ将軍もその一人であった。

コルニーロフ再び

休戦が合意され、戦闘が停止されるとただちに、ロシア側は東部戦線のドイツ軍部隊に向けて精力的に、友好的な宣伝活動に乗り出した。前線の部隊にかつての敵との交歓をうながし、ドイツ軍兵士が自らの政府に反対するよう扇動するなど、ソヴィエト政府は、ドイツをはじめヨーロッパ諸国で労働者による革命が起こることを心待ちに期待していたのである。

一方、ロシアがこの大戦から単独で離脱したことが、さまざまな口実で連合国がロシアへ干渉する引き金になった。ロシアは日本を含めた連合国に対して膨大な負債を抱えていたため、4月には日本軍がウラジオストックに、7月にはイギリス・フランスの連合国軍がムルマンスクに上陸し、赤軍と交戦状態に入った。さらに悪いことには、ロシア各地で新体制の打倒をめざす内乱が相次いで発生していた。

コルニーロフは、10月革命直後に南部ロシアに逃れ、新たに編成した白軍「白衛軍」を

図1　白軍のうちもっとも人望があった
アントン・デニーキン将軍

率いて立ち上がった。この軍隊は、最初は将校、下士官、士官学校生、学生で編成されていたが、のちには農民からも徴兵をおこなって勢力を拡大。4月になると、ドン地方各地でコサックが反乱を起こしはじめ、コルニーロフ軍もこの機に乗じて本格的に動きはじめた。

　4月9日、コルニーロフ軍は、エカテリノダール近郊で赤軍と戦闘に入った。そこで3万人もの捕虜を得てさらに進撃しようとしたが、4日後の4月13日、コルニーロフは頭部に銃弾を受けて戦死する。かわってコルニーロフ支持派のデニーキン［図1］が、この義勇軍の総司令官となった。彼は、北カフカースに拠点をおく白軍の中心的な指導者であったが、1919年に南方からモスクワ攻略のため大攻勢をかけ、敗北している。

　コルニーロフ軍に呼応して、白軍からなるコルチャック軍がオムスクから、ウランゲリ軍がクリミアから、ユーデニチ軍がエストニアから、それぞれ新しく首都となったモスクワをめざして進撃していた。これらの内戦は、1919年秋から1920年冬にかけてその絶頂に達する。しかし白軍は、連合国からの数多くの支援にもかかわらず、撃破された。

この内戦には、トロツキーが大活躍した。彼は無線と二つの砲塔を装備した戦闘用の特別装甲列車を仕立て、十分な武器、弾薬、食料を積み込み、2年間にわたってそれに乗り込んだ。東部戦線から南部戦線、南部戦線から北部戦線へと縦横無尽に移動し、赤軍を援護し続けたのである。トロツキーの装甲列車で各地を転戦する兵士たちは、必然的に戦闘経験に富んだ精鋭部隊に成長する。こうしてソヴィエト政府は生き延びることができたのだが、このトロツキーもスターリンによって、1938年に亡命中のメキシコで暗殺された。

チェコスロヴァキア軍の反乱

講和条約締結後、まず大きな問題がロシア国内で発生した。ロシアには、大戦中にロシア軍に自発的に投降していたチェコ人やスロヴァキア人の将兵約5万人からなる軍団がいた。彼らは本来、シベリア鉄道でウラジオストックを経由してヨーロッパにもどり、連合国軍とともに西部戦線で出撃することになっていたが、彼らがイルクーツクの停車場に到着してみると赤軍の大部隊が待ちかまえており、全員の武装解除を命じられた。そしてチェコスロヴァキア軍団がそれに抗議をしていると、いきなり赤軍から機関銃掃射を浴びせ

図2　反乱を起こしたチェコスロヴァキア軍団

られたのである。彼らはわずかばかりの兵器しか持っていなかったが、勇敢に応戦し、逆に赤軍兵士全員の武装を解除して多くの武器を獲得。そうして次々と押し寄せてくる赤軍を撃破していった。

こうして5月29日以降、チェコスロヴァキア軍団［図2］がモスクワの命令を無視して反乱を起こすことになったのである。これにはさすがの赤軍も十分な臨戦態勢ができていなかったのでまったく手が出なかった。6月28日には、彼らはウラジオストックを占領し、さらに7月6日にはニコリスクを越えてハルピン、ハバロフスク付近まで占領していた。

このようにして軍団は、またたく間にウラルから極東までのシベリア鉄道沿線の各駅を次々と占領してゆき、7月26日にはニコライ2世一家がいたエカテリンブルグを占領。8月7日には、ヴォルガ川沿岸地域から極東までの全域がボリシェヴィキ政権の支配から離れた。

このチェコスロヴァキア軍の反乱をきっかけとして、ロシア各地で反ボリシェヴィキ勢力が結集することとなった。7月にはチェコスロヴァキア軍を救出するという名目で、アメリカ軍と日本軍がウラジオストックに上陸した。

ロマノフ王朝の根絶

ニコライ2世一家は、ツアロスコエ・セローにしばらく軟禁されていた。

内戦が広がってくると、皇帝一家はシベリアのトボリスクに幽閉され、さらには4月30日、ウラル地方のエカテリンブルグにあるイパチェフ館に移された。チェコスヴァキア軍団がいよいよ皇帝一家救出のためこの地域まで迫ってきたと考えたエカテリンブルグ・ソヴィエトは、あわてて7月17日の早朝、一家をこの家の地下室に連れてゆき、そこでラトビア兵が全員を惨殺する［図3］。彼らは、最初はニコライのみを殺害したとモスクワへ報告していたが、

図3　ロシア皇帝一家が殺害されたイパチェフ館の地下室。機関銃が使用されたことが伺える。

白軍による調査で一家全員を殺害したことを認めた。

ニコライ・ロマノフは、死後に聖人に列せられた。イパチェフ館はその後聖地となり、巡礼者があとを絶たなかった。1977年にロシアの初代大統領ボリス・エリツィンによって取り壊されたが、2003年には、皇帝一家が殺された場所に荘厳な〝血の上の大聖堂〟が建立されている。

また、皇帝一家殺害の前後に、皇位継承を辞退した皇弟ミハイル大公、皇后の姉にあたる大公妃とその夫、3人の大公、大公の息子ら全員が殺害された。こうしてボリシェヴィキによるロマノフ王朝の根絶がなされたのである。

これらはすべて、レーニンの暗黙の殺害命令によると、現在では解釈されている。

ニコライ2世一家の身元については、殺害から80年後になってようやくDNA鑑定でそれぞれの遺体が確認された。

27 ルーデンドルフの登場と連合国軍側の対応

ルーデンドルフの軍事独裁はじまる

1916年8月26日、ドイツ皇帝ヴィルヘルム2世は、ヴェルダン攻略戦でこうむった大損害と、ルーマニアのドイツへの宣戦布告という思いがけない不利な戦局を打開するため、ファルケンハイン参謀総長の更迭に踏みきった。ファルケンハインは引き続き軍務にとどまることを希望し、ルーマニア派遣第7軍司令官に任ぜられる。

ヴィルヘルム2世は、陸軍最高統帥部の陣容を再編成することによって、ドイツ軍の体制の刷新を図ることにした。新参謀総長にはパウル・フォン・ヒンデンブルク［図1］を起用し、彼を補佐する参謀次長（この役職は兵站総監と呼ばれるようになった）にエーリヒ・フォン・ルーデンドルフ［図2］をつけた。この新たな陸軍最高統帥部の成立は、帝政下ドイツの統帥機構の一大変革であった。

図2　兵站総監に任命されたエーリヒ・フォン・ルーデンドルフ将軍

図1　ドイツ軍の新参謀総長となったパウル・フォン・ヒンデンブルク

10月には、後述のような難局を乗り切るため、彼らの文民政府に対する統制が帝国議会で承認される。ここに、新しく誕生した陸軍最高統帥部、とくに兵站総監には強力な権限が与えられたのである。兵站総監は、これまでの参謀総長モルトケやファルケンハイン時代には、最高司令官であるヴィルヘルム2世に対する単なる軍事面での助言者にすぎなかったが、これに対して新しく任命された兵站総監は、最高統帥部のすべての戦略に対して強力な権限を発揮できるようになった。ヴィルヘルム2世は、ヒンデンブルクとルーデンドルフのコンビを非常に信頼していたのである。こうして第一次世界大戦末期に至るまで続く、ルーデンドルフによる軍事独裁がはじまった。このときドイツは、ルーデンドルフにすべてを賭けたのである。

食料難で苦境に立たされていたドイツ

１９１６年から17年にかけての冬、ドイツは前代未聞の厳しい食料難に見舞われていた。これはひとつには、じゃがいもなどの作物の著しい不作にもよるが、一方ではイギリス海軍による海上での経済封鎖が、大いに効果をもたらしてきており、だんだんとドイツをどうしようもないところまで締めつけていた。イギリス政府は、この戦略がドイツを敗戦に追い込むのにもっとも効果的な手段であると考えていたのである。

ドイツの大都市では、食料品店の前には少しでも何かを手に入れようとする人々の長蛇の列ができていた。食べられるものはなんでも食べたといわれているが、カロリー不足による栄養失調で徐々に衰弱してゆき、餓死する者が続出。とくに子どもや女性が大きな犠牲となった。連日のように乳幼児の夥しい数の死亡が、新聞に報じられていた。さらに、栄養失調に追い打ちをかけるようにして多くの人たちがインフルエンザにかかり、倒れはじめた。こうした状況下で、ドイツ国内では和平を求める声がいやがうえにも高まってきた。１９１６年12月12日、ドイツ首相テオバルト・フォン・ベートマン・ホルヴェーグは、思いあまって議会の演説で、中立国で休戦交渉に入るという提案を連合国に示唆した。その3日後、フランス軍はヴェルダンで、ロベール・ニヴェルの指揮のもと大反撃に出た。攻撃は成功し、1万人以上の捕虜と9か月間の失地のすべてを回復。ニヴェルは英雄となり、勝利を宣言した。

12月20日、アメリカのウッドロウ・ウィルソン大統領は、ドイツのホルヴェーグ首相の提案を受け、イギリス、フランス両政府に休戦のための条件提示を求めた。12日前にイギリスの首相に就任したばかりのロイド・ジョージは、この休戦提案を無視する。

1916年12月26日、フランス首相アリスティード・ブリアンは、なんとかして現状を打開すべく、従来から政治家を蔑視して作戦行動をほとんど政府に報告しなかった最高司令官ジョセフ・ジョフル将軍を元帥に祭りあげ、実質的な権力を奪い去った。そしてその後任に、ニヴェル将軍がフランス軍最高司令官に任命された。

ヒンデンブルク綱領でドイツ軍の立て直しへ

1917年になると、イギリス・フランス連合国軍はもっぱら総攻撃に出ることを考えていた。

一方、ルーデンドルフは、着任とともにまずはドイツ陸軍戦闘力の再編成・改善のため、陸軍による攻勢をすべて中止して守勢に転じることとした。彼は、ばく大な犠牲を払っても成果の見えない消耗戦を続行するつもりはなく、敵に不意をつかれないように注意しながら待機作戦をとることにしたのである。そして〝ヒンデンブルク綱領〟なる政策を打ち出し、大規模な兵器の増産と兵員の増強をはかった。この綱領は、徴兵年齢を16歳にまで引き下げ、医学、化学などの部門をのぞく大学を閉鎖する一方、婦女子の徴用によって可能なかぎり成人男子を兵役につけること、雇用を増やし、なんとかして食料補給を推進することなどを骨子としていた。

彼の着任から、ドイツ軍が総力をあげて反抗する、最終戦ともいうべき1918年3月の「カイザーシュラハト」まで、1年7か月間は東西両戦線でいっさい、陸軍は積極的大攻勢に出ることはなかった。そのかわり、海軍による潜水艦戦が決定的な勝利の切り札となることを期待していた。実際、ドイツは開戦以来潜水艦の増産をおこない、連合国側の商船に大打撃を与えていた。イギリスは、1916年の末までに大量の船舶が撃沈され、食料や弾薬が枯渇しそうになっており、戦争遂行能力はもはや数か月しか保てないほどの脅威にさらされていたのである。

ルーデンドルフは、ドイツ軍情報部をとおしてイギリスもかなり厳しい状況にあることをほぼ正確に把握していた。

１９１７年2月1日、アメリカ軍の参戦を危惧していたホルヴェーグ首相らの抵抗をはねのけて、ルーデンドルフは思いきって無制限潜水艦戦に打って出る。つまり、戦争区域に入る船舶は国籍を問わず撃沈すると宣言し、「目には目を」というやぶれかぶれの賭けに出たのである。これには、イギリスの経済封鎖によって祖国の乳幼児の犠牲が激増したことに対する激しい憤《いきどお》りが込められていた。

このイギリスの経済封鎖によって、最終的にドイツでは終戦までに、女性と子どもに76万人もの餓死者が出ている。

恐るべき堅固な要塞地帯の構築

ルーデンドルフは連合国軍、とくにイギリス軍がかならずやソンム川の北部において大反撃をかけてくるものと確信していた。その機先を制するため、いったんは新しく堅固な防衛線を築き、そこに後退することに決めた。１９１７年のはじめ、ドイツ軍はじつは兵員の補充難に直面していたのである。イギリスやフランスは植民地の兵士も次々と投入し、ベルギー軍を合わせて約３９０万人を数えたが、ドイツ軍はどう見積もっても２５０万人程度にしかならず、ルーデンドルフはしばらくのあいだ、ドイツ軍は攻撃に出るより守備に徹するほうが得策であると考えていた。

そこでルーデンドルフは、西部戦線で突出していた陣地を一挙に引き払って、戦線を一直線に短縮する。兵力を温存・節約するとともに、連合国軍が企てようとしていた突出部へ向けての攻撃準備を無効にしようとしたのである。この構想のもとにルーデンドルフは、新たにアラスからサンカンタンをへてソワッソン東方地区までに、幅7キロメートル、長さ150キロメートルにおよぶ、巨大な要塞ともいうべき幾重もの防御線を建設することにした。

この工事にはおもに連合国軍の捕虜、とりわけロシア軍の兵士が総動員され、完成までに5か月を要した。地下20メートルに達する掩蔽壕、要所にはコンクリートで固めた機関銃座をしつらえ、幾重にも入り組んだ交通壕・トンネルを造り、補給基地をつなぐ軽便鉄道さえ備えていた。一部は採石場の坑道をうまく利用していた。この塹壕線は、当時の水準からみて恐るべき難攻不落の堅固なものとなった。ドイツ軍はこれを「ジークフリード地帯」と名づけ、連合国軍側は「ヒンデンブルク線」［図3］と呼んだ。

この要塞地帯は、薄い前哨陣地の後方に要塞線をもうけて、第一線を敵が抜けても、はるか後方の第二線から砲撃を浴びせかけられるように工夫されていた。ドイツ軍砲兵主陣地は丘の稜線の向こう側にあり、観測手や警戒陣地だけが頂上や斜面に出て稜線越しの砲撃を誘導した。

なお、ドイツ軍はこの要塞線への戦略的後退をおこなうにあたり、追撃してくる連合国軍に少しでも多くのダメージを与えておくため、連合国軍正面のドイツ軍陣地を徹底的に破壊した。撤退地域の道路を埋め、樹木を切り倒し、井戸を崩し、鉄道施設はおろか家屋をも完全に破壊してしまい、廃墟のいたるところに地雷を敷設した。

図3　強固な防衛線「ヒンデンブルク線」

かくしてドイツ軍の主力部隊は、イギリス軍正面は2月23日に、フランス軍正面は3月16日に、いずれも第一線を放棄して迅速・円滑に後退を開始していった。連合国軍はこの退却をすぐに察知してただちに追撃に出た。しかし、ドイツ軍の退却があまりにもうまく隠蔽されていたため、連合国軍は退却する敵になんら打撃を与えることができず、ドイツ軍はヒンデンブルク線の強固な陣地にたどりつく。ドイツ軍は大挙して撤退したのではなく、後衛部隊を残しており、これが連合国軍にけっこう大きな損害を与えた。ドイツ軍が完全に退却してしまったと思い、フランス兵が前進してゆくと、窪地からいきなりドイツ兵が現れ、機関銃掃射を浴びせられてバタバタと倒れていった。これによって防衛線に逃げ込むドイツ軍を捕縛しようとした攻撃計画は頓挫する。イギリス軍がバポームに入ったとき、まちはすっかり破壊しつくされていた。

ロイド・ジョージの戦時内閣

図4　イギリスの首相に選出されたデイビッド・ロイド・ジョージ

１９１６年12月、辞任に追い込まれたアスキスにかわって首相の座に就いたのは、それまで軍需相、次いで陸相として精力的に戦時動員体制を進めて名声を得ていたデイビッド・ロイド・ジョージ［図４］であった。彼が首相に選ばれた理由は、イギリスの政財界が、彼こそ、いよいよ泥沼に追い込まれた戦争を勝利に導く可能性がもっとも高い人物だと考えていたからである。ロイド・ジョージは、さっそく自分を含めて閣僚5人からなるインナーキャビネット（戦時内閣）を組織し、強力な手段で戦時指導に取り組むことにした。連合国軍の春季大攻勢作戦をどのようにもってゆくかという問題は、この戦時内閣の最大の議題になっていた。

首相に就任したばかりのロイド・ジョージは、これ以上イギリス軍の損害が増えることを非常に嫌い、連合国軍の戦闘態勢が整うまでしばらく大攻勢を見合わせることを主張した。ローマ会議で、ソンムの戦いのような長期戦はさけるよう強調したが、フランス政府との話し合いは決裂。そこで戦時内閣は、フランス軍総司令官ロベール・ニヴェル［図5］をロンドンに招待する。彼は、母親譲りの流ちょうな英語で、あらためて連合国軍の春季大攻勢をロイド・ジョージに督促した。

ニヴェルのあまりにも自信に満ちたひと言ひと言に、ロイド・ジョージはすっかり感銘を受けた。他の戦時内閣の閣僚たちも皆、ニヴェルの人柄に魅せられ、心から彼を後援しようと決心する。とくに戦争指揮に関しては、フランス軍から大いに学ぶべきところがある

図5　フランス軍総司令官に就任したロベール・ニヴェル将軍

と信じていたのである。

イギリス遠征軍司令官ダグラス・ヘイグもまた、ソンムの戦いでの恨みを晴らすため、新たな攻勢に出る場合はその主導権をイギリス軍がとりたいと主張するためやってきた。ロイド・ジョージは、ソンムの戦いなどの過去の経験から、イギリスの将軍たちをまったくといってよいほど信頼しておらず、逆にフランスの将軍たちを信頼した。戦時内閣は、西部戦線であえて攻撃は続行せざるをえないということであれば、もっぱらフランス軍のニヴェルの指揮下でなさなければならないという結論に達する。ニヴェルは、ヘイグもイギリス軍部隊も、すべて彼の指揮にしたがうという確約をロイド・ジョージから取りつけたが、この重大決定を、戦時内閣はイギリス軍参謀総長のウィリアム・ロバートソンにもヘイグにも知らせなかった。ロイド・ジョージの戦時内閣は、思いきった行動に出たのである。

ドイツ軍の手に落ちた機密文書

1917年2月26日、イギリスとフランス両国政府と軍首脳があらためてカレーに集まり、春季攻勢の具体策についての意見の集約がはかられた。そこでロイド・ジョージの主張がとおり、ヘイグとロバートソンの執拗な反対にもかかわらず、これからはじまる春季攻勢だけは、イギリス軍はニヴェルの指揮下に入ることで決着した。それはこの攻勢の主体はあくまでもフランス軍であって、フランス軍の総攻撃にイギリス軍が側面から協力するということで折り合いがついた。

しかし、ドイツ軍の速やかな後退により、イギリス・フランスの連合国軍のせっかくの大攻勢準備は徒労に帰した。さらに積極的な攻撃を加えようとして、フランス軍はエーヌ河畔において、イギリス軍はアラス方面から攻撃に打って出ることになった。

3月3日、ドイツ第3軍は探りを入れるため、試験的にフランス軍に偵察攻撃をかける。その際、まったくの偶然であるが、ニヴェルによるフランス軍の攻撃命令書を入手。それには、連合国軍が春季大攻勢をかけようとしていること、またフランス軍が主体となり、4月になってエーヌ河畔で、局部攻撃ではなく大規模の突破攻撃が計画されていることが記されていた。ニヴェルが作成した具体的戦略の機密文書が、そっくりドイツ軍の手に落ちたのである。

これを知ったドイツ軍は、3月中にフランス軍が攻撃しようとしている戦線へは、東部戦線からドイツ軍の誇る最精鋭部隊を投入。西部戦線で戦って疲労していた部隊は、後方の予備に移した。ルーデンドルフは、この地区には最優先で機関銃部隊、砲兵隊、戦闘機、工兵大隊などを雪崩のように送り込む。こうしてドイツ軍は、この方面への大部隊の投入をおこなうとともに、フランス軍の情報が正しいかどうかを確認するためしきりに偵察攻撃をしかけた。現地のドイツ軍司令官たちは最初、これはにせ情報にちがいないと疑っていたのである。

しかし、さらにおどろくべきことに、4月4日の偵察攻撃ではもっと具体的な作戦命令書を携えたフランス軍下士官が捕らえられた。彼が所持していた文書によって、フランス軍のエーヌ川北方部隊の戦闘序列と各軍団の構成、その攻撃目標とが判明。こうしてフランス軍の春季攻勢の全貌がみごとに暴露されたのである。このようにフランス軍のすべての戦略がドイツ軍にすっかり漏れていたことを、不幸にしてニヴェルはまったく気がついていなかった。

28 暗雲漂う1917年の春季消耗戦

イギリス軍の誇るリーベンス投射器での攻撃

ドイツ軍の予測していたとおりに、イギリス軍がまず4月になって動き出してきた。このアラス方面の攻撃にイギリス軍は、カナダ軍の歩兵部隊による攻撃に先立ち、ウィリアム・ハワード・リーベンス大尉［図1］によって開発された投射器で先制攻撃をすることが決定されていた。

1916年の冬、砲身数千門と必要な数の砲弾がイギリス国内で製造されていた。このリーベンス投射器［図2］による攻撃は、すでにソンムの戦いに登場しており、今回はア

図1　投射器を開発したウィリアム・ハワード・リーベンス大尉

ラス戦線でもこれが採用されたのである。一般に投射攻撃ではできるかぎり多くの投射器をそろえ、電気点火によっていっせいに投射弾を発射するのが特徴である。イギリス軍が最終的に採用した投射弾は、内径20・3センチ、長さは82・5センチもしくは122センチであり、塩素とホスゲンを充填していた。イギリス軍の化学戦の責任者であるフォークスは、この攻撃によって敵を完全に奇襲し、わずか数秒間で敵の塹壕内に毒ガスを充満させるだけでなく、どんなにすぐれたガスマスクをつけていようともまったく役に立たないだろうと自慢していた。

攻撃場所は、ソンム戦線の最北端クロワシーユと、カナダ軍が攻撃に出る予定のヴィミー丘陵のあいだに決められた。イギリス軍のガス攻撃部隊は、3月31日にそれぞれの投射器の砲身をひそかに用心深く埋設する作業を開始。ドイツ軍に見つからないよう、投射器と砲弾の運搬には地下通路を使い、廃屋の避難所に移したのち、見とおしのきく窪地の死角に砲身を据えつけた。その際、先端が地面から少し頭を出す程度に埋め、そ

図2　イギリス軍の誇るリーベンス投射器

の後土嚢や布きれなどで偽装していた。投射器の最大射程は1600メートルで、イギリス軍は夜に投射攻撃をおこなうのが常であったため、ドイツ軍の観測兵は最前線にいても投射器を目視確認できず、何が進められているかつかめなかった。したがってドイツ軍砲兵隊には、狙うべき目標がわからなかったのである。

4月4日午前6時15分に、2300発の投射弾がいっせいに投射された。その攻撃には、塩素とホスゲンの混合物32トンが投射されたようである。風は秒速約4メートルで南西から吹き、毒ガスの雲のかたまりがそれに乗ってドイツ軍の塹壕、砲座、指令所を襲い、北はヴィミー、東はオピーへと広がった。弾頭の落下地点のドイツ軍は壊滅状態となった。騒音と毒ガス濃度はドイツ軍がこれまで経験したことがないものであり、このときはバイエルン第14師団に攻撃の焦点があてられていたが、捕虜からの報告によるとその損害は約450人におよんでいたという。

フォークスは、この投射器攻撃がドイツ軍の防衛線を混乱におとしいれ、4月9日に攻撃を予定していたカナダ軍が比較的に楽に前進できるようになると予告していた。その予告は正しかったことがのちに証明される。ドイツ軍は、投射器が配置されていた方向は探知できたが、どこに設置されているかわからず、最終的には砲撃によってこれをつぶすことができなかったのである。

しかし、すでに述べたようにドイツ軍は6か月後にはイタリア戦線のカポレットで、自国製のガス投射器でもってイタリア軍に報復している。

カナダ軍、ついにヴィミー稜線を占領

シャンパーニュではじまるニヴェル攻勢を支援するため、アラスの戦いがはじまる。イギリス軍はまず、4月9日からアラス付近において攻勢に出ることを決定していた。これは、ニヴェル攻勢の前座ともいえるもので、攻撃の目的はドイツ軍の重要な拠点となっているフランス北部の小高い丘陵、ヴィミー稜線を占領することであった。この作戦では、イギリス軍にとってははじめてであるが、植民地軍のうち「カナダ軍」を前面に押し出し、攻撃時期や手段などを彼らにすべて任せることにしていた。もちろん、ゴフのイギリス第5軍も攻勢の南側を助攻する。カナダ軍4個師団の中にイギリス軍1個師団が組み込まれ、総勢17万人の編成であった。このなかにはイギリス系とともにフランス系の兵士が混ざっていたが、彼らは協力し、一体となって奮闘した。

このカナダ軍の総司令官にはイギリス軍のジュリアン・ビング中将、副官にはカナダ軍のアーサー・カリー少将が就任した。そしてカリーはこの作戦で「移動弾幕射撃」を取り

入れることにする。これは攻撃に出る歩兵部隊の前方に向かって砲撃し、弾幕を張りながら少しずつ前進してゆく戦法で、友軍を砲撃しないよう歩兵部隊は3分ごとに正確に90メートル進み、砲兵隊はその90メートル先を砲撃するというものであった。カナダ軍は従来の中隊による突撃をやめて、数十人の小隊に分けて攻撃に出ることとし、何度も予行演習を繰り返していた。

1917年4月4日、イギリス軍はリーベンス投射器で2300発の塩素とホスゲンの混合物を投射した。当時、南南西の風が吹いており、ドイツ軍の塹壕や司令部が壊滅状態となる。

4月9日の朝、カナダ軍部隊は突撃を開始する。カナダ軍兵士は死にもの狂いで勇敢に戦った。そして開戦後わずか2時間で、ヴィミー稜線の大部分はカナダ軍の手に落ち、4月12日にはついに制圧に成功する［図3］。この戦いで、ドイツ防衛線は正面18キロメートル、深さ6キロメートルにわたって突破された。カナダ軍は死者3500人、負傷者7000人と大きな犠牲を払った一

図3　ヴィミー稜線に取りついたカナダ軍観測兵

方で、ドイツ軍兵士4000人を捕虜にした。ドイツ軍の死傷者は2万人であった。カナダ軍はこのあともヴィミー稜線にしがみつき、ずっと死守し続けた。ルーデンドルフはのちにこう述べている。「もし敵がもっと前進していたら、重大な結果となるかもしれなかった」と。

このカナダ軍の勇敢な戦いぶりは、イギリス政府からも非常に高く評価され、カナダの建国に大いに貢献したとされている。フランス政府ももちろん激賞し、ヴィミー稜線を戦後独立したカナダに贈呈した。

この戦いでは、リーベンスによるガス投射器の有用性があきらかになった。毒ガス戦がこの戦いに有用であったことがあらためて証明されたのである。

5日間で壊滅状態におちいったフランス軍

フランス軍が選んだ攻撃正面は、エーヌ河畔のランス—ソワッソン間約45キロメートルの地域である。フランス軍はニヴェルの直接指揮のもとに、4月16日から「ニヴェル攻勢」と呼ばれる大攻勢を開始した。この戦いでフランス軍は、約35師団を第一線として、約14師団を第二線の予備軍として総勢4個軍、兵士120万人、砲7000門という大兵力を投入した。

ニヴェルはこの戦いで、ドイツ軍の戦線を突破して一挙に国境付近まで進出しようとし、そのように公言した。

ところが、フランス軍による攻撃が開始されたときには、ドイツ軍はすでに完全に応戦態勢ができていた。フランス軍部隊は雪の降りしきるなか、悪天候をものともせず攻撃に出た。彼らは勇敢に戦った。フランスの誇る国産のルノー戦車もはじめて投入された。しかし、霧やぬかるみの中で戦車は身動きできず、歩兵の前進もままならず、ドイツ軍の一斉射撃に狙い撃ちにされた。フランス軍による移動弾幕射撃は歩兵部隊のはるか前方でおこなわれたため、歩兵部隊はドイツ軍の機関銃と砲弾によってなぎ倒されるはめになった。攻撃は初日からつまずいた。6マイル（約9・6キロメートル）前進の予定がわずか600ヤード（約550メートル）しか出ることができず、無人地帯を突破できなかった。それでも1万人の捕虜を得たが、フランス軍の損害は5万人を超えた。翌日からは泥沼の中の戦いとなった。その後もフランス軍は突撃を繰り返したが、見るべき戦果は得られなかった。

ドイツ軍はニヴェルのすべての戦略を事前に入手しており、それにしたがって防戦に努めた。フランス軍の攻撃はたちまち頓挫して、エーヌ川右岸高地の一部を占領するにとどまった。この戦闘において予想外に膨大な死傷者が出たために、勝利を確約したニヴェルに対する不信感が次第に高まり、フランス軍部隊内で軍規違反の不祥事が頻発するようになる。結局5日間の戦闘で、フランス軍はドイツ軍の第一陣地を奪ったものの、シュマン・デ・ダーム高地の戦闘で膨大な死傷者を出し、壊滅状態となった。

4月21日、ニヴェルは予備軍のすべてを投入しようとしたが、予備軍司令官がそれを止めに入った。4月23日、レイモン・ポアンカレ大統領自らがニヴェルに教書を送り、これ以上の攻撃はフランス軍の崩壊をもたらすと警告。この日までに3万人以上の戦死者、10万人の戦傷者、4000人の捕虜を出したにもかかわらず、ニヴェルはあきらめずに新攻撃を別の地点からおこなうことを提案したが、部下の軍司令官たちは誰もが新たな攻勢の中止または延期を主張した。

5月9日まで続いたニヴェル攻勢では、フランス軍は兵力120万人中、死傷者18万7000人、ドイツ軍は49万人中、死傷者は16万3000人出ている。

ニヴェル攻勢の失敗

ヴェルダン攻防戦でのフランス軍の損害38万人、ソンムの戦いでのイギリス・フランス軍の損害61万人と比べれば、この攻勢の損害19万人は少ないともいえる。とはいえ、さすがの勇猛果敢なフランス兵のあいだにも、これ以上効果のとぼしい攻撃を続けて、それで死ぬのは耐えられない、という厭戦気分が広まっていた。

「これが最後の戦闘、これで絶対に勝てる」とニヴェルが何度も断言していたし、彼はフランス軍の期待の星と評せられていただけに、予想外の大損害が出たとき、フランス国民の落胆はいっそう大きなものとなった。この大攻勢は、失敗した軍司令官の名をとって「ニヴェル攻勢」とも皮肉られた。相次ぐ戦闘にすっかり疲れ、おびえきっていたフランス兵にとって、この攻勢は無駄な虐殺そのものと思う者が増えてきた。彼らは自軍の死傷者数をわざと過大に報告し、それを聞いて軍隊内では動揺がまたたく間に広がった。

当然ながらフランス軍兵士たちのあいだで、ニヴェルをはじめとする軍指揮官に対する不満がつのり、不服従の動きが出てきた。これがはじまったのが4月19日である。そうして4月29日から5月28日にかけ、フランス陸軍で大反乱が起こった。

この日、ソワッソンからランスのあいだに展開していたフランス第5師団が、シュマン・デ・ダーム高地への出撃を拒否したり、前線にとどまることを拒否したりする事件が起きた。幸いにして将校たちの説得により、兵士たちは再び任務に服したが、その後、フランス軍の風紀退廃は急速に進展していった。無能で傲慢な指揮官、絶え間ない砲撃、次々に戦死してゆく戦友、予想外に多く出た損害、悲惨な塹壕生活、それに加えて敗戦主義の広まりによって、非常に危険な性質の謀反が起きようとしていた。集団での任務放棄が全戦線に広がり、西部戦線にいたフランス軍のほぼ全部が戦闘不能となった。各師団ごとに会議を開き、政府に向かって講和談判の提議と帰休を要求。これには、ロシア革命の影響が少なからず関与していたように思われる。

ペタンの手腕と堅実性で信頼回復へ

ケレンスキーを首相とするロシア臨時政府は、連合国のロシアへの兵器贈与の見返りとして、西部戦線にロシア軍の歩兵1個旅団、1万5000人をすでに送り込んでいた。彼らはフランス第5軍に配属され、エーヌ戦線の右翼に布陣していたが、過酷な戦闘を強いられ、6000人近い死傷者を出していた。2月革命以降、彼らは母国の政治情勢の変化に非常に敏感となっており、春季攻勢での敗北があきらかになると、ニヴェルに対してこぞとばかり公然と反旗を翻した。彼らのなかには臨時政府を支持し、戦闘続行を主張する者もいたし、それに対抗して赤旗をふり、ボリシェヴィキについた者もいたが、いずれもペタンによって解散され後方に送られた。

ニヴェルにとって不運であったことは、天候にも恵まれなかったが、フランス軍の攻撃戦略のすべてがドイツ軍にもれていたことと、東部戦線から休養を十分にとったドイツ軍の最精鋭部隊が送り込まれていたことである。これらはニヴェルにはまったく予想できなかったことであった。

勝利を確約したニヴェルは引責辞任し、北アフリカ戦線に飛ばされた。そして5月15日、ヴェルダン戦の英雄アンリ・フィリップ・ペタン将軍が総司令官となった。反乱を起こした兵士たちも、フランスの敗北を望んでいたわけではなかった。あまりにも非合理、無謀な作戦での死傷者の続出や、劣悪な環境に怒りが爆発したのである。

ペタンは前線に配置されている各師団を車で訪問してまわり、苦情を聞き届け、食事の改善や休暇を延長するなど兵士たちの待遇改善に努めた。その結果、ほとんどの兵士が塹壕に戻る気になったものの、「首謀者」には厳罰を処す方針が表明される。不服従行為に関与した兵士の数は、公式には4万と見積もられていたが、ソワッソンの軍法会議で実際に裁判にかけられた兵士は3427人。そのうち554人に死刑が宣告され、49人に刑が執行された。5年以上の刑に処せられた兵士は約1400人いた。ペタンはこの反乱鎮圧にあたって、慎重さと融通性と果敢さを巧みに使い分けて対処し、その手腕と堅実性でフランス軍内に再び信頼を確立する。とはいっても、これらの軍隊を少なくともまる一年間は、いかなる状況においても有力な戦闘部隊として攻撃に出すことを躊躇せざるをえなかった。

フランス軍と政府は徹底した郵便検閲でもって、この大事件が国外にもれるのを防いだ。ドイツ軍が、このフランス軍の混乱に早くから気がつかなかったのは、フランスにとって唯一不幸中の幸いであったといえる。ドイツ軍がこの情報を知ったときには時すでにおそく、反乱が静まったあとであった。

イギリス戦時内閣は、大反乱の後遺症が残るフランス軍とはちがい、ドイツ軍が必ずや攻撃をしかけてくるとの確信のもとに、早くも6月からベルギーのイープル正面で、今度はイギリス軍を主体とした「第三次イープル会戦」と呼ばれる攻勢に出ることにした。このころには、西部戦線にいるイギリス軍はかつてないほど強化されており、十分な火砲と弾薬を補給された64個師団が出番を待っていた。

29
ドイツの無制限潜水艦戦とイギリス軍の新たな戦略

無制限潜水艦戦への道

１９１４年の開戦時には若干の混乱があったものの、アメリカの金融業界、農牧畜業界、工業界とりわけ軍需産業界は、イギリスの大西洋における制海権と連合国の金融力を利用して、この戦争をアメリカ史上かつてない最大の利益を生み出すのに絶好の機会であると判断した。アメリカの貿易黒字は、開戦から参戦までの3年間に5倍に跳ね上がっていた。ただ一つ問題なのは、連合国とドイツの双方が海上封鎖を宣言していたが、ドイツ潜水艦による無警告の魚雷攻撃で、アメリカの船舶が大きな損害を受けていたことである。

ドイツ政府が、大規模な潜水艦作戦に訴えることで、イギリスの工業力の根源そのものをたたくという重大な決断をしたのには、すでに述べてきたようにドイツ国内の緊迫した食料不足が背景にあった。国民はずっと耐え忍んでいたのである。彼らは、自分たちが実行しようとしていることにともなうリスク、つまり、この作戦によっておそらくアメリカが参戦するだろうという結果を認識していた。しかし同時に彼らは、アメリカの参戦が功を奏するようになるころには、戦争が自分たちの勝利で終わっているであろうと判断していた。あるドイツの政治家が述べたように、無制限潜水艦作戦はドイツの切り札であった。「そして、もしそれが切り札でなければ、われわれは何世紀にもわたって負け続けるのである」。彼はそれほどまちがってはいなかった。

ドイツ海軍が、無制限潜水艦戦による事実上のイギリスの海上封鎖を最初に実施したのは、1915年2月のことである。イギリス海軍による北海の機雷封鎖によって、無制限攻撃にはおのずから限界があるなど、その当時のドイツの潜水艦にはまだ機能的にいろいろと問題があった。また遠距離運航も困難であったことから、イギリスの海上封鎖とその周辺海域に限っての無警告攻撃を宣言した。

無制限潜水艦戦へ突入

1915年5月7日、アイルランド沖を航行していたイギリスの定期客船ルシタニア号を、ドイツの潜水艦が撃沈した［図1］。この客船には128人のアメリカ市民が乗船し、

図1 ドイツ軍潜水艦によって撃沈された
イギリスの定期客船ルシタニア号

その大半が1000人を超す同乗者とともに溺死した。世界に与えた衝撃は、3年前のタイタニック号の沈没に匹敵するものであり、この悲惨な事件はドイツの残虐行為のこれまでの例のように、イギリスの大々的な宣伝によって徹底的に利用された。アメリカのウッドロー・ウィルソン大統領は、ドイツ政府に対して厳重に抗議。この事件によって、ドイツとアメリカとの関係は一挙に悪化した。

同年8月19日には、客船アラビック号が撃沈された。これを契機にアメリカ国内で急激に反ドイツ感情が吹き出す。ドイツの無制限潜水艦戦は、アメリカの貿易を大して妨害することができないばかりか、アメリカにおける反ドイツ感情に火をつけたかたちとなった。アメリカ人犠牲者はわずか2人であったにもかかわらず、のちにアメリカでの抗議が非常に激しくなったために、ドイツ海軍司令部は潜水艦長たちにいったん即時撃沈を禁じ、潜水艦を大西洋と英仏海峡から引きあげさせた。

1917年2月1日、ドイツ軍統帥部は、アメリカからの警告を無視して再度、中立国の商船を含むすべての艦船の撃沈をめざす大規模な無制限潜水艦作戦を打ち出す。このころには潜水艦の機能も大いに改善され、遠距離航行も可能となっていた。ドイツはもちろん、アメリカと交戦状態に入る危険性は承知のうえであった。アメリカが連合国に対して最大の規模の軍事援助をしており、連合国軍の装備が格段に改良されていたため、西部戦線でドイツ軍は苦戦を強いられ、悲惨な状況に追い込まれていたのである。ドイツ軍統帥部は無制限潜水艦戦をさらに強力なものとし、できるだけ早いうちにイギリス軍やフランス軍を打ち負かしておきたいと考えていた。3月にはアメリカの商船が相次いでドイツ潜水艦によって撃沈され、１９１７年だけでもイギリスの商船の30％にあたる６００万トンを超える船舶が海の藻屑と消えた。

ツインメルマン電報

また2月24日、ウィリアム・R・ホール海将の指揮するイギリス海軍情報部は、ドイツ外相アルトゥール・ツインメルマンが、1月16日にメキシコ駐在大使にあてた極秘電報を傍受して、暗号を解読した。ただ、最初のうち、ドイツ軍の暗号を解読していることがあきらかになると今後の作戦に大いに支障をきたすので、公開することを躊躇していた。しかしこの電報の内容があまりにも重要と判断されたので、ホールによって外相アーサー・ジェームズ・バルフォアに配達された。彼は、駐英米国大使ウォルター・ペイジにその写しを手渡した。大使はこの「ツインメルマン電報」をただちにアメリカ国務省に報告する。

電報の内容は、「もしアメリカが参戦したら、メキシコも対米開戦するようドイツとメキシコの軍事同盟を工作することを指示する。さらにそれには、70年前にメキシコがアメリカとの戦争に敗れて割譲させられた地域、アリゾナ、ニュー・メキシコ、テキサスなどを奪還することを提案する。この作戦をドイツは大いに支援する」というものであった。

当時のアメリカの国民感情は、反ドイツと同じくらい反メキシコであった。メキシコの革命家パンチョ・ビリヤは国境を越えて何度もアメリカに侵入し、ありとあらゆる残虐行為を重ねていたからである。この侵入を防ぐため、アメリカ政府は多額の出費を迫られていた。これにメキシコ政府軍が加わるとなると、アメリカ南部諸州はきわめて危険な状況におちいることになる。

電報を手にしたメキシコ大統領ベスティアーノ・カランザは、さっそく軍事委員会を設立し、アメリカ南部の旧メキシコ領の奪回を検討した。しかし、将来アメリカとの大規模な戦争におちいることになると判断し、慎重な態度をとり続ける。

3月1日、アメリカ政府はこの「ツインメルマン電報」を新聞にわざと大々的に公表。

これを見てアメリカの世論は激昂し、アメリカ国民は怒り狂った。

3月13日、ウッドロー・ウィルソン大統領［図2］は第2期就任演説において、戦域を航行するすべてのアメリカ商船を武装化するとの声明を出す。

4月2日、多くの米国商船が武装したとはいえ、潜水艦攻撃には十分対応できず5隻が撃沈された。そこでウィルソンは議会に対して戦争決意書を提示。この日の議会で宣戦教書を読み上げ、議会での承認を受けた。

4月6日、アメリカ政府はイギリスやフランスの外交・軍事使節団にせかされ、また世論に押し切られてついに参戦に踏み切り、ドイツに宣戦布告した。こうしてアメリカ陸軍は、4月から6月の3か月間で急遽大勢の兵士を動員しなければならなくなる。そしてジョーン・J・パーシング少将がアメリカ遠征軍の指揮官に任命された。

4月14日、メキシコのカランザ大統領は、ツインメルマンの提案を正式に断った。

ツインメルマン電報は、アメリカ参戦の唯一の原因ではなかったが、アメリカの世論を

図2　中立政策を掲げて再選された
ウッドロー・ウィルソン大統領

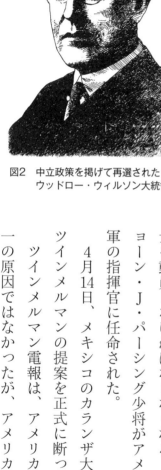

動かす重大な役割を果たしたことは言うまでもない。

アメリカ参戦の背景とは

第一次世界大戦におけるアメリカの参戦は、なんらかの戦略的価値を得るためのものではなく、むしろ自国の将来のためにヨーロッパ、とりわけイギリスやフランスなどの連合国と連携を深めておくことが有利であるという判断のもとになされたものである。参戦の背景には、軍部独裁をとり続けているドイツに対して、民主主義をつらぬいているイギリスやフランスを支援するという感情的な側面はもちろんであるが、なによりも経済的な利益の優先度を高めるといった実利的な側面が大きかった。こうしてアメリカの参戦により、「ヨーロッパの局地戦」から事実上公式に「世界戦争」へと拡大していったのである。

しかし、当時のアメリカには、陸軍の正規軍はわずか約13万を数えるほどしかいなかった。ウィルソン大統領とベーカー陸軍長官は、5月18日に「選抜兵役法」を起草し、大がかりな徴兵をおこなうべく動員を開始した。

ドイツ軍統帥部は、アメリカの軍事的脅威の可能性を綿密に分析した結果、少なくとも向こう2年間は、ヨーロッパにおける陸上戦闘に影響をおよぼす可能性はないであろうという結論に達していた。かりに100万のアメリカ兵を集めるとしてもかなり時間がかかり、それをヨーロッパに送り込むには少なくとも500万トン以上の船舶を必要とし、軍事物資などの輸送に大きな支障が出てくるものと考えていた。

連合国軍側もドイツ軍側もすっかり疲弊し、泥沼化していた西部戦線は、双方の政治・軍事的な意思と能力をためす究極の戦場となっていた。フランス軍には大反乱が起きており、兵士たちはこれ以降の総攻撃に出るのをいっさい拒否するという事態が生じていた。ペタンがいくらすぐれた指揮官であろうと、フランス軍兵士たちの戦意は回復できず、しばらくは塹壕にこもって戦況の好転を待たざるをえないといった状況にあった。ロシア軍は革命が相次いで起き、戦力をすっかり喪失してしまっていた。イギリス遠征軍はといえば、戦時内閣と軍首脳部との信頼関係は薄れてしまって、ロイド・ジョージ首相から新たな援軍の派遣を拒否された結果、しぶしぶながら防戦態勢をとらざるをえなくなっていた。疲弊していたイギリス・フランス両国は、アメリカ軍兵士の到着を心待ちにしていた。

30 第三次イープル会戦での明暗

メッシーヌ稜線を確保せよ

ペタンがフランス陸軍を再編成して活気を注入しようと努めているあいだに、イギリス軍総司令官ヘイグは、攻撃の重点をフランドル戦区へ移すことを決めていた。こうして「第三次イープル会戦」がはじまることとなる。この戦略の目的は、連合国軍側が確実に最後の勝利を得るために、フランドルの沿岸にあるドイツ軍の潜水艦基地を一掃し、アメリカ軍が直接援軍を送り込むのに絶好の輸送基地をどうしても確保しておくことがねらいであった。

そこでイギリス軍は、イープルから攻撃に出るための予備的措置として、ウィッチーテ村からメッシーヌ村にいたるメッシーヌ稜線を、側面の拠点としてまず確保しておこうとした。

ここではおおよそ60メートルの高さの尾根が、イープルの突出部の南に連なっていた。その高地はドイツ軍の占領下にあり、イギリス軍の塹壕と前哨砲兵陣地が手にとるように見えたうえ、イープル突出部への交通路線を隅々まで見渡せた。また突出部内の塹壕に縦射をかけることも可能であり、それを背面攻撃することもできる戦略的にきわめて重要な軍事拠点であった。

メッシーヌ稜線への攻撃はすべてハーバート・プルーマーに委ねられた。指揮を任されたプルーマーは、そのおどけた軍人的風采にもかかわらず、数少ない賢明なイギリス軍司令官の一人であった。彼は2年ものあいだずっと、ドイツ軍を尾根から吹き飛ばす計画を練っていた。実際の準備は約1年前からはじめられていたのだが、本格的に進展をみたのは冬になってからだった。

プルーマーの戦略

プルーマーは、攻撃開始にあたってじつに詳細かつ綿密な軍事情報を集めることにした。この戦闘のためにわざわざ特別な情報組織を編成し、地上と空中からの観察や偵察、捕虜の確保と尋問、無線傍受、音源探知法を取り入れ、周到な攻撃計画をたてた。ドイツ軍陣地を正確に把握し、そこを徹底的に破壊してしまいたかった。彼の計画では、メッシーヌ山稜を確保したのち、新たな部隊をつぎ込み、突出部の基部を横切って、最後にオーストタヴェルンのドイツ軍陣地をなんとかして確保することにしていた。

5月7日、ヘイグは正確に情報を知っておきたかったため、プルーマーにメッシーヌ攻撃ができるのはいつごろになるのかと問い合わせた。プルーマーは「きょうから1か月後に」と自信をもって答え、また正確にその約束を守ったのである。

準備砲撃と鉄条網切断は5月21日に開始され、28日にはこれが大規模におこなわれた。7日間にわたる集中砲撃は、あくまでも砲撃目標を明確にするための準備段階にすぎなかった。

メッシーヌ攻撃の最大の特徴の一つは、ドイツ軍前進陣地の真下に向かって用意周到に坑道を掘り進め、地雷を爆破する坑道戦術であった。こうして掘られた坑道には、じつに600トンの火薬からなる19個の大型地雷が運び込まれた。地表にいくぶん近いところを掘っていたドイツ兵は、イギリスの地雷工兵が間近に接近したので、彼らの会話が聴音機なしでも聞こえるほどであったという。ドイツ軍が突然坑道に押し入ってくる可能性があるので、早いうちに地雷を爆破させるべきであるという警報が出されたこともしばしばであった。

みごとな包囲作戦で粉砕

攻撃の2〜3か月前にはプルーマーに報告が届き、60高地（メッシーヌ高地）ではドイツ軍が地雷からほんの45センチメートルに迫ったことから、ここを爆破しておく以外に方法がないことが伝えられた。しかし、プルーマーはこれを断固拒否する。また彼はそれからの数週間、不吉な流言や報告が重々しくのしかかってくるなかで、決して平静を失わなかった。約7キロメートルの坑道をドイツ軍に発見されないように用心しながら少しずつ掘り進み、なんとかして準備された地雷すべてを爆破させようとしていたのである。20個の地雷のうち、ドイツ軍によって実際に爆破されたのはわずか1個だけであった。

1917年6月6日までに、19の深い坑道がドイツ軍砲兵陣地の真下まで造られた［図1］。そして6月7日午前3時10分、すべての地雷がドイツ軍陣地の真下でいっせいに爆破され、これに呼応してイギリス軍により大量の砲弾が空から降り注いだ。

ロイド・ジョージは、ダウニング街10番地の自室で、メッシーヌ稜線の爆破の知らせを聞いた。地雷の衝撃と爆弾の破片の飛散がおさまったとき、歩兵部隊は前進をはじめ、わずか数分間でドイツ軍の最前線をほとんど抵抗なしに蹂躙した。さらに奥に進むにつれて抵抗は強まったが、歩兵部隊は北西、西方、南西の3方向から前進し続け、3時間足らずで山陵全体が確保された。歩兵部隊に連携して戦車も進撃し、1時間以内に最終目標のすべてを手中にすることができたのである。

この結果、およそ1万人のドイツ兵が死亡するか生き埋めとなり、約7500人が投降してきた。イギリス軍の被害も決して少なかったわけではなく、死傷者は1万6000人も出ていた。

翌日、ドイツ軍は全戦で総攻撃に出てきたが、イギリス軍によってあっけなく粉砕されている。

メッシーヌ稜線の坑道戦は、注目すべき成功であり、包囲戦におけるみごとな勝利であった。人員の損失を最小限に抑え、要塞化された突出部を占領するために、大量の爆薬と圧倒的な砲撃に加えて戦車や毒ガスまでが投入され、それぞれが役

図1　メッシーヌ稜線の静寂なドイツ軍砲兵陣地

割を果たした。間口14キロメートル強の戦線に、2338門のうち828門の重砲を投入。これには大型塹壕用臼砲が304門含まれていたが、毒ガス放射攻撃にはばまれ、攻撃計画はほとんど実行できなかった。

またこの戦いには、新しく開発されたマークⅣ型を含むイギリス軍戦車72両も投入（このうち12両は補給用に使用）されたが、地雷と砲兵隊の効果が圧倒的であったため、戦車の出番はなかった。攻撃目標を突出部だけにしぼればよかったことから、成算は大であった。

「めざましい勝利」と称賛

ヘイグは、この戦いによって、イギリス軍はまだくたびれておらず、十分に戦える余力があるのだとロイド・ジョージにアピールしたかった。この戦闘の勝利をもっとも喜んだのはヘイグ自身なのである。もちろん現地のイギリス軍将兵たちも、大いに勇気づけられたことは言うまでもない。

ロイド・ジョージは、「メッシーヌ攻撃は、なんらの条件や保留も付せられなかったという意味でめざましい勝利であった。この戦いでこうむったイギリス軍の死傷者数は比較的軽微であった。作戦はきわめて正確に遂行されて、その攻撃が計画され、実行された。

方針はプルーマーとその幕僚の功に帰すべきものが多大であった」と回顧録でわざわざ称賛している。

またチャーチルも、「久しいあいだ準備していたメッシーヌ稜線の攻撃は、6月7日、かねての手はずどおりおこなわれて成功をおさめた」と短く書いている。

さらに、イギリスの戦史家リデル・ハートは、次のように非常に高く評価している。「1917年6月7日におこなわれた戦闘は、その翌日にはすばらしい軍事的業績としてはやしたてられ、さらに今日では、1914年から18年の〝傑作〟の多くが歴史的に色あせてしまったなかで、なおいっそう成果を高めている」と。

いずれにせよプルーマーは、この戦闘においてヘイグからもロイド・ジョージからも高く評価されて元帥に除せられた。第一次世界大戦において、イギリスの一軍司令官がたった1回の戦闘だけでこのような殊勲をたて、高い評価を受けた例はほかにはない。

これに対してルーデンドルフは、「このメッシーヌの戦いについて、もともとこの地区は前年にさかんに坑道戦がおこなわれていたが、あまり戦果がなかったので、両軍とも爆破行動は休止していた。戦況は静穏であったことから、敵の作業をあまり気にしていなかったのだが、思いがけずイギリス軍から桁《けた》はずれの大規模な坑道爆破、猛烈な集中砲撃、濃密な歩兵集団の攻撃にあい、ドイツ軍は大いに苦戦を強いられた」としており、このメッシーヌ稜線の戦いでのドイツ軍の損害は、じつに甚大であったと書き残している。

ヴィミー丘陵に次いでメッシーヌ稜線という要衝を確保したイギリス軍は、ここぞとばかり西部戦線北部において反撃に出ることとなった。6月30日からは、あくまでもイギリス第5軍が主力となり、フランス第1軍とともに正面のドイツ第4軍の陣地に総攻撃をかけた。

パッシェンデールへの遠すぎた道

1917年7月になると、イギリス軍とフランス軍はいつものように準備には万端を期し、周到な準備を重ねて攻撃を開始しようとしていた。ドイツ軍もこの情報をつかんでおり、十分に警戒し、準備していた。彼らはほとんどイギリスと匹敵するほど強くなっていた。両陣営とも、イープル突出部だけでもほぼ100万の兵を投入した。イギリス軍の戦線の背後では、騎兵の数個師団が敵陣突破を今か今かと待ちかまえている。パッシェンデールの戦いとして広く知られている第三次イープル会戦は、ダグラス・ヘイグ将軍自らが立案したイギリス軍主導による連合国軍の総攻撃である。ヘイグは、西部戦線において決定的な突破口を開くことが可能であるのはフランドルしかないと信じるようになっていた。とはいえ、ヘイグがこの作戦案を最初にロイド・ジョージ首相に具申したときには、快諾を得られなかった。

しかしヘイグは、パッシェンデールを攻略し、北進すれば、フランドル沿岸部のフランケンベルグとオーステンデにあるドイツ軍の重要な潜水艦基地を占拠してしまえると主張した。これで海軍からはじめて賛意が得られ、ロイド・ジョージはしぶしぶながらヘイグの総攻撃を許可する。メッシーヌ稜線攻略が思いがけずうまくいったこともあって、ヘイグはドイツ軍がもう崩壊間近であるという自分の考えが立証されたものと考えた。

そして7月15日から2週間にわたって、430万発というイギリス軍史上最大の砲撃をもって準備射撃をおこなった。これによって敵陣の鉄条網は徹底的に破壊されたはずであり、ドイツ軍や兵士にも相当の被害が出ていたものと考えていた。だが、この攻撃の時点で情勢は根本的に変わってしまっていた。イギリス軍は、後述のように自ら墓穴を掘っていたのである。

泥まみれの戦闘

こうして予定どおり7月31日早朝に、18キロメートルにわたる前線に沿って歩兵と戦車による総攻撃を開始した。ヒューバート・ゴフが率いるイギリス第5軍は、フォン・アルミン将軍のドイツ第4軍陣地地帯に面して、イープルから北東に向かって進撃を開始。その左翼ではフランソワ・アントワーヌ将軍のフランス第1軍が、右翼ではプルーマーの率いるイギリス第2軍が援護した。

この地区はもともと、沼地を何世紀にもわたって労力をかけて埋め立ててきた場所であり、この地の住民は堤防を損傷すると罰せられるほどの土地柄であった。ここではしばしば水害が起きており、水が多すぎて耕作にも適していなかった。そうした理由からドイツ軍は塹壕をいっさい掘ることができず、わずかな高みを利用してピルボックスと呼ばれるコンクリート製のトーチカ陣地を多数設置していたのだが、そこに兵員よりも可能なかぎり多くの機関銃を配して、縦深い防御陣地をかまえていた。前哨陣地は簡単に占領されても、後方には強力な反撃用の予備軍がしっかりと控えており、さらにはマスタードガス弾を導入し、それでもってイギリス軍の虚をつき、たたきつぶそうとしていた。

7月31日にはじまったイギリス軍主体の攻撃は、ロイド・ジョージがいみじくも名づけた、"泥まみれの戦闘"であった。失敗は、ヘイグとその取り巻き連中をのぞけば、第1日の終わりまでに誰の目にもあきらかであった。最大の進撃ができた時点でも、わずか1キロメートル足らずにすぎなかったのである。もちろんドイツ軍の主要陣地に取りついたところは一つもなかった。その日はずっと土砂降りで、猛烈な準備砲火によって排水溝はすっかり壊されてしまい、すでに予想以上の降雨によって水びたしとなっていた戦場は、さらに大いにかきまわされ、文字どおり泥沼と化していた。兵士たちは進撃しようともがき、腰まで沈んだ。安全と思って砲弾口に飛び込んだ兵士たちは、そのまま銃とともに泥にからだを飲み込まれた。ヘイグは210両の戦車を送り込んだが、戦車もぬかるみの地獄にはまり込み、満足に動けないまま次々とつぶされていった。奇襲攻撃どころではなかった。

ドイツ空軍は、そのころになるとだんぜん優位を確立していて、晴れた日にはわずかに残されていたイギリス軍の前線につながる通路を、低空飛行で連日のように機銃掃射していた。イギリス軍は進むことも引くこともできず、どうしようもないところまで追い込まれ、さすがのヘイグも戦略を修正せざるをえなくなる。目的地であったオーステンデとゼーブルゲははるか遠くになり、忘れられようとしていた。ヘイグの戦闘の唯一の目的は、今ではドイツ兵を少しでも多く抹殺しておき、その士気をくじくことになった。

8月8日にも14日にも、この戦闘地域に大雨が降った。8月半ばにはイギリス軍の攻勢はいったん弱まり、ロイド・ジョージはこのとき思いきってフランドルでの攻撃をやめようと試みる。彼はフランスに渡り、自分自身でドイツ軍の実情を把握するため前線まで視察に行くと言い張って出かけた。ヘイグはロイド・ジョージが来る前に、前もって捕虜収容所に捕らえていた元気そうなドイツ兵を大急ぎで見えないところに移送した。その理由は、ドイツ軍がひ弱な兵士や肢体不自由者まで予備軍に編入せざるをえなくなっていると、ロイド・ジョージに思い込ませるためであった。またもやロイド・ジョージはヘイグの策略に引っかかった。

9月になって、イギリス軍の攻勢が再開された。ヘイグ自身はドイツ軍の崩壊がもう間近にあるとまだ信じきっており、ロイド・ジョージにもそのように報告されていた。ロイド・ジョージは「負け馬に賭けた」と思った。彼は退役将軍フレンチとヘンリー・ウィルソンの2人に、今後どうすべきか意見を求めた。2人とも一致してこの攻勢を終わらせることを勧告したが、ヘイグは聞き入れなかった。戦いはまだ続いた。

激情の谷に吸い込まれた兵士たち

連合国軍は、この会戦の冒頭にわずかに進撃したが、その後はドイツ軍の猛砲撃と豪雨のため、実質的には通行が不可能となり泥海となっていた低地の中で、まったく身動きができなくなっていた［図2］。ヘイグは10月初旬、新たにプルーマーにイギリス軍の指揮すべてを任せた。彼は歩兵部隊が小規模な前進をおこない、砲撃で援護されている範囲を決して越えないという作戦で、限定的とはいえ現実的な成功を続けておさめる。10月4日までに、イープル東部のポリゴンの森とブロードセインデ丘陵を占領したが、この機会にヘイグは勝利宣言をし、攻撃を停止することなくその北部にあるパッシェンデールの尾根への攻撃を続けるよう指令を出した。このときの部隊のほとんどがアンザック軍（オーストラリア・ニュージーランド軍）とカナダ軍である。彼らは最終段階の攻撃を実行し、天候悪化のため泥の中で四苦八苦した。やがて彼らは、大量のマスタードガス弾を支給されたドイツ予備軍と対決することとなる。

イープル北東部の、湿った泥だらけの小さな村パッシェンデールは、イギリス軍兵士に「パッションョン・デール」（激情の谷）と呼ばれていた。何度もそこで泥沼との死闘が繰り広げられていたか

図2 泥海の中で負傷者を運ぶカナダ軍兵士

らである。もともとそこには何軒かの家のまわりに広がる、飲み込まれるような深い深い沼地があり、重装備をした兵士たちは、足を踏みはずしては泥の中に吸い込まれるようにその谷底に沈んでいった。推定約6万人の兵士が残酷にも溺死している。何千もの穴と、砲兵隊が撃ち込んだ砲弾孔に姿を消した。豪雨が降って、泥海があたりにさらに広がった。それでも数か月のあいだ、数十万のイギリス軍部隊がこの泥沼をかきわけて戦った。彼らは泥穴の中に野営し、睡眠をとった。無理をして進んでゆけば、泥んこの中にうち倒された。せっかくの小銃や機関銃も、フランドルの泥に口をふさがれた。

「第三次イープル会戦」では、216両におよぶ戦車が投入されていたが、戦場がぬかるみ化し、行動不能となるものが続出した。動けなくなっ

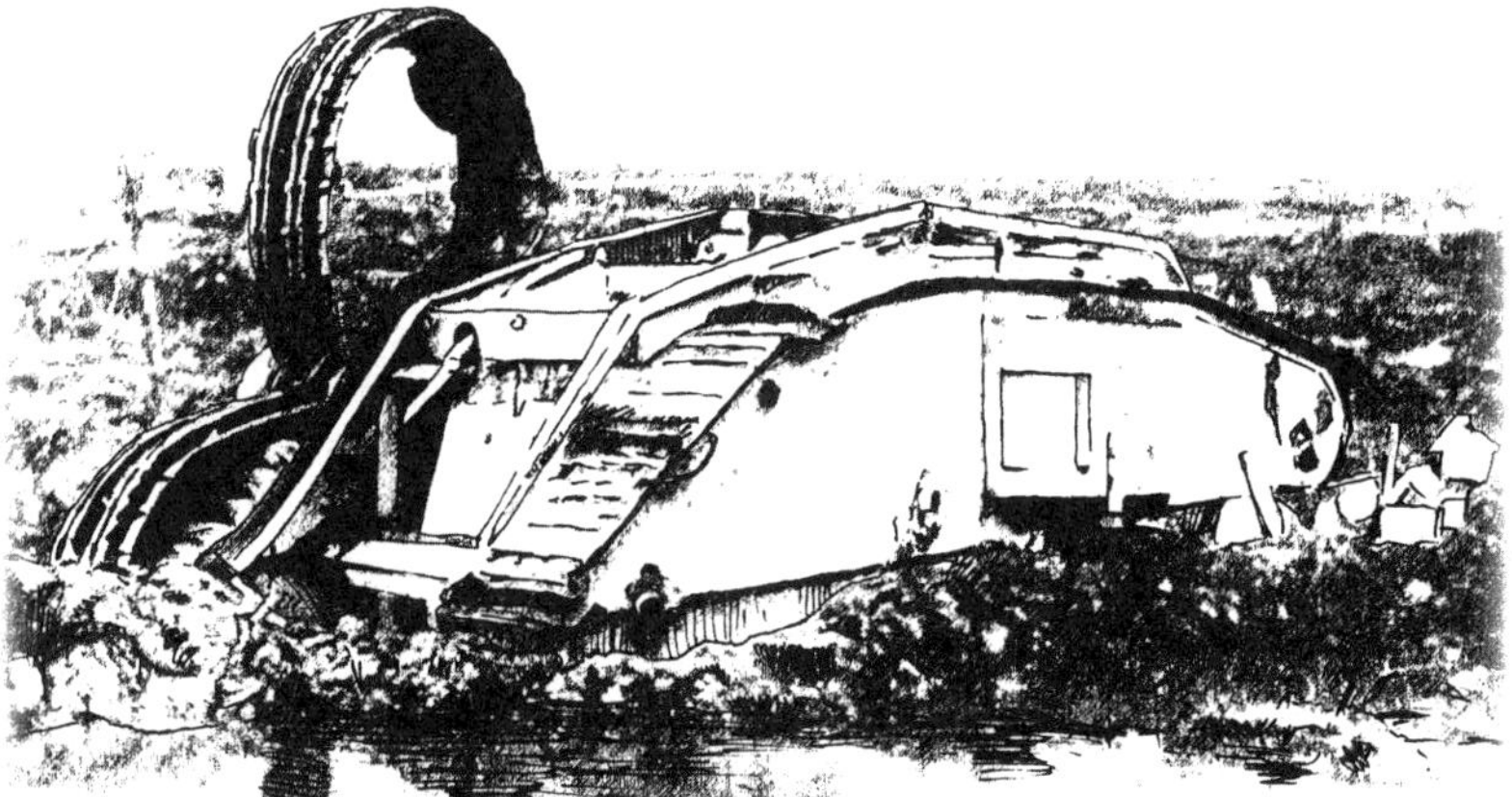

図3　泥に埋まって行動不能となった第三次イープル会戦での菱形戦車

た戦車は攻撃にはまったく役に立たず、ほとんどが泥沼から必死で逃げ出そうとしていた［図3］。これらの戦車は、ドイツ軍の砲撃の格好の標的となり、次々と破壊されていった。

ゴフは、ヘイグに向かってもはや攻撃は中止せらるべきであると建言《けんげん》した。しかしヘイグは、続行すべきであると繰り返した。新しい師団がたえず粉砕された師団と交代した。司令官の意力と軍の規律は依然として不動のままであった。

大きな犠牲を払い廃墟占領

10月末にはさらに大がかりな攻勢をかけ、カナダ軍は11月7日に、もはや建物がいっさい姿を消していた一村落、パッシェンデールの廃墟を占領した。そこではじめてヘイグは進撃を中止した。イギリス軍の戦闘は「その目的を達した」。どのような目的か？ 何もなかった。はかりしれない犠牲によって、パッシェンデールは占領された。しかし、はるか前方にはクラーケンの防塞が、少しの損害もこうむらずに難攻不落の威容を誇っていた。

イギリス軍の最前線は、戦闘がはじまる前よりも鋭く突き出てしまい、もっと具合が悪い状況におちいった。ドイツ軍が翌年攻撃してきたとき、このちっぽけな成果すべては、戦線を短くするために戦わずして放棄された。11月14日には、イギリス軍のすべての部隊がもとの陣地に戻っていた。

とにかくこの「第三次イープル会戦」の死傷者の数についてはまだ議論の余地があるが、公式記録によると、イギリス軍は24万5000人。フランス軍は8000人。ドイツ軍は26万人と想定されている。ウィルソンによれば、1917年後半にイギリス軍がこうむった損害は38万人であり、その大半がこの第三次イープル会戦で生じている。とくに残酷なのは、会戦の最終段階におけるイギリス軍の死者の4人に一人が泥の海に落ちて溺死したことである。

戦後になって、ルーデンドルフもまた、この長引いた戦闘がドイツ軍の士気を崩壊させたといった。それはまじめな証言ではなかった。彼自らがおこなった1918年の攻勢で、自軍の士気がすっかり失われた事実を隠したいばかりにそのようにいったのであった。

もっとも暗黒な虐殺と評された第三次イープル会戦

チャーチルはこの戦いを生々しく描写している。

「イギリス軍のパッシェンデール攻撃は、暗澹《あんたん》たる運命を展開させていた。凄まじい砲撃は大地を粉砕し、ドイツ軍の塹壕と普通の排水管渠《かんきょ》とをいっせいに破壊した。イギリスの壮烈な愛国心と恐るべき犠牲とによって、ドイツ軍の戦線に小さなくぼみが作られた。6週間のうちに、イギリス軍はもっとも深い地点で4マイル（約6・4キロメートル）まで進出した。やがて豪雨が襲ってきて、砲弾に荒らされた荒漠たる地上はむせるような汚臭ふんぷんたる泥海と化し、そのなかで人間や、動物や、戦車までがもがきながら無残に倒れていった。湿地のあいだにかろうじて残されていたわずかばかりの道路は、たえ間ない砲火の洗礼を浴びて破壊され、そのなかを果てしなく、輸送隊は夜どおし辛抱強く進んでいった。距離を問わずイギリスの戦場と中口径砲隊とに弾薬を供給することが不可能なために、まだ残された唯一の道路によって彼らは一列縦隊に固められた。かくてまったく掩蔽物がなくなったので、ドイツ軍の逆襲砲火は砲手と砲に多大な損害を与え、軍馬をほとんど残りなく倒してしまった。パッシェンデールの占領はむしろ失望を与える性質のものであったが、それは夥しいドイツ軍の虐殺という物語によって糊塗《こと》された。しかし敵軍に与えた損害と恐怖の念とは過小評価してはならぬ。事実、ルーデンドルフの承認が記録に残っているのである。しゃにむにおこなわれたこの突撃は、敵を根底から心外せしめた。しかし、ドイツ軍の損害は、つねにはるかに小規模のものであった。敵は戦闘に際しても、はるかに少数部隊しか有していなかった。しかもつねにドイツ軍は、ほとんど一人に対して2人の生命を奪い、奪われる土地の1インチごとに法外な犠牲を強要したのである。10月中にこの作戦を終結せしめようとするその上の努力が、ロイド・ジョージによっておこなわれた。彼は、退役将軍ウィルソンとフレンチとを、参謀本部とは関係なく内閣の"技術顧問"として会議に誘致するまでの挙に出た。首相はおおやけに局外の顧問に諮問して、あきらかに参謀総長の辞職を慫慂《しょうよう》したのである。ところが、その辞職はおこなわれそうにもなかった。また内閣にはそれを要求するだけの覚悟はなかった。かくてただ相互の不信を招くにすぎなかったのである」

イギリスの戦史家テイラーは、この戦いを次のように酷評している。「この第三次イープル会戦は、暗黒な戦争のなかでももっとも暗黒な虐殺であった。その最大の責任はヘイグにあった。フランドルの泥沼の一部は、戦闘をやめさせる最高の権威を欠いた人物、ロイド・ジョージにも付着している」。

またイギリスの軍事史家リデル・ハートは、「この戦いは、イギリスの軍事史上もっとも暗いドラマの最終場面にすぎない。この攻勢の失敗の主要な、のっぴきならない原因は、大雨という予測できない自然の妨害にもよるが、ヘイグが地勢を無視したところにある」と締めくくっている。

ロイド・ジョージは、「第三次イープル会戦では、ドイツ軍はガス攻撃の面で優位を保っており、マスタードガス弾で繰り返し攻撃をかけてきたので、イギリス軍はその効果と持続性に大いに悩まされた」と吐露している。

ロイド・ジョージもヘイグも、この第三次イープル会戦でイギリス軍に甚大な被害が出たにもかかわらず、つぶされることはなかった。おたがい必死で生き延びていた。

31 イギリス軍による大戦車急襲作戦

戦車の開発と対戦車戦略

イギリスは、すでに1915年末から戦闘用装甲車を開発しようとしていた。当時の海相チャーチルの絶大な支援もあって、装甲を厚くし、戦闘能力を高め、居住性をよくするなど改良に改良を重ねてきた。そして1916年9月15日、「ソンムの戦い」において、行きづまった塹壕戦の突破兵器としてはじめて、少数であるが「戦車」39両をフレールに投入した。この当時のイギリス軍の主力戦車は、「マークI」とそれに続く一連の改良型、すなわち「菱形戦車」系列の重戦車である。この菱形戦車の武装は、艦載砲を転用した6ポンド砲（口径57ミリ）2本と機関銃を搭載する「雄型《おす》」と、火砲を装備せずに機関銃のみを多数搭載した「雌型《めす》」の2種類。6ポンド砲は、敵の掩蓋《えんがい》陣地や敵陣前にある鉄条網などの障害物の破壊がおもな役割であり、機関銃は塹壕内に踏みとどまった歩兵の掃討をおもな目的としていた。

これら2種類の戦車は、連携して戦闘に出ていた。最高速度は時速6キロメートル程度で、歩兵の移動と大差はなく、徒歩で移動する歩兵と協同して敵の塹壕陣地を急襲攻撃するには十分であった。車体前方の誘導輪の位置は高く設計されており、障害物を乗り越えることができるしくみに作られていた。この戦いでは、攻撃当日は3個戦車中隊、合計60両が投入される予定であったが、輸送時のトラブルや移動中の故障によって、攻撃開始地点にたどりついた戦車は32両に減っていた。さらに攻撃がはじまると、砲弾穴に落ちて破損したり、エンジンが故障したりして、最終的に敵陣地にたどりついたのはわずか9両。それでもイギリス軍の戦車とはじめて遭遇したドイツ軍兵士たちは、この新型兵器の出現に恐れおののいた。イギリス軍の戦車を見ただけで逃げだす者が続出したという。

イギリス軍が、やがては大量の戦車でもって攻撃に出てくると考えたドイツ軍首脳部は、イギリス軍戦車に対する迎撃方法を研究した。その結果、ドイツ軍が遠距離狙撃用に使用していたK弾(タングステン鋼弾芯)を使えば、戦車の装甲を容易に貫通させることができることがわかった。マウザー対戦車銃の開発、あるいは棒状手榴弾を束ねて近接攻撃をおこなえば簡単に撃破できること、さらに野砲を戦車に向けて直接照準・水平射撃をおこなえば、戦車の戦闘力を喪失させられることを学んでいた。

このようにしてドイツ軍はイギリス軍戦車の弱点を探し出し、戦車に対して積極的に攻撃に出る教育と訓練をおこなった。その結果、第三次イープル会戦のころには、ドイツ軍兵士たちは戦車に対してソンムの戦いのころの恐怖感が薄らいだのはもちろん、積極的に戦車破壊を目的として攻撃に出るように訓練されていた。ドイツ軍は、対戦車用の幅広い塹壕を造り、戦車がそれを乗り越えられないように工夫を凝らしたりもした。これは、戦車の行動を妨げるのに大いに役立った。

一方では、ドイツ軍も戦車の有用性に気がつき、ドイツ政府は戦車の研究と増産に本格的に取り組みはじめていた。

カンブレーの大戦車戦の背景

パッシェンデールの戦いで敗退したイギリス軍司令官ダグラス・ヘイグは、その穴埋めとしてイープル南方からの攻撃を模索していた。熟慮の結果ヘイグは、西部戦線で反攻に出るためには、ドイツ軍の西部戦線の北部に位置する要衝カンブレーとブルロンを、どうしても確保しておかなければならないと考えるようになっていた。このカンブレーには、ドイツ軍のヒンデンブルク線の重要な補給基地があり、その西部にあるブルロン丘陵は、イープル地区のイギリス軍を見渡せる重要な戦略拠点であった。この地区のヒンデンブルク線には堅固な防御陣地が作られており、ドイツ第2軍司令官ゲオルク・フォン・デア・マルヴィッツは、難攻不落と自信をもっていた。

この作戦の準備段階で、王立戦車軍団の参謀将校チャールス・フラー大佐は、この地区で攻撃に出るためには大規模な戦車による奇襲攻撃が必要であり、それには戦車を大量に投入すべきであると提言していた。最初にフラーが提案したときにはそれを無視していたヘイグであったが、第三次イープル会戦で、戦況がいよいよ絶望的となってくると、この失敗を年内に取り返しておくために、フラーの作戦計画に飛びついてきた。フラーが計画していた地域の戦場ではしばらく戦闘がおこなわれておらず、水路はいっさい破壊されていない。若干の森林が散在しているものの、おおむね平坦な草地であり、戦車の運用に適しているというのである。

イギリス第3軍司令官ジュリアン・ビング大将は、ヘイグの提案を受け入れ、このカンブレーの戦いでは戦車の大量投入がなされることとなった。イギリスは総力をあげて戦車の増産に乗り出し、フランスに送り、列車に乗せて西部戦線に運び込んでいた。

カンブレーの戦いは、戦車が大奇襲攻撃に利用された初の戦いである［図1］。イギリス軍は、先の第三次イープル会戦に投入されて泥まみれになっていた戦車部隊を後方に移動させ、修理点検して新たに攻撃に加えることにした。さらに自軍の貨車に加えてフランスから借りた大型貨車で計36本の列車を編成し、攻撃開始の前々日までに予定していたすべての戦車を前線基地に集結させた。その作戦はおもに夜間にこっそりとおこなわれ、集結した改良型のマークⅣ戦車はアヴランクールの森の中に隠された。こうしてイギリス軍は、戦闘用の戦車378両に加え、鉄条網を引きちぎるための曳錨装置つきの戦車32両、故障した場合に取りかえる補給戦車54両、架橋戦車2両、無線戦車9両、電話戦車1両、計476両という大戦車部隊を用意することができた。戦車軍団長ヒュー・エリス准将は、「ヒルダ」と命名された戦車に搭乗して自ら陣頭指揮にあたった。

ドイツ軍正面に進撃開始

こうして1917年も秋になると、イギリス軍は西部戦線で北部フランスのノール県から新たな攻勢に出ることとなった。11月

図1　カンブレーの戦いに集結したイギリス軍の大戦車部隊

20日から12月8日にかけておこなわれた戦闘は「カンブレーの戦い」としてよく知られている。

１９１７年11月20日午前6時10分、イギリス軍の戦車と歩兵による協同部隊は、事前にいつもおこなってきた長期間の準備砲撃なしで、突如としてカンブレー西南ゴンヌリューからブールシーに至る約6・5キロメートルのドイツ軍正面に向けて進撃を開始。ちょうどその10分後には、砲兵隊がドイツ軍陣地に対して戦車攻撃を隠すための猛烈な弾幕射撃を開始した。榴弾や発煙弾が次々と落下するなか、イギリス軍の戦車は「ヒルダ」号を先頭に、ドイツ軍陣地前の鉄条網を踏みつぶして前進を続けた。夜明けの光の中を、戦車がドイツ戦線に向かって重々しく前進すると同時に１０００挺の機関銃が火を噴いた。6ポンド砲と機関銃を装備した装甲戦車は3両一組になって行動し、後続の歩兵部隊のための突破口を開いた。突然出現したイギリス軍戦車におどろいたドイツ兵は、持ち場を捨てて逃亡する者が続出。塹壕のふちに来た戦車は、木の枝の束（粗朶束《そだ》）を大量に投下して塹壕を埋め、通路を開設して乗り越えていった。塹壕陣地に残ったドイツ兵は、壕内を機関銃で掃射する戦車に撃たれ、さらにこれに後続してきたイギリス軍歩兵によって掃射された。

イギリス軍の戦車部隊の歩兵部隊は、まずはヒンデンブルク線の第一線を次々と占拠していった。6個大隊もの戦車部隊の戦車列の前には砲弾による移動弾幕が張られ続け、およそ100メートル後方にいた歩兵の前進を支援していた。攻撃に先だって猛烈な準備砲撃があるものと想定していたドイツ軍守備隊は、あまりにも多くの戦車を見て完全に不意打ちを食らい、パニックにおちいった。イギリス軍の戦車と歩兵は、ほとんど大きな抵抗を受けることなく前進する。ほぼ10キロメートルの戦線で攻撃し、中央左寄りのフレスキエル前面をのぞく全拠点において敵の士気をくじくという成功をおさめた。

このようにしてイギリス軍戦車は、至るところでヒンデンブルク線を突破し、バントー付近から西北約10キロメートルのアヴランクール方面に突きぬけていった。

イギリス軍の大勝利

一方、イギリス第12師団はゴンヌリュー北方大道に沿って前進し、ラトーの森に殺到。戦車部隊と歩兵部隊の協同作戦により、奮戦激闘ののち、同地を奪取した。第6師団はその左側からヒンデンブルク線を突破し、リベクール村を占領する。

さらに第62師団はアヴランクールを占領して進出したが、フレスキエル高地を越えたところで戦車が近距離からドイツ軍砲兵隊に狙い撃ちされ、イギリス軍は思いがけずドイツ軍の激しい抵抗にあった。この地を守るドイツ軍はすこぶる頑強に抵抗した。教会の外壁に陣取り、機関銃を乱射してイギリス軍を大いに苦しめる。ドイツ軍の野砲射撃で16両の戦車がまたたく間に撃破されるといった損害を出したものの、戦車と歩兵部隊はさらに前進してゆき、フレスキエル前面以外の全拠点を占拠することができたのである。

こうして11月20日には、イギリス軍は10キロメートルにわたる戦線上にあるドイツ軍塹壕の全組織を突破し、1万人の捕虜と大砲200門を捕獲した。これに対してイギリス軍兵士の損害は1500人を出なかった。イギリス第3軍のある参謀は自慢している。「西部戦線における連合国軍の攻撃中、その規模が限られていたにもかかわらず、このカンブレーの戦い以上に徹底的な効果をあげた攻撃があったかどうか疑問である」と。

イギリス軍がヒンデンブルク線を大きな抵抗なく突破して、大勝利をしたという第一報がロンドンに達したとき、陸軍省は首都のあらゆる寺院に呼びかけ「大勝利の鐘」を打ち鳴らさせた。イギリス国内は久方ぶりに喜びに湧いた。

またこの際、カンブレー付近の交戦で大量の戦車を使用して奇襲した結果、集積してあったドイツ軍の多量のマスタードガス弾を捕獲。イギリス軍はただちにこれを用いてドイツ軍の第一線に射撃を加えた。ここではじめてドイツ軍は、自軍の製造したマスタードガス弾の洗礼を受けることになる。

ドイツ軍が反撃を開始

こうしてイギリス軍は、その日の午前10時にはおおむねヒンデンブルク予備陣地を越えて第三陣地帯であるマスニエールとマルコアンをつなぐ線に向かい、まずマスニエールを占領し、マルコアンを略取した。また、アヴランクールを奪取した第62師団は進撃を続行してアンヌーに迫り、翌朝これを占領。多くのドイツ兵が降伏した。

それでも戦闘開始2日目には、戦車65両が戦闘で損傷し、71両が故障し、また43両が塹壕に落ち込んで救援を待たなければならなくなった。こうして179両の戦車が行動不能になったとはいえ、イギリス軍は戦線の大部分で目標に到達し、ところどころでは8キロメートルも前進した。

イギリス軍は、ヒンデンブルク線を正面約10キロメートル、縦深約8キロメートルにわたって突破した。しかし、フレスキエルにおいてはドイツ軍砲兵が戦車を撃破し、歩兵が追従攻撃して支援することができなかった。2個騎兵師団が突破口を拡大したが、続行する歩兵が弱かったのである。この時点で使えなくなった戦車は61両に達したが、これらの多くはドイツ軍の砲撃によるのではなく、機械的故障によるものであった。いずれにせよ戦車の攻撃前進は停滞せざるをえなくなった。

ドイツ軍はイタリアやロシアから精鋭部隊を引き抜いて、列車によってマルヴィッツの第2軍への増援にかけつけた。そして非常に効果的な反撃を見せはじめる。ドイツ軍の砲兵部隊は、おどろくほどの正確さでもってイギリス軍の戦車を次々と撃破していった［図2］。こうしてイギリス軍の戦車の大量投入による攻撃のショックから、ドイツ軍は立ちなおった。このことは、ドイツ軍の士気を高めるのに大いに貢献する。

攻撃第2日、すなわち11月21日、イギリス軍主力部隊はマスニエールからブルロンに至るドイツ軍に対して総攻撃を開始し、各方面に多少進出をみたものの、ブルロン村の占領には至らなかった。イギリス第51師団は、フォンテーヌ・ノートル・ダムに到達した。攻撃開始以来48時間になろうとしていた。ドイツ軍のほうでは、増援部隊が続々と到着し、しっかりと防御を固めていた。

その日の夜、イギリス第3軍のビング司令官は、各部隊に現在地の固守を命じる。兵士たちの疲労も限界に達しており、戦車の消耗も大きくなっていた。

図2　イギリス軍戦車を次々と撃破していくドイツ軍砲兵部隊

マスタードガス弾と発煙弾で猛烈な弾幕

ドイツ軍の戦力が思ったより増強していることを知ったビングは、あわてて戦車を中心に隊伍《たいご》整頓のため攻撃をいったん中止した。そして11月23日早朝から約１００両の戦車と４３０門の火砲の支援のもとに、イギリス軍はブルロン攻撃を開始。戦車の猛攻撃によってブルロンの森は占領できた。しかし、数日たってもブルロン村はなかなか占領できず、損害は大きくなるばかりであり、ついに攻撃をあきらめて退却せざるをえなくなった。23日には、早くもドイツ軍は猛反撃をはじめていた。ルーデンドルフは20個師団をカンブレー地域に展開し、ブルロンにできたイギリス軍の突出部、マスニエール正面から逆襲を開始する。

すでに東部戦線の「リガ攻略戦」で、フーチェル浸透戦術を巧みに用いたドイツ軍「突撃部隊」のベテラン兵士たちは、非常に効果的な反撃を見せ、またたく間にイギリス軍占領地域を突き崩していった。戦況はいよいよ混とんとしてきたのである。

11月30日、ついにドイツ軍は、続々と到来してきた増援部隊を主力として大規模な総反撃を開始する。このときイギリス軍は、新たに投入された第47師団と第2師団をブルロンの森周辺とその西に配備し、予備としてゴンヌリューからヴィイエー・ギスラン方面に近衛師団と第2騎兵師団を配備していた。ドイツ軍はまず、イギリス軍突出部の左翼、フォンテーヌ・ノートル・ダム方面から猛烈な砲撃を加え、次いで本格的な反撃に出てきた。イギリス第3軍は師団全体が激しい交戦状態に入り、敗色がだんだんと濃厚になっていく。イギリス第29師団および第12師団の司令官たちは、ほぼ全員が捕虜となった。

さらにイギリス軍突出部の右翼(ドイツ軍から見ると左翼)に位置するドイツ軍は、マスニエールから南のヴァンデュイユに至る約120キロメートルの正面で、砲兵部隊が午前7時から約1時間にわたって、マスタードガス弾と発煙弾をまじえた短時間ながら猛烈な弾幕射撃を加えた。前線のイギリス軍兵士たちは、ガス砲撃による精神的な衝撃を受けて立ちなおれなくなった。

自信を深めたドイツ軍

ドイツ軍は巧みな浸透戦術で、イギリス軍の前線を風のように突き抜けていった。訓練を重ねた「突撃部隊」はイギリス軍の後方にまで浸透してゆき、ゴンヌリューとヴィエー・ギズラン方面の戦線に大穴を開ける。そしてついに、イギリス軍がまったく予想もしていなかった後方のグーゾークールまで進攻していった。

こうしてイギリス軍はバラバラに寸断され、後退に後退を続けた。勝ち誇ったドイツ軍の精鋭部隊は、いまや全力をつくして北から南からイギリス軍を包囲せんとし、ここにおいてイギリス軍のその命運はつき果てようとしていた。

12月4日夜からイギリス軍は、戦線の整理のために大規模な後退を開始し、7日朝には今回の攻勢で得た地域の大部分を放棄して、後方の新陣地への展開をほぼ完了した。ただしアヴランクール、リベクール、フレスキエルの部分はどうにかして確保し続けた。

最終的にドイツ軍は、イギリス軍の大戦車部隊による「急襲」で失った土地を、突撃部隊を先頭とした「急襲」で奪回する。こうして「カンブレーの戦い」は終わった。この戦いでイギリス軍の攻撃部隊約10個師団は、ドイツ軍の誇るヒンデンブルク線をいったんはほぼ完全に突破しえた。しかし、ブルロン守備隊は頑強に抵抗し、さらにエスコー運河という障害地形の存在やロシアからの増援部隊の到着によって、ドイツ軍戦線を深く突破し、カンブレーを占領しようとした計画は失敗に終わった。そして一方では、イギリス軍の大戦車部隊による攻撃を頓挫させ、「突撃部隊」による「浸透戦術」がめざましい効果をあげた点で、ドイツ軍に大いに自信を深めさせた。

時期尚早だった大勝利の鐘

このイギリス軍の敗因は、士気欠乏のためだけではなく、兵器が十分に充実しなかったことでもない。じつは兵力不足こそがおもな要因であったと思われる。イギリス軍は予備の兵力をまったく持っていなかったのである。その結果12月7日までに、イギリス軍が獲得した地域のほぼすべてが放棄された。

カンブレーの戦いにおけるイギリス軍とドイツ軍の損害は、ほぼ同等の約4万5000人であった。イギリス軍は捕虜約1万1000人を確保し、ドイツ軍は約9000人を獲得した。

チャーチルは、カンブレーの戦いについて著書「世界大戦」に次のようにまとめている。

「カンブレーの戦闘については、最初の成功が第3軍参謀の予想とあまりにもかけ離れていたため、この成功を確保すべき準備がぜんぜん講ぜられなかったということだけ述べればよい。勇躍前進した騎兵隊は、狙撃兵や機関銃によって即時阻止され、第1日に占領した地点からこれというほどの前進をおこなえなかった。ドイツ軍戦線はこの部面において鉄道を利用し、敵軍は急速に終結して、わが軍の戦勝後10日にして彼らはきわめて強力な逆襲をおこない、これによって征服された他の大部分を奪取して、今度は彼らが1万の捕虜と砲200門とを得た。この逆襲において敵ははじめて、機関銃兵と塹壕臼砲兵中の少数のきわめて優秀な兵士による浸透作戦を用いた。これはやがて彼らがいっそう大規模に用いるはずのものであった。だからカンブレーの戦いで打ち鳴らされた勝利の鐘は、時期尚早だったのである」。

一方、ロイド・ジョージは、「回顧録」のカンブレーの戦いの締めくくりの部分に次のような言葉を残している。「すべての師団は次々に塹壕に投げ込まれた。その師団が戦線後方に引き上げられたときには、疲弊し、兵は減少し、おそらくもっとも経験のある将校と下士官を失っていた。フランスにある64個のイギリス師団のうち、57個師団はフランドル戦に投じられた。いかなる司令官に、その兵を訓練するいかなる機会が残されていたのだろうか?」これはヘイグに対する痛烈な非難であることは言うまでもない。

ルーデンドルフは、このカンブレーの戦いでドイツ軍のほうにも捕虜や機材の莫大な損失をきたしたと回述している。

カンブレーの戦いは、戦闘規模は比較的小さかったものの、イギリス軍による大規模な戦車の投入による機動戦とドイツ軍の砲兵部隊による巧みな対戦車戦、それに精鋭部隊による浸透戦術の一騎打ちとなった。この戦いはその後の西部戦線の戦況に大きな影響をおよぼすこととなったのである。

32 ドイツの命運をかけた大反撃攻勢。作戦名「カイザーシュラハト」

欲求不満の連合国軍側

１９１７年の秋には、戦争当事国はいずれも苦難の道を歩んでいた。連合国軍側はイギリスにおいてもフランスにおいても、なかなか戦況は有利に展開できず、欲求不満の状態におちいっていた。

イギリスでは、ロイド・ジョージが首相としてあいかわらず必死で踏ん張っていた。彼にとって第三次イープル会戦での予想外の大損害は大きなショックであり、派遣軍総司令官ヘイグに対してますます不信感が高まっていたが、どうすることもできなかった。ヘイグは無駄に兵士を消耗していると信じていたので、ヘイグがさらに約60万の増援を本国に要求してきたとき、ロイド・ジョージはわずか10万しか増援軍を送らなかった。なるべく多く本国に軍隊を温存しておきたかったのである。

フランス軍はといえば、ロシア革命の影響を受けて厭戦気運が蔓延しており、軍の士気はあいかわらず低下したままであった。フランス軍司令官ペタンにしても、参謀総長フォッシュにしても、なかなか有効な手を打てなかった。フランス大統領レイモン・ポアンカレーは、苦境を打開するため、１９１７年11月16日にジョルジュ・クレマンソー［図１］を再び首相に起用する。陸相を兼任していたクレマンソーは、敗戦主義をなんとかして払拭しようと「必勝の信念」エランヴィタールを強硬に打ち出し、暇をみては前線を訪れ、兵士たちを激励した。彼はペタンよりも、どちらかというとフォッシュを信頼していた。

ドイツ軍の潜水艦（Ｕボート）作戦は、引き続きアメリカからの海上補給路に脅威を与えていた。一方、イギリス軍もフランス軍も、アメリカ軍が到着し、連合国軍の兵力衰弱を補って支えるようになるまでの数か月間は、なんとかしてもちこたえなければならなかった。その結果、両者とも作戦方針は「とりあえずがまんしながら防御に徹すること」であった。当時の連合国や軍首脳部をまじえた最高戦争委員会は単なる情報交換の場にすぎず、なんら特定の権限はない。ヘイグもペタンも、

図1　フランスの首相に起用されたジョルジュ・クレマンソー。陸相を兼任し、前線を訪れ、兵士たちを励ました

必ずや近いうちにドイツ軍が態勢を整えてヒンデンブルク線から総攻撃に出てくるものと信じており、その際は相互支援をするということで合意に達していた。

ドイツ軍側も、1917年以降の作戦において決して大きな戦果をあげていたわけではないので、もっぱら戦力をたくわえ、守備を固めることに専念していた。しかも、ドイツもオーストリア＝ハンガリーも、連合国軍の海上封鎖によって経済的には極度の困窮状態におちいっており、なによりも食料不足が深刻化し、息も絶え絶えの状態になっていた。常勝を続けてきたドイツ・オーストリア＝ハンガリー同盟国軍も国力はすっかり疲弊し、兵力もとぼしくなってきていたのである。

西部戦線での早期勝利をめざして

ルーデンドルフとしては、アメリカ軍の兵力が戦争の勝敗の重要なカギになると考え、1918年のできるだけ早いうちに、西部戦線で決定的な勝利をものにすることが戦争のゆくえを大いに左右すると認識していた。そこで、1917年11月11日、ルーデンドルフは信頼できる参謀を集め、ベルギーのモンスで重要な戦略作戦会議を開いた。この日は、種々の理由からのちに有名になる。

会議で決定した重要課題は、この戦争の西部戦線において前代未聞となる大反撃に出ることであった。これはまさに、第二次世界大戦におけるアルデンヌ攻勢と同じ意義をもっていた。期日はアメリカ遠征軍が戦線に現れる前、すなわち2月か3月の上旬。この戦いは、作戦名「カイザーシュラハト（皇帝の戦い）」［図2］と名づけられた。まずはイギリス軍をせん滅しておかなければならないということまでは決まったが、ルーデンドルフはどこからどのように攻めてゆくべきか迷っていた。その後さまざまな検討がなされるが、とりあえずの攻撃目標は連合国軍の戦線を突破し、アムとペロンヌのあいだ

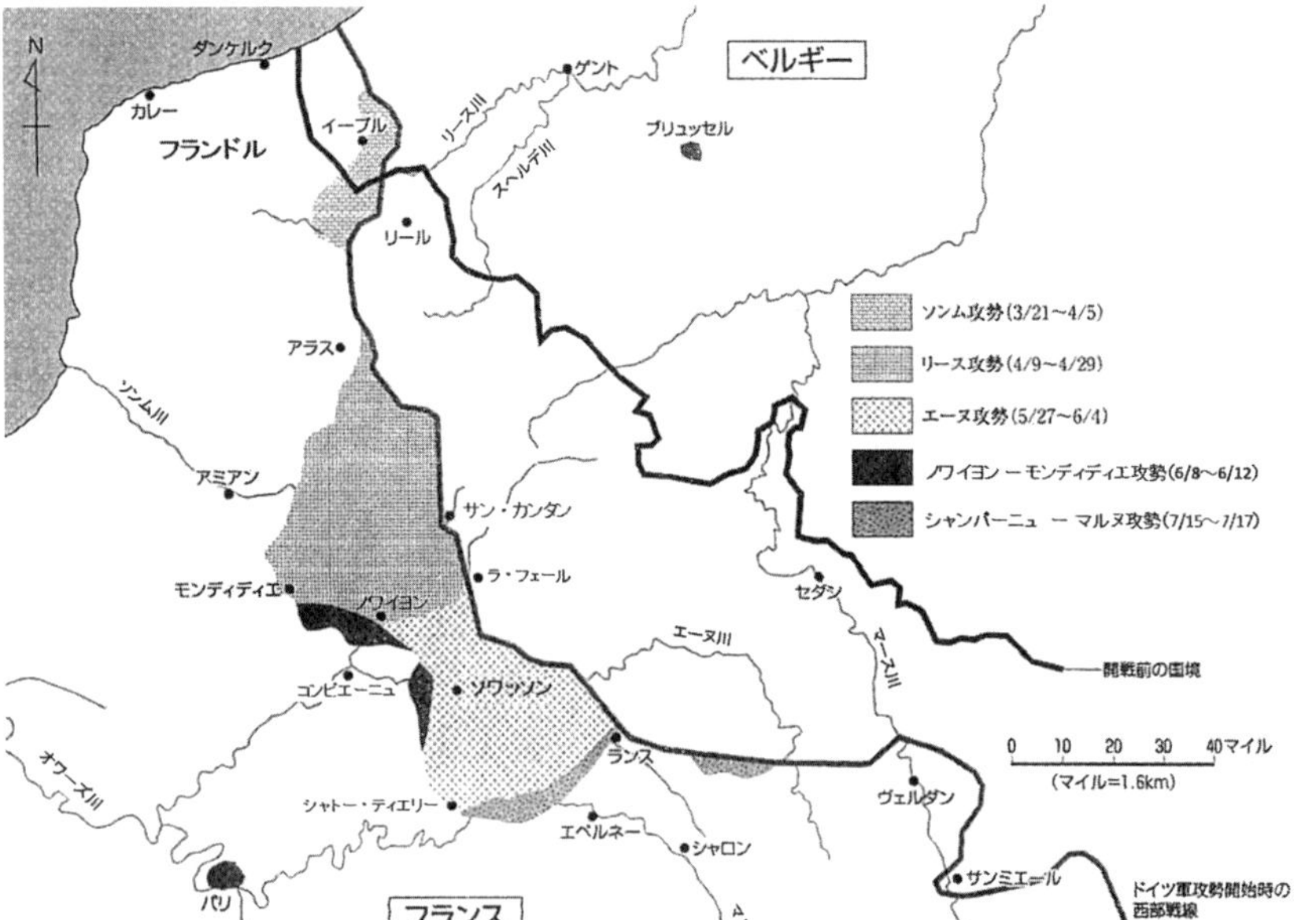

図2　作戦名「カイザーシュラハト（皇帝の戦い）」

に至るソンム川まで達する戦術であった。期日は当初、3月20日と決定された。

ルーデンドルフは、東部戦線にいた大部分のドイツ軍を撤収し、1918年春以降におこなわれる大攻勢の準備として強化訓練を指示した。この戦いには、199個師団の動員が計画され、350万人という膨大な兵員が動員された。とはいえ、この兵力でもなお敵に勝る戦力とはいえない。

連合国軍側はそのころ、フランス軍は99個師団、イギリス軍は58個師団、ポルトガル軍は2個師団、ベルギー軍は12個師団を有しており、総計310万の兵士がドイツ軍に対峙していたのである。そのためルーデンドルフは、コンラートの後任のアルトゥール・フォン・シュトラウセンブルグ参謀総長にたのみ込んで、イタリアなどの戦線から移動可能なすべてのオーストリア=ハンガリー軍の動員を要求した。が、それは不可能であった。なぜならオーストリア=ハンガリー政府は、フランス政府を通じて単独講和の交渉を開始する望みを放棄していなかった。加えて、西部戦線のなかに自国の誇る優秀な武装部隊を移すことに同意する意思は、毛頭なかったからである。

その結果、ドイツ軍は単独で連合国軍に立ち向かうしかなかった。

ルーデンドルフは、事前に照準を調節せず、短時間に大量の砲弾を敵に発射する戦法を用いた。攻撃の目標は前線の部隊と、さらには通信施設と指令所であり、砲撃の際には大量の毒ガス弾と煙幕弾を使うことにした。また自動小銃、軽機関銃、火炎放射器、軽迫撃砲を備えた精鋭部隊を〝突撃部隊〟とし、攻撃の先鋒にあてて突入する戦法を決定する。つまりこの突撃部隊で、かつてリガ攻勢やカポレットの戦いで大いに効果を発揮したフーチェル戦法、浸透戦術が取り入れられることとなった。彼の攻撃構想は、なんとしてでも連合国軍を一気にハンマーでたたきつぶしてしまうことであった。ドイツ軍首脳部では、西部戦線での攻撃の際に、イギリス軍とフランス軍のどちらをおもな攻撃対象にするかについて何度も激論が戦わされていた。ルーデンドルフは迷ったあげく、1月になってようやく、サン・カンタンから攻撃を開始する乾坤一擲《けんこんいってき》の「ミヒャエル作戦」を採択した。

まずはサン・カンタンにくさび

当時、ドイツ軍情報部は、サン・カンタン一帯はイギリス軍とフランス軍の連結地点であるが、両軍の横の連携がうまくとれておらず、攻撃すれば容易に戦線に隙間ができるという報告をしていた。これは突撃部隊による浸透作戦を基本とするドイツ軍にとって、まさに理想的な攻略地点であると思われた。

ルーデンドルフ自身も、フランス軍は首都防衛を、イギリス軍は英仏海峡沿岸の港湾の防衛を重視しており、両者のあいだで戦略的に意見が分かれていると見てとっていた。このため彼としては、両軍の利害の不一致を突くことこそ肝腎であるとの考えに至る。それを実施するためには、最初にイギリス軍とフランス軍の接触点であるサン・カンタンにくさびを打ち込み、とりあえずアミアンをめざすことにした。次いで一部がパリに脅威を加えるとともに、主力部隊をもってまずはイギリス軍を撃破する。こうしてドイツ軍の作戦準備はきわめて効率的に進められた。

この1918年の春季大攻勢のため、ドイツ側では従来の経験に基づいて、歩兵の攻撃準備用として毒ガス弾の砲撃についてもっとも有効な方式を採用すべく、徹底的な準備をした。まずは大量の「マスタードガス弾」を、終日にわたって深く前進予定地区に撃ち込み、攻撃予定日の2~3日前にこの射撃をやめる。こうして作られた、マスタードガスで汚染された「黄色空間」は、本来の攻撃の際にはあたかも前進して獲得した堅固な堡塁の様相を呈し、前進をきわめて有利にする。実際にこの種の黄色空間を構築するのに適した場所として選ばれたのは、道路の交差点、村落、砲兵陣地や樹木の茂った地域である。あとは敵のもっとも深くにある第三陣地に対して猛烈な砲撃を加え、その前方部分を封鎖すればよかった。攻撃前進のときには、突破しえないと思われる敵の堅固な拠点の戦闘力を奪うため、マスタードガス弾を多く使用する段取りをしていた。

ドイツ軍は3月9日から19日まで、わざと陽動作戦としてカンブレー南西部のフレスキエルの突角部に対し、マスタードガス弾のみをもって砲撃をおこなった。3月10日から15日のカンブレー突出部の攻撃では、15万発ものマスタードガス弾が打ち込まれた。全戦線で塹壕が砲撃によって掘り起こされて、何日間もマスタードガスが溜まり続けた。ここを守備していたイギリス軍2個師団は、予期せぬ毒ガス弾攻撃を受けて手痛い被害をこうむることとなり、イギリス軍司令部はドイツ軍がここを狙っているものと即断する。そのため3月21日にドイツ軍の本格的総攻撃が南方からはじまったとき、すぐさま急にはフレスキエルから支援に乗り出せなかった。ドイツ軍はサン・カンタン南方にもマスタードガス弾の大規模攻撃をおこない、前もって突撃部隊の前進基地を作ろうとした。3月21日の攻撃開始前2日間、ドイツ軍はマスタードガス弾よりもわざとジホスゲン弾を数多く発射する。

第一次攻勢／「ソンム攻勢」(3月21日〜4月5日)

毒ガス攻撃には、気象条件があいかわらずとりわけ重要である。交戦各国は降雨記録を細かに調べており、ドイツ軍は日照り続きで低温を願い、連合国軍側はマスタードガスを洗い流すために、強風と激しい春のにわか雨が降ることを祈っていた。3月20日の正午は、それから16時間後に総攻撃に踏み切るか否か、ギリギリの決断の時刻であった。この日は雲行きがあやしく、風は西から吹いていた。気象観測担当官はルーデンドルフに、次のように気象状況を報告した。「21日は平穏で乾燥した気象状況になる」。ドイツ軍最高司令部は予定どおり決行を命じ、ルーデンドルフは少なくともほっとしていた。

久しぶりにルーデンドルフから直々に大規模な毒ガス攻撃の命令を受けたハーバーは、その日の夕刻には最終の準備と、次いではじまる総攻撃の戦況を見届けるためカンブレーの南西部におもむいた。だいたいのことは計画どおりに進んでいたようで、ドイツ軍は日没後、大砲を大量に配備して狙いを定めるのに血まなこになって行動した。照準設定のための試射砲撃を禁じ、急襲することが決定された。長く試射をすると敵に攻撃目標がわかってしまうからである。予定どおり21日の明け方、約90キロメートルの前線沿いに砲撃が開始されることになった。

ドイツ軍の第一次攻撃は、サン・カンタンを中心に、アラスからラ・フェールに至る広範な戦場において、大攻勢「ミヒャエル作戦」〔図3〕をしかける計画である。

図3　カイザーシュラハト発動す

ドイツ軍60個師団は、北から南へ向かってペローの第17軍、マルヴィッツの第2軍、フーチェルの第18軍と3軍団に分けられており、並列してイギリス軍とフランス軍の連結地点を急襲し、両軍を分離することを目的としていた。その主力は、ソンム川の北に向けられる手はずになっていた［図4］。

図4　第一次攻勢（ソンム攻勢）に出るドイツ軍の大部隊

3月21日午前4時40分、夜明けで濃霧が立ち込めるなか、まずサン・カンタン地区で、ドイツ軍による激しい準備砲撃がはじまる。長さ64キロメートルにおよぶ前線に向け、6500門の大砲から5時間にわたって砲弾が発射され、前線の後方にあるすべての通信施設を破壊し、前線を毒ガス弾と榴散弾でいっぱいにした。長距離砲とガス砲弾をまじえた砲弾による奇襲攻撃が、イギリス軍のビングの第3軍とゴフの第5軍の砲兵陣地に襲いかかる。2時間ののち、今度は歩兵陣地にジフェニルクロロアルシン弾およびジホスゲン弾が約3時間にわたって降りそそいだ。なかでもとりわけ堅固な陣地に対しては、さらにそれらに加えて大量のマスタードガス弾が襲うなど、そのときのドイツ軍の砲撃の規模と破壊力の凄まじさは、この大戦での毒ガス砲撃では最大級のものであった。そして砲撃終了後に、霧の中から防毒マスクを装着した突撃部隊が、フーチェルの考案した浸透戦術によって巻き波のように防御強点を迂回して浸透進撃する。ドイツ3個軍の各師団は、それに相呼応して可能なかぎり全速力で進撃するように命じられていた。

ゴフの率いるイギリス第5軍は、約50キロメートルに薄く幅広く展開しており、のちにフランス軍と交替する予定であった。これがたちまちのうちに崩壊した。ここはイギリス軍の担当区域のうち、兵力の密度がもっとも低い場所だったのである。守備についていた第5軍は増援を要請したが、ヘイグはこれを退けた。英仏海峡の沿岸諸港を絶対に確保しておかなければならないイギリス軍には、サン・カンタン付近まで十分な兵力をまわす余裕がなかったからである。イギリス軍は、かろうじて後方40キロメートルに予備の師団を配置し、ドイツ軍がどの方向を狙っているのか出方に応じて派遣する態勢を整えるのが精いっぱいであった。一方、ドイツ第18軍は砲兵と突撃部隊の協力が密であり、進撃速度もおどろくほどであった。ドイツ軍は24日にはバポームを占領して、イギリス軍の堅固な築城地帯を突破し、さらに25日にはフランス軍に攻撃をかけ、ノワイヨンを放棄させた。

ドイツ軍の幸運

ドイツ軍にとって思いがけないことであったが、最初の強襲がうまくいったのは、幸運に恵まれたこともあるが、彼らが綿密かつ巧妙な奇襲準備を重ねて研究し、時間をかけて態勢を整えていたおかげであった。このときドイツ軍は、通常の歩兵の攻撃布陣より先に、自動小銃、機関銃、軽臼砲《きゅうほう》を装備した突撃部隊が、ゆるいくさり状になって展開した。この突撃部隊は、開口部とみればどこへでもまっしぐらに突入し、防衛陣の強固な個所は、あとに続く歩兵部隊の処理に任せた。ガス弾攻撃によって得られた奇襲効果を大いに増幅させたのは、なんといっても自然気象の働きであった。

3月21日の早朝は、すでに述べたようにドイツ軍にとってまさに幸運であった。厚い霧がかかっていて、守備軍の機関銃陣地をすっぽり包んだばかりか、突撃部隊は霧という自然の煙幕の助けもあって、戦線の弱点をうまくすり抜けてイギリス軍の後方へ浸透していった。攻撃を受けなかった拠点はたちまち孤立し、前線は次々と崩壊していった。イギリス軍はできるだけ前方で食い止めようと、第一線の塹壕に多くの兵力を配置していたが、これがじつは大きな失策であった。第一線は攻撃の波にのまれやすく、準備砲撃による被害も甚大で損害を増加させた。イギリス第5軍の右側面はがら空きになり、ドイツ軍がそこから洪水のように猛然となだれ込んできたのである。一方、イギリス第3軍方面への攻撃はこれほどうまくいかなかった。イギリス第6軍団は大損害を出しながらも、ドイツ第17軍の攻撃を戦線後方のアラス付近でどうにか抑えた。アラス要塞を固めていたイギリス軍兵士たちは、それまでにドイツ軍がこの戦術で餌食にしていたロシア軍やイタリア軍とは異なり、ねばり強く戦った。

緒戦の勝利の報が届くとドイツ国民は湧きたち、参謀総長ヒンデンブルクは金鉄十字賞を授与された。だがその翌22日、さすがのルーデンドルフも思わぬミスを犯していた。予備にとっておいた6個師団を集中投入せずに、広範囲に戦果を拡大しようと欲ばり、各方面に分散してしまったのである。こうして予備兵力が不足していたため、初日の戦果を生かしてイギリス第5軍を追撃し、さらなるダメージを与えることができなかった。それでもドイツ軍は4日間で22キロメートルと、当時の基準ではめざましい前進を続けていた。かつて連合国軍がばく大な犠牲を払ってようやく獲得した戦場を、いとも簡単に奪回したのである。

パリを砲撃

3月23日には、パリ北方にあるラオン付近の森の中から、クルップ社製のドイツ軍の巨大砲（口径23センチ、砲身長36メートル）「パリ砲」が、１６０キロメートル先のパリを砲撃した。このうち24発が着弾し、25人の死傷者が出た。翌24日には27発の巨弾が飛来。その後、砲撃は減少したものの、ある日何発かがチュイルリー宮殿に着弾し、惨たんたる損傷を与えた。

3月29日、聖金曜日（イエスが十字架にかけられた記念日）の典礼のため多くの人々がいたサン・サンジェルベ教会を、パリ砲弾が直撃した。これによる死者は91人にのぼり、大勢の負傷者が出た。このあともパリ市民の死傷者はあいかわらず増え続けていたため、パリ市民は恐怖におびえおののき、パリ市内からの避難者がひきもきらなかった。4月7日までに３６３発の砲弾が発射され、パリ市民８７６人が死傷した。パリまでが次々と破壊されていくのではという不安感が満ちあふれ、市民は大恐慌におちいる。「フランス破れたり」というニュースまで流れた。このニュースはまたたく間に世界中に知られ、きわめて深刻な事態として話題になった。

こうした危機を前にして、連合国軍側では統一司令部の不在という問題があらためて浮上した。ペタンはヘイグに約束以上のフランス軍11個師団をまわしていたが、いよいよパリ防衛の必要性が出てきたときには、フランス軍をイギリス軍から切り離してパリ防衛にまわす可能性があることも伝えていた。しかし、これではイギリス軍とフランス軍を分断しようとするドイツ軍の思うつぼとなり、こうなってくると最悪の場合、孤立したイギリス軍は海に追い落とされてしまうことになる。ドイツ軍の猛攻に対して連合国軍は次々と撃破されてゆき、それは誰が見ても深刻であり、まさに危機一髪の状況におちいっていた。

イギリス軍はもともとフランス軍に対して不信感を抱いていた。フランス軍のほうも、イギリス軍はフランス軍を見捨ててさっさと北方にある港湾部へ撤退してしまうのではないかと疑っていた。両軍の首脳部はおたがいに守備範囲を少しでも狭めようとたくらみ、疑心暗鬼になっていたのである。

一方、3月26日、イギリス軍とフランス軍との軍事的協力関係を堅固にするため、ヘイグはヴェルサイユ最高軍事会議においてフランス軍代表のフォッシュに対し、イギリス軍をすべて彼の指揮下におくことを申し出た。この幸運によってクレマンソーが頼りにしていたフォッシュは、イギリス・フランス両軍を統括して動かすことが可能となる。その1週間後には、フォッシュは正式に連合国軍総司令官に就任し、指揮統一問題はいちおう解決されたかにみえた。だが、そのころにはドイツ軍の攻撃は行きづまっていた。フレスキエルやバポームを攻略したものの、それ以上の前進はできなかったのである。3月27日、アンザック軍が軽戦車で反撃に出て、ようやく陣地を死守した。

着実に補強する連合国軍

ルーデンドルフは戦局の打開をはかるため、3月28日、新たにアラスをめざして「マルス作戦」を発動する。

方向を変えてアラス付近の高地に攻撃をかけたものの、イギリス軍4個師団の激しい抵抗で撃退され、ドイツ軍9個師団が壊滅した。そこで彼は「マルス」作戦を打ち切り、アミアンを突くよう決心を変えたが、もはやおそすぎた。ルーデンドルフはアミアン攻略を目標に、攻撃を海まで拡大しようとしていたのだが、そのころにはイギリス軍もどうにか危機を乗り越えており、モンディディエに到着すると、もはや前進は不可能となる。イギリス予備軍が果敢に行動しはじめ、アラスに対するドイツ側の圧力は予期された成果をおさめることができなかった。3月30日までにドイツ軍は、アミアンの外塁を包み込み、さらに60キロメートル前進するも、相手の前線はほとんど崩れていなかった。

ドイツ軍兵士たちは疲れきり、動きがとれなくなっていたのに対し、連合国軍は予備部隊を投入して戦線を次々と補強していた。

4月5日、戦力の回復をはかるため、ドイツ軍は攻撃をいったん中止せざるをえなくなった。ここまでにドイツ軍は30万人もの損害を出したものの、イギリス軍には16万人、フランス軍にも8万人の損害を与えており、3000平方キロメートルの土地を手に入れた。しかしこの間に、16万人近いアメリカ軍兵士がフランスに到着して、アメリカ軍の総兵力は32万人にもなろうとしていた。戦局のゆくえは依然として混とんとしていた。

第二次攻勢／「リース攻勢」（4月9日〜4月29日）

「ミヒャエル作戦」に見切りをつけたルーデンドルフは、4月9日には場所を変えて、イギリス軍の要衝で、鉄道連結駅があるハーゼブルックをめざすフランドル攻勢、「ゲオルグ作戦」を練り上げた。ルーデンドルフは、ベルギーとフランスの国境の一部となっているリース川で攻勢をしかけようとする。このころドイツ軍が作戦に投入できる、消耗していない師団はわずか35個にすぎず、60個師団を純然たる攻撃に使用できた第一次攻勢時のような、怒涛の進撃は期待できなくなっていた。こうして「ゲオルグ作戦」の規模は縮小され、作戦名は皮肉をこめて「ゲオルゲット（小ゲオルグ）」と改称される。この作戦は、アルミンの指揮する第4軍が担当した。

一方、迎え撃つ側のプルーマーのイギリス第2軍も苦しんでいた。ドイツ軍攻撃の正面にあたる2個軍は、「ミヒャエル作戦」の迎撃に部隊を引き抜かれていたため弱体化していた。戦線を維持する部隊にも事欠き、やむなく一部を弱体であまり信頼のおけないポルトガル軍に守らせていた。

4月7～8日にドイツ軍は、大量のマスタードガス弾でもって準備攻撃を開始した。とくにアルマンティエルに対するガス攻撃はすこぶる有効で、市内には人影もなくなり、ドイツ軍はなんなくこのまちを手中におさめることができた。ただし、ドイツ軍が市内に突入したのは14日後のことである。

4月9日には、ドイツ軍の9個師団がフーチェル戦法を用いてポルトガル軍に襲いかかってきた。おどろいたポルトガル軍の兵士はたちまちのうちに潰走《かいそう》し、イギリス軍にとって予想外の、最悪の事態が招来する。ドイツ軍は翌日も、翌々日も進撃を続け、攻撃の幅を広げた。イギリス第2軍は、ドイツ軍にかなりの損害を与えたものの踏みとどまることができなかった。それでも要衝ハーゼブルックを背後に控え、ひたすら後退もできず、ヘイグは最後まで必死で戦いぬく決意を固めていた。

4月12日、ヘイグは後退をいっさい禁止するという厳命をくだす。これによって大いに士気が高まったという。このリース攻勢では、ドイツ軍、イギリス軍とも損害はそれぞれ約10万人であった。

脚注：ドイツ軍は「ミヒャエル作戦」とこの「ゲオルゲット作戦」のみで、数十万発もの毒ガス弾（主としてマスタードガス弾）を投入した。このころになると、毒ガス弾が大いに期待されるようになった。

33

「カイザーシュラハト」ついに挫折す

崩壊に向かいつつあったイギリス軍

このイギリス軍の頑強な抵抗は、ルーデンドルフを弱気にさせた。ドイツ軍兵士も士気が低下していったが、これはドイツ軍の延び切った兵站線による食料や軍事物資の補給の遅れが原因だった。やむなくドイツ軍は食料の現地調達を命じるが、これによって兵士の士気はさらに低下する。また浸透して前進を続ける突撃部隊は、負傷兵を後送して治療を施す手段を持たず、犠牲者を増大させた。増援も砲弾などの補給もあまり期待できない自軍の実態を目の当たりにしたドイツ軍兵士は皆、悲観的になっていた。

ルーデンドルフは一挙にイギリス軍を追い落とすことをあきらめ、まずイープルのイギリス軍突出部をつぶすように方針を変更した。ところが、イギリス第2軍司令官プルーマーはこれを察知して先手を打ち、突出部を縮小してイープル付近の守りを固める。このためドイツ第4軍の攻撃準備は空振りに終わり、やむなく隣接するベルギー軍に攻撃方向を変えたものの、最後の領土を守りぬこうとするベルギー軍の頑強な抵抗の前に攻撃は失敗に終わった。ドイツ軍は再度イギリス軍に矛先を向ける。戦いは単なる消耗戦と化していった。

じつはこのとき、30万人以上の損害を受けたイギリス軍も、確実に崩壊へ向かいつつあったのである。ヘイグは焦燥をつのらせ、フランス軍の援軍をまわそうとしないフォッシュに激しく抗議した。ヘイグの執拗な要求により、イギリス軍はどうにかフランス軍5個師団を借りることができたが、しかし安堵はすぐに失望に変わった。フランス軍が守備を固めていたケンメル丘がわずか3時間で陥落し、戦線に6キロメートルの突破口が生じたのである。

ケンメル丘の占領のため、ドイツ軍は麓からまずジフェニルクロロアルシン弾で攻撃。次いでおこなった本格的なマスタードガス弾攻撃が、この戦闘に大いに功を奏した。この相次ぐ毒ガス弾攻撃に恐れをなしたフランス軍兵士は、戦闘意欲をすっかり失ってしまう。しかし、このときドイツ軍の進撃があまりに慎重であった結果、イギリス軍は救われた。ドイツ軍首脳部はさらに進撃を続けることを主張したが、ルーデンドルフはこの際堅固な陣を張ってイギリス軍の逆襲に備えようとした。ドイツ軍が予備軍を待って攻撃準備をゆっくりと整えているあいだに戦線の隙間をふさいだイギリス軍は、4月29日、「ゲオルゲット」最後の攻撃をかろうじて撃退し、イギリス軍が「リース攻勢」と呼ぶ戦闘は終わった。

5月2日、攻撃開始から約20日、攻撃正面においてドイツ軍が投入した兵力は約35個師団に達し、連合国軍のそれはわずかに20個師団を数えるにすぎなかった。この戦闘においてドイツ軍の獲得した地域はじつに550平方キロメートルに達し、捕虜3万人、火砲500門を獲得した。

第三次攻勢／「エーヌ攻勢」（5月27日〜6月4日）

イギリス軍を撃破し損ねたルーデンドルフは、ようやくフランス軍に矛先を転じるようになった。さっそく約70キロメートルの戦線に38個師団の精鋭を投入したが、これはあくまでもフランス軍をイギリス軍から遠ざけるための陽動作戦である。ドイツ軍の攻撃正面は、ランスの西にあるシュマン・デ・ダーム高地で、作戦名は「ブリュッヘル」。相次ぐ攻撃にドイツ軍は分散・消耗しており、部隊の再編を必要としていたため、ルーデンドルフはその攻撃準備に4週間をかけた。ドイツ軍は突撃部隊を中心とした38個師団を第7軍に集め、5月27日朝、フランス軍6個師団とイギリス軍5個師団で構成されるフランス第6軍に襲いかかる。3700の砲による4時間の砲撃で、200万発を発射。これは大戦全期をとおしてもっとも激しい砲撃となった。この攻撃には、ジフェニルクロロアルシン弾とジホスゲン弾が、主として敵の砲兵陣地に対して使用され、この砲撃は敵の砲兵に大きなダメージを与えた。このときドイツ軍は、フランス軍の誇る大列車砲14門を捕獲する。これは思いがけない戦利品になった。

そしてこれこそ「カイザーシュラハト」の最終段階、「第二次マルヌ会戦」のはじまりであった。ドイツ軍は、この攻撃にも数多くの毒ガス弾を投入し、ドイツ軍の戦車もはじめて戦列に加わった。またもや嵐のような猛砲撃による連合国軍の混乱、濃霧にまぎれた突撃部隊のもの静かな前進、寄せ集めで組織がまとまらない連合国軍部隊などが幸いして、ドイツ軍の第一撃は成功する。混乱に乗じて突撃部隊は浸透し、シュマン・デ・ダーム高地の連合国軍は半日で一掃された。あくまでも陽動作戦のつもりだったため、ルーデンドルフの当初の予定はここまでにすぎなかったが、望外の成功をおさめた彼は、ためらわずに前進を続行させた。増援部隊を次々に投入し続け、ドイツ軍は攻撃3日目にはソワッソンを落として32キロメートルも前進した。

ドイツ軍はさらにマルヌ川をめざして前進し、5月30日にはパリまでほんの60キロメートルに迫った。攻撃開始後、ドイツ軍の獲得した捕虜は約4万5000人、火砲は約400門を数えた。大戦の初年に、シュリーフェン・プランにしたがってパリ目前に迫って以来の快進撃であった。パニックにおちいったパリ市民100万人が脱出する事態となり、政府も一時パリを離れることを検討した。しかも迎え撃つフランス軍の士気は低下している。大戦初年の第一次マルヌ会戦で燃え盛っていた彼らの熱狂的なまでの「エランヴィタール（必勝の信念）」は、すでに死にたえていた。ドイツの賭けは成功するのではないか…。フランス軍総司令官ペタンは敗戦を覚悟し、連合国軍総司令官フォッシュさえ危機感を強めていた。

しかし、クレマンソーだけは強気だった。なぜならフランス軍はまだ十分な予備軍をそろえていたし、それをタクシーや列車でいつでも投入できた。士気が低いフランス軍はドイツ軍の前進をはばむことはできなかったものの、前線の突破をどうにか抑えることに成功する。

アメリカ軍がついに参戦

ちょうどそのころ、20代のたくましく元気にあふれたアメリカ軍部隊は、「リパブリック賛歌」などを声高らかに歌いながら、貨物自動車で前線へ向かっていた。これを目の当たりにしたフランス軍総司令部は、生き返ったような感動をおぼえたという［図1］。もちろん、やつれ果てた連合国軍兵士ばかりを見てきたフランス人女性たちも、若々しく頼もしい、夥しい数のアメリカ兵の行軍を見て涙を流す。これできっとフランスは救われると信じた。

5月30日、フォッシュはアメリカ軍司令官ジョン・パーシング［図2］に、急遽救援を求めた。このとき、フランスに駐留するアメリカ軍の総兵力は65万人にふくれ上がっていた。パーシングは手持ちの部隊をこま切れに投入することを拒み続け、戦力の高まる時期を待っていたが、フォッシュの強い要望に負け、部隊ごとに分かれてイギリス軍やフランス軍の指揮下で参

図1　フランスに到着したアメリカ軍兵士

図2　アメリカ遠征軍総司令官
ジョン・パーシング将軍

戦することになった。

6月1日、アメリカ軍の機関銃大隊が、ドイツ軍の尖兵部隊をシャトー・ティエリーで迎撃し、撃退した。実際は小規模の戦闘にすぎなかったのだが、「アメリカ軍ついに投入」の報はフランス兵の士気を高めた。6月3日、ドイツ第7軍はベローウッドで、海兵隊旅団を含むアメリカ第2師団と遭遇した。元気で士気旺盛な海兵隊は撤退を拒否し、反撃してドイツ軍をまたもや撃退。この戦闘で、アメリカ軍海兵隊恐るべし、と高く評価されるようになる。アメリカ軍は4月末以来、毎月30万人の割合で西部戦線に到着し、ドイツ軍を迎え撃つ準備を進めていた。

こうして、アメリカ軍の参戦前に戦争に勝つというドイツ軍の望みはついえた。とはいえ、ルーデンドルフはまだあきらめていなかった。

第四次攻勢／「ノワイヨン－モンディディエ攻勢」（6月8日～6月12日）

6月9日、ドイツ第18軍は、モンディディエからアミアンのあいだ約30キロメートルの戦線の正面において18個師団を動員し、毒ガス混用の準備射撃を開始した。その後アミアンとマルヌ突出部のあいだにある、パリ郊外のコンピエーニュをめざして攻撃を開始。パリを包囲しようとして、このときは天候がドイツ軍に味方した。こうしてドイツ軍の最初の一撃は成功し、11キロメートル前進する。ここまではもくろみどおりであった。

しかし、このころになるとガスマスクを装着した勇猛な突撃部隊には、疲労と体力の消耗が見られるようになってきていた。いつのまにかインフルエンザが流行しはじめていたのだ。

今回の戦いは勝手がちがった。フランス軍は脱走兵からこの攻撃情報を得ており、十分な準備を整えていた。ペタンは最前線を軽く守り、あえてドイツ軍をふところ深く引き込んでおいて撃破することをねらった。引き込まれたドイツ軍突撃部隊は、自軍の砲兵の支援を受けられないまま、一方的にフランス軍砲兵の射撃にさらされた。こうしてペタンの考案した戦術によって、ドイツ軍の誇る浸透戦術にも限界が見えてきた。

6月11日、フランス軍4個師団がモンディディエ近郊で、ドイツ軍11個師団に対して反撃をおこなう。フランス軍には、ペタンのたっての要望で国産のルノーFT軽戦車が加わっており、兵力で劣勢なフランス軍は戦車の威力によってドイツ軍を撃退することに成功する。一方、アメリカ軍のペローウッドでの奮戦は、士気旺盛な部隊であれば戦車なしでも突撃部隊を撃破できることを示した。

ペタンはさらに、突撃部隊の「つねに前進を続ける」という戦略を逆手にとって、敵を自軍の奥深くまで引き込んでから、砲兵火力を集中して攻撃部隊を粉砕する戦術を編み出していた。フランス軍兵士たちの攻撃精神の衰えを知るペタンは、なるべく歩兵の力を借りず、砲兵火力や戦車の力でドイツ軍を打ち倒そうとしたのである。この成功以後、ドイツ軍の突撃部隊に対して砲兵火力を調整して撃退することが、第二次世界大戦に至るまでフランス軍の基本戦略となる。

第五次攻勢／「シャンパーニュ－マルヌ攻勢」(7月15日～17日)

パリ占領が遠のいたことを感じとったルーデンドルフは、イギリス軍撃破という当初の方針に立ち返り、まずはシャンパーニュでフランス軍を引きつけて攻撃をおこない、その後にイギリス軍を攻撃することにした。この戦いでは、ドイツ軍は約95キロメートルの戦線の正面において、使用しうる予備軍のすべてを投入。第一線は約１２０個師団、第二線は81個師団という大群で攻撃に出た。ドイツ第7軍はマルヌ川に向かって突撃し、14個師団がマルヌ川を渡ったが、アメリカ第3師団の頑強な防護戦闘がドイツ軍の攻撃を頓挫させた。その後連合国軍航空部隊の爆撃と砲撃がドイツ軍の渡る橋をほとんど破壊し、ドイツ軍の兵站支援と攻撃前進を阻止する。7月15日には風向きが変わり、ドイツ軍が発射した毒ガスが吹き戻された。

ルーデンドルフは攻撃失敗を認め、ソワッソン～シャトー・ティエリー～ランスからの撤退指令を出した。アメリカ軍が到着する前に連合国軍をたたいておく計画は完全に崩れ、ルーデンドルフの思惑はついえてしまった。

カイザーシュラハトの5か月間におけるドイツ軍の損害は50万人を超えていた。連合国軍側の損害はさらに多かったものの、アメリカ軍のフランス到着が月に30万人を超えるに至って、連合国軍は再び息を吹き返す。

カイザーシュラハトは、文字どおりルーデンドルフが打って出た、ドイツ軍の総力を投入した大きな賭けであった。

この戦いでは、ドイツ軍側も連合国軍側も大きな被害を受けた。ドイツ軍はこの一連の戦闘にマスタードガス弾を多用。まず先制攻撃をかけ、敵の陣地の一部をつぶしておき、そこに突撃部隊が浸透してゆくフーチェル戦法が、最初のうちは大いに功を奏した。

カイザーシュラハトはまさに、ドイツ軍の化学戦の威力を示すもっとも大きな見せ場となった。一方イギリス軍とフランス軍は、フォッシュ元帥のもとに協力関係を密にし、浸透戦術への防御法も確立していった。また毒ガス対策も大きく進歩していた。こうしてドイツ軍の進撃をかろうじて防いだのである。

インフルエンザの猛威

連合国政府は、マスタードガス弾に恐れをなし、イギリスもフランスも競って化学者を総動員する。マスタードガスを生産し、一刻も早くドイツ軍に報復しようとしていたのである。そのころハーバーは、マスタードガス弾を含む化学砲弾の重要性がドイツ軍首脳部にも十分理解されたので、増産の必要性を感じていた。しかし残念ながら、原料の不足から化学砲弾の製造に限界がきていることを知り、悲観していた。

そのうちに、連合国軍が待ちに待ったアメリカ軍が参入し、ドイツ軍の進撃をくじいたのである。ルーデンドルフは、ドイツには大物政治家クレマンソーやロイド・ジョージがいないことをたいへん悔しがっていた。

1918年のはじめに、アメリカのカンサス州で発生したインフルエンザは、早くも同年4月ごろから西部戦線で流行しはじめる。これを持ち込んだのはもちろんアメリカ軍兵士である。アメリカ軍の投入は皮肉にも、弱りきっていたドイツ軍兵士に、より大きなダメージを与えたのである。

ドイツ軍兵士たちは、最初こそ攻撃精神は旺盛であった。しかし、長期戦による疲労と栄養不足に加えて、インフルエンザがじわじわと蔓延してきており、戦力は低下の一途をたどっていた。インフルエンザの猛威は日ごとに目立つようになり、ルーデンドルフを大いに悩ませる。最終的にドイツ軍兵士でインフルエンザにかかった患者数は50万人にものぼったといわれており、これではさすがのルーデンドルフもまったく打つ手がなかった。

結局ドイツ軍の大攻勢を封じたのは、連合国軍による浸透戦術対策、次々と改良された戦車の投入、アメリカ軍の大量参入もさることながら、ルーデンドルフが回顧録の中で繰り返し述べているように、ドイツ軍におけるインフルエンザの大流行が何よりも大きく影響したものと思われる。

34 連合国軍の大反攻とドイツ軍の敗退

フォッシュ将軍を支えたクレマンソー首相

1918年、戦争の流れは4年前と同様に、マルヌ川で変わった。ルーデンドルフは計画どおり、7月15日に「カイザーシュラハト」の最後の攻撃、ブリュッヘル作戦を開始。マルヌからランスに至る前線を基点に攻撃に出ることにした。当時、ドイツ軍はすでにマルヌ川を渡り、その南岸に強力な橋頭堡を構築していた。ルーデンドルフはここを拠点としてパリ攻略をめざしていたのである。

すでに述べたように、ドイツ軍にはインフルエンザが蔓延しており、戦闘に動員できる兵員が激減し、ルーデンドルフは窮地に追い込まれていた。このドイツ軍の窮状を十分に把握していなかったフランス軍首脳部は、ドイツ軍のパリ進撃を恐れ続けていた。

クレマンソー首相は各界からごうごうたる非難を浴び、いてもたってもいられずフォッシュに一刻も早くなんとか有効な手を打つよう命じる一方で、議会が更迭を要求したペタンとフォッシュの両将軍をかばうのに苦労していた。そして彼は、時間をみつけては毎日のように杖をつきながら、最前線の兵士たちを激励してまわった。かつてロシアのケレンスキー首相がしてきたようにである。

連合国軍総司令官となっていたフェルディナン・フォッシュは、クレマンソーの後ろ盾で、次第に権限と発言力を増していた。彼はまず、ドイツ軍のもっとも重要な戦略的拠点に断固とした猛攻を加えようとした。同時に他の戦線においても、ドイツ軍の戦力の弱体化している部分を探りだし、漸次《ぜんじ》この戦線をつぶしてゆき、最終的にはドイツ軍に一挙に壊滅的な打撃を与えようとしていた。

フォッシュは、ドイツ軍のもっとも崩しやすい戦線は、ランスからソワッソンに至る西側の突出部であるという結論に到達する。そこでさっそく、全戦線に広く配置していた戦力をこの方面に集中し、きわめて隠密のうちに攻撃準備を整えることにした。

ドイツ軍の要衝3か所の集中攻略へ

7月24日、フォッシュはドゥーランに連合国軍の各司令官を集め、重要な戦略会議を開いた。この席でフォッシュは、イギリス軍司令官ヘイグ、アメリカ軍司令官パーシング、フランス軍司令官ペタンに、この年の作戦計画の大要を呈示。それによると、連合国軍がまず最初になすべきことは、ドイツ軍の戦線の主要な3か所の突出部、つまりアミアン、シャトー・ティエリーおよびサン・ミエルを攻略することだった。この作戦がうまく成功したあかつきには、動員しうる兵力をすべて投入して全面的な攻撃を敢行するという戦術である。とにかくフォッシュは、年内に決着をつける覚悟でいた。

1918年の春から夏にかけての約3か月間、イギリス軍はだいたいにおいて平穏な時期に恵まれ、その間に損失した兵力を回復し、実際にその装備も十分に強化するに至った。フォッシュは、ドイツ軍に対する次期の攻撃には、なるべく優先的にイギリス軍に担当させることを決意していた。彼は当初、ベチューヌ炭鉱前面地域のドイツ軍を駆逐するため、ヘイグが南フランドルにおいて懸案の作戦を開始することを提案した。しかしヘイグは当時、南フランドル攻勢に対する情熱をすっかり失っており、勝利を勝ちとるための出発点としてアミアンから攻撃に出ることを検討していた。イギリス第4軍司令官ローリンソンも、この地域における彼の軍隊をもってすれば、攻撃は必ずや成功すると自信をもって主張。そこでフォッシュも、この作戦計画にいちおうは賛意を示すことにしたのである。

アメリカ軍司令官パーシングは、戦闘に出る場合はアメリカ軍単独で攻撃に出ることを主張し続けていた。アメリカ軍の実力を一日も早く、本国のみならず連合国側に見せたかったからである。だが、装備の面ではまことにお粗末であり、イギリス軍やフランス軍に頼らざるをえない。大砲のほとんどはイギリス軍から提供されたものであり、戦車に至ってはすべてがフランス軍から得ていた。こうした事情から、最初のうちはどうしてもイギリス軍やフランス軍と協力体制をとらざるをえなかったが、軍の指揮権についてはできるかぎり干渉は許すまいと決心していた。そんなわけで連合国軍首脳部は、決して一枚岩ではなかったのである。とりわけフォッシュとパーシングはたびたび意見の衝突をみた。

第二次エーヌ＝マルヌ攻勢（7月18日～8月5日）

連合国軍はまずエーヌ＝マルヌ攻勢、つまりエーヌ川と南にあるマルヌ川に至るドイツ軍の突出部への攻撃を開始した。7月18日、待ちに待った連合国軍の猛反撃がはじまる。この連合国軍の反撃は、マンジャンが率いるフランス第10軍が主体となった。フランス第6軍が援助することになっていたが、それにアメリカ軍師団も加わってみごとな役割を果たした。

7月18日夜明け4時35分に、マンジャンのフランス軍砲兵部隊が40キロメートルにわたる戦線に一斉攻撃を開始する。彼の戦法はカンブレーの戦いを忠実に再現したもので、例のごとく砲兵隊による準備砲撃はいっさいしなかった。３３０両もの突撃戦車が付近の森林の中からいきなり現れて、ドイツ軍の戦線に向かって突進する。そこには１３０両のフランス製ルノー戦車も投入された。それらの戦車の後方からは、フランス軍の歩兵部隊が久方ぶりに、非常に巧みに渦をなして押し寄せていった。

この攻勢には、フランス軍爆撃機もはじめて攻撃に加わった。これこそ、のちに有名となる「電撃戦」のはしりであった。フランス軍は戦車と航空機を主軸として攻撃し、歩兵部隊をなるべく温存しようとしていた。

霧の中から突如として現れた大がかりの攻撃に、ドイツ軍の戦線は広い範囲にわたって圧倒されてしまった。とくにソワッソン南部地区においては、18日正午までにフランス軍は10ないし12キロメートル前進し、ウールシー付近に迫った。しかし、この時点になるとドイツ軍も猛反撃に出てきて、フランス軍はやむなく、夕闇がおりるころまでに前線まで後退せざるをえなくなる。

18日からはじまったシャトー・ティエリーの戦いでは、アメリカ軍の戦闘意欲の高さが、一緒に戦ったフランス軍から称賛された。また、ドイツ軍からも恐れられ一目置かれた。そういう意味でアメリカ軍兵士がいかに勇敢であるかがわかる。結果、アメリカ軍に死傷者1万1000人が出た。ドイツ軍の死傷者は不明である。19日になってフランス軍は再び攻撃に出たが、またもやドイツ軍の激しい抵抗にあう。この攻撃は一進一退の様相を呈していたものの、フランス軍が次第に有利に立ってゆき、すっかり崩壊したと思われたフランス軍の思いがけない猛攻撃によって、ドイツ軍の士気は大いに低下した。こうして18、19日の両日にわたり、連合国軍が獲得した捕虜はじつに1万7000人を数え、鹵獲《ろかく》した砲門は360におよぶ。とはいえ、フランス軍戦車の被害も予想外に大きく、攻撃第1日には102両、2日目には50両、3日目には27両を失い、ここでフランス軍戦車のもろさが露呈した。

ソワッソン西南部地区におけるフランス軍の進撃によって、マルヌ川南岸に向かって突出戦線を形成していたドイツ軍には、包囲される脅威が歴然となってきた。このため現地のドイツ軍司令官は急遽、19日の夜闇を利用してマルヌ川南岸に陣取っていた部隊をしぶしぶ北岸に撤退させる。20日以降、ソワッソン南部地区のフランス軍は、なお頑強な敵の抵抗を排しつつ攻撃を続行し、23日にはソワッソンからシャトー・ティエリーを結ぶ直線を占領した。

一方、アメリカ軍の精鋭部隊はマルヌ川を渡って北進し、南方からドイツ軍を包囲するかたちとなる。数回の攻撃を受けてドイツ軍は、包囲をまぬかれるため全般的に戦線を後退せざるをえなくなった。この戦いで、フランス軍もイギリス軍と同様、戦車と爆撃機の威力をあらためて痛感する。こうしてフランス軍の電撃作戦は、次々と功を奏していった。

7月20日、ルーデンドルフは計画していたフランドル攻勢を棚上げにして、シャンパーニュ地方のエーヌ＝マルヌ正面の戦線の安定化に全力を投入することにした。連合国軍からの攻撃を受けて戦線を後退させたドイツ軍は、こうして堅持していたマルヌ突出部の戦線を失ってしまう。

8月6日、フランス首相クレマンソーは、フランス軍の久々の勝利に感謝して、フォッシュに元帥の称号を付与した。

ドイツ軍の第四および第五次攻勢と連合国軍のエーヌ＝マルヌ攻勢をあわせた「7月攻勢」は、「第二次マルヌ会戦」とも呼ばれている。なぜなら、戦局の主導権がドイツ軍から連合国軍に移った転換点となる会戦だったからである。ルーデンドルフの賭けは失敗に終わり、戦線の長さは約45キロメートル縮まった。そしてパリとシャロンを結ぶ重要な鉄道を連合国軍が確保し、利用できるようになっただけでなく、パリに対する脅威も減少した。

連合国軍としては、フランス軍、イギリス軍、アメリカ軍、さらにはイタリア軍の4か国軍が一致協力して戦う態勢ができあがった。これで連合国軍の士気はいっそう高揚し、その反対にドイツ軍の士気は沈滞する。この第二次マルヌ会戦では、ドイツ軍は捕虜3万人を含む死傷者13万人、大砲600門、地雷敷設機200個、機関銃3000挺を失った。これに対してイギリス軍は死傷者1万6500人、フランス軍は9万5000人、イタリア軍は9300人、アメリカ軍は1万2000人の損害を受けた。

この第二次マルヌ会戦以後、ドイツ軍は機関銃とマスタードガス弾の併用が、きわめて重要であることに気付き、みごとなほど功を奏して退却を可能とし、連合国軍をドイツ軍にとって恐れのない距離に遠ざけていた。

連合国軍、起死回生のアミアン大攻勢(8月8日〜9月4日)

フォッシュは早くも7月13日には、アミアン前方のドイツ軍突出部に向かって、イギリス第4軍をもって攻撃をおこなう準備をするようローリンソンに命令し、彼は計画どおり着実に準備を整えていた。このアミアン攻勢には、フォッシュの主張する「奇襲」を重視して、作戦の秘匿に十分すぎる配慮がなされていた。上層部の攻撃意図は、各師団長でさえ攻撃の8日前まで知らされず、一般の兵員に至っては攻撃開始36時間前まで知らされていなかった。列車230本が部隊の集結に、60本が弾薬の運搬に使われたが、こうした列車による大移動もすべて、夜間にひっそりとおこなわれた。さらに８００機からなる爆撃機の大編隊を動員し、昼夜低空飛行をさせて、その轟音で軍隊の移動を隠し、ドイツ軍の偵察を妨害する念の入れようであった。

またこの戦いには、３２４両のイギリス軍重戦車と96両の高速軽戦車、加えて90両のフランス軍軽戦車、総計で６００両に近い戦車が用意された。万事が戦車主体の奇襲を基調として準備された。

８月８日午前４時20分、朝霧にかすんだ薄明かりの朝まだきころ、４００両を超えるイギリス軍の戦車隊は、満ち潮のごとくドイツ軍に向かって突撃に出た。それにあわせて連合国軍の砲兵隊が火ぶたを切る。それぞれ４個師団のカナダ軍とアンザック軍および２個師団のイギリス軍が、予備隊として３個師団の歩兵と騎兵軍団をしたがえてイギリス軍の戦線に出動した。８個師団のフランス軍もその右翼を、梯形《ていけい》の隊列をなして続いた。イギリス、カナダ、アンザック軍歩兵部隊は、戦車部隊に続いて前進していった。

ドイツ軍最悪の一日

ドイツ軍陣地の守備隊は、断続的な砲撃とともに、濃い霧の中から突如として眼前に現れた連合国軍の戦車部隊と歩兵部隊の大軍に、あっという間もなく取り囲まれる。混乱してしまい、抵抗するどころではなく、相次いで降伏していった。午前7時ごろには、アンザック軍団の多数の部隊が、攻撃出発地点から6・5キロメートルほどに設定された第一目標のグリーンラインに到達し、7時45分までにカナダ軍団の戦闘部隊も同ラインに到達。午前8時には、連合国軍突出部の左側面を援護するイギリス第3軍団も同ラインに到達した。

爆撃機の大編隊が、歩兵部隊の支援としてドイツ軍陣地に対して対地攻撃をおこない、他方で前進する歩兵部隊に弾薬を補給した。これは、おそらく第一次世界大戦においてもっとも大規模かつ完璧な奇襲作戦であったといわれている。また連合国軍は、類を見ない画期的な電撃戦を展開したのである。戦車と航空機の組み合わせによる圧倒的な優位は、ドイツ軍に鮮烈な印象を与え、最前線の指揮官たちは非常に悲観的になった。

全戦線にわたって、とくにカナダ軍ならびにアンザック軍が戦った中央部においては、連合国軍の勝利はじつにめざましいものであった。ドイツ第2軍はすでに4万8000人もの兵員と400門もの火砲を失っていた。そのなかの3万3000人の兵士が行方不明である。このとき連合国軍では3万人の捕虜を得たと報告されていたので、行方不明者のほとんどが連合国軍に投降していたことになる。戦線には幅約20キロメートルにもおよぶ大穴があいていた。

ローリンソンは、初日だけでもドイツ軍7個師団に壊滅的な打撃を与えたものとみていたが、連合国軍も無傷ではなかった。スピードがのろく、装甲の薄い連合国軍の戦車は、ドイツ軍砲兵隊の格好の標的となっていたからである。とくに戦車の稼働数は、故障や損傷により145両へと激減し、騎兵部隊はすでに1000頭近い軍馬を失って、戦果拡張の役に立たないことがますます明確になっていた。

ルーデンドルフは大量の予備軍を投入して、戦場にあいた大穴を迅速にふさいでいった。8日中に第2軍予備の1個師団と第17軍からの1個師団が到着し、翌9日までにさらに4個師団を配備できる見込みとなっていた。ただし、この予備軍の1か所への大量投入が、のちに他の戦線を弱体化することにつながる。

ルーデンドルフは、すっかり虚を突かれたうえに、大量の兵士の失踪が出たことにおどろく。ドイツ軍部隊の士気は予想以上に低下しており、兵士たちのほとんどが精神的に破たんをきたしていることに気がついた。その結果、自ら「交渉による和平の道を探求しなければならない」と思うようになった。ルーデンドルフはこの8月8日をわざわざ「ドイツ軍最悪の一日」と呼んだ。このアミアン攻勢はほどなく行きづまり状態になったが、この戦いこそ、来たるべき悪夢の前兆であった。

このアミアン攻勢でのドイツ軍の損害は、捕虜3万人、死傷者1万8000人、連合国軍はイギリス連邦軍が死傷者2万2000人、フランス軍が死傷者2万人であった。戦術的にも戦略的にも、第二次マルヌ会戦に勝利を加算する結果になった。

ドイツ軍の士気はさらに低下

一時的にパニックに近い状態におちいったドイツ軍ではあったが、やがて規律を回復する。予備軍が投入され、約16キロメートル後方に退いて防御態勢を再構築した。

8月10日、フランス第1軍団の右翼では、イギリス第3軍が攻撃を開始し、モンディディエを奪取した。

8月11日、フォッシュはイギリス軍司令部に乗り込み、さらなる攻撃を続けるよう要望した。しかし、慎重なヘイグは部隊の再編制のため勝手に前進を停止する。霧が晴れると、連合国軍とドイツ軍の航空部隊は華々しい空中戦を展開した。

ルーデンドルフでさえ8月15日には、戦争を勝利でなく交渉によって終わらせるべきだと思うようになる。

8月21日から9月4日までは、作戦の進展にともなって左翼にイギリス第3軍、右翼にフランス軍が並列して攻撃する態勢をとるようになる。8月22日、イギリス第4軍が中央に割り込んで攻撃に参加。その後方左翼にイギリス第1軍が続行した。

ルーデンドルフは、フランドルのリース川突出部とアミアン地域から、全般的な後退命令を出した。8月30～31日、アンザック軍団はソンム川を渡河してペロンヌを奪取し、サン・カンタンに脅威を与えてドイツ軍の後退を妨害した。

9月2日、カナダ軍団は北翼に転進してカーンの近くまで突進。ドイツ軍の戦線はあらゆる面で崩壊しはじめ、ヒンデンブルク線への後退を迫られていたが、このときまでにへイグは予備隊を使い果たしており、戦果拡張に投入できる兵力がなくなっていた。

サン・ミエルの戦い

9月3日、フォッシュは決断し、全戦線での新たな攻撃命令を出した。

「全軍、戦闘開始せよ」と。

アメリカ軍のパーシングは9月12日、フォッシュの指示どおり、ヴェルダンの南方にあるヒンデンブルク線の突出部、サン・ミエルで攻撃にでた［図1］。

ドイツ軍はアメリカ軍のサン・ミエルからの攻撃を予想しており、すぐに大量のマスタードガス弾を撃ち込んだ。ドイツ軍には砲弾が少なくなってきており、残ったマスタードガス弾を手あたり次第にアメリカ軍に向けて砲撃した。

この戦いで、アメリカ軍は死傷者7000人、ドイツ軍は捕虜8000人を含めて1万5000人の被害が出た。このサン・ミエルの戦いでは、アメリカ軍はマスタードガス弾の脅威に恐れをなしたという。1918年後半には、アメリカ軍もマスタードガス用のガスマスクを導入した。

9月16日には、ヒンデンブルク線の突出部は連合国軍の手に落ちた。

ドイツ軍の士気はさらに低下し、ルーデンドルフ自身も失望をかくせなかった。8月8日までは、ドイツ軍兵士たちは決定的な戦闘をし、勝利し続けているものとばかり信じていた。だが今や彼らは、このころの戦闘が無意味なものと思うようになっており、もはや勝利しようとは思わなくなっていたのである。戦争が一日でも早く終わり、生き延びて帰国することだけを望んでいた。

図1　サン・ミエルで本格的な戦闘を開始したアメリカ軍

35 ドイツ帝国がついに崩壊

ウィルソンの14カ条

アメリカは、1917年4月にドイツに宣戦布告をしていた。これを契機に反独感情が急遽高まり、アメリカ在住のドイツ人は写真や指紋の登録が命じられ、2000人以上が収容された。さらに5月には徴兵制が導入され、兵力が急速に増加。アメリカ陸軍は、1年3か月後には400万人の大軍となる。そして続々とアメリカ軍兵士をヨーロッパ戦線に送り込んでいたが、装備はお粗末で、訓練不足もあり、戦争の犠牲者は次第に夥しいものとなっていく。この年は、ヨーロッパ戦線では全般的に決して満足すべき戦況とはいえなかった。

12月7日、アメリカはオーストリア＝ハンガリー帝国に対して宣戦布告をする。

ロシアのペトログラードからは、ボリシェヴィキによる革命思想が高まりをみせてきていた。アメリカのウィルソン大統領としては、ボリシェヴィキ政府が進める革命の西ヨーロッパへの、さらにはアメリカへの波及に対して防壁を築く必要があり、その対応に迫られていたことから、彼はアメリカ合衆国の伝統的な政治原則に基づく平和構想を練っていた。

1918年1月、アメリカ軍兵士がヨーロッパ大陸に大量に派遣されていたにもかかわらず、なんらめざましい戦略効果があがっていないことから、イギリスやフランスから厳しい非難が相次ぐ。さらに国内においても国民の不満がつのってくるなど、政権の基盤が崩れそうになってきたため、彼は決断する。

1月8日、ウィルソン大統領は、年頭教書の中で「世界平和のための14カ条」をかかげ、この戦争は、単なる帝国主義者たちの戦いにすぎないと決めつけた。ソヴィエトのレーニンの主張に反論し、アメリカをはじめとする連合国が、いかに平和を求めて戦っているかを世界に知らしめることを主張したのである。

このウィルソンの14カ条の基本となる三つの原則というのは、民族自決、自由貿易、国際連盟の設立であり、第1条には開かれたかたちでの講和を締結することを明記している。次に、海洋の安全と自由の承認、国家間の経済障壁の撤廃、国内の安全と両立する水準への軍備縮小、大戦から派生する植民地問題の調整、すなわち民族構成を基盤とするドイツ植民地の分割を提案した。またさらに、ロシア国家全体の尊重と、国内政体選択の自由の尊重を保証していた。

続く緒条の中では、ベルギーの回復、イタリア国境の是正、オーストリア＝ハンガリー帝国の再編成、ポーランド国の再生などを提案。最後に第14条では、大小にかかわらずあらゆる国家の政治的独立と領土を保証する「一般的国際連合」の設立を要請した。アメリカ政府は、「平和原則14カ条」の演説のパンフレットやビラなど750万部を印刷し、交戦国を含めて全世界にばらまいた。ウィルソンは、これでもって自らの考えを世界中の指導者に理解してもらおうとしたのである。この年頭教書に対して、イギリスやフランス政府は、重大な時期なので公式な異議を申し出なかった。結果、これでアメリカは世界の盟主へとのしあがっていった。ヨーロッパにおいては、ロシアも、ドイツも、オーストリア＝ハンガリー帝国も没落し、広大な植民地を有するイギリス、フランス両国もすっかり衰退していたのである。

ルーデンドルフは、この時点に至っても、じつは戦闘を再開する前にドイツ軍に一息つかせるためにウィルソンの和平を利用しようとしていた。だがこれは無駄であることを思い知らされることになる。

このウィルソンの提案は、オーストリア＝ハンガリー帝国やオスマントルコ（オスマン帝国）などの国の中に数ある民族の自決を促し、独立運動の口火を切ることとなる。帝国内のいわゆる「従属」民族は、自分たちが一刻も早く独立民族としてかたちを変えさえすれば、敗北の重荷・負担から逃れて連合国の一員になれることを悟った。

八方ふさがりのドイツ

ルーデンドルフは、その年の8月8日の暗黒の日以降、精神的にすっかり消耗しきっていた。アメリカの参戦によって、「ドイツはついに世界を敵として戦っている」という思いが強くなっており、彼の部下の幕僚たちも、彼がどうしようもないスランプに落ち込んでいるのに気づいていた。彼は過労と衰弱が次第に進んできていることを自覚し、高名な精神科医の診察を受けざるをえなくなっていた。この8月以降、ルーデンドルフのほかドイツ軍参謀本部もまた、八方ふさがりの状況に直面して勝利に疑問を抱くようになり、9月に入るとウィルソンの提案に基づいて停戦を求めるようになった。オーストリア＝ハンガリーの敗北のニュースが伝わると、ドイツ参謀本部全体が悲観論に覆われ、9月28日、ヒンデンブルクとルーデンドルフは、即時休戦を申し出る以外に道なしとの結論に達した。

10月になるとドイツ国内では、ずっと苦しんできた飢餓からの解放と和平を求める世論が日を追って広がった。

そして10月7日、連合国軍側と交渉の結果、翌8日にドイツ政府側の講和委員たちがサンリースにある連合国軍総司令部におもむき、フォッシュ元帥と会見。正式に休戦を要求したが、これに対して連合国軍からは休戦条件を読み上げられ、正文の交付を受けたものの、ドイツ政府側からの即時休戦の申し出は拒絶される。

10月14日の夜、ドイツ政府はスイス政府をとおしてウィルソンに講和を提案した。翌日、ウィルソンからドイツ政府に対して膨大な損害賠償を請求してきた。ドイツ政府にとっては到底受け入れがたいものであったが、ヒンデンブルクとしては結局、停戦条約を承認せざるをえなかった。10月25日、デモに出た群衆からは、ルーデンドルフの退任と、ヴィルヘルム2世にも退位を求める声が次第に高まりを見せていた。

翌26日、ヴィルヘルム2世は、ベルリンでヒンデンブルクとルーデンドルフの2人の軍最高首脳部を引見した。2人は、ドイツ軍はもはや兵力が著しく減少してきており、これまでの損害は予想をはるかに上まわっていること、とくに将校の死傷者が多いこと、さらに、いまやわが軍には予備兵力がまったくなく、絶え間ない攻撃に対してはただ退却あるのみであると訴え、早急に戦闘をやめて、これ以上の犠牲者を出さないようにと進言した。

しかし、ヴィルヘルム2世は頑として応じなかった。ルーデンドルフは、ついにヴィルへルム2世に対してただちに引責辞任すると申し出て、参謀本部に別れを告げた。このときヒンデンブルクも辞任を申し出たが、彼は現職にとどまるよう命じられた。

このあと、ヴィルヘルム2世は参謀本部をあまりあてにせず、社会民主党の助けを求めるようになる。すでにウィルソンによってドイツ政府の早急な民主化が求められていたため、ヴィルヘルム2世は議会多数派の支持を集め、早くから和平を主張してきた自由主義者のマックス・フォン・バーデン公を新たに宰相に任命した。これがドイツにとって思いがけない事態を招くこととなる。

こうしてドイツはあまり大きな抵抗もなく、自ら立憲君主制から議会制君主国となったのである。これは「10月改革」と呼ばれているが、このように速やかに政権移行をおこなったのは、じつはあくまでもロシアにおけるボリシェヴィキ革命がドイツで起きることを避けようとしたためである。マックス公がさっそくウィルソンに対して休戦を申し出たところ、ウィルソンはただちにルーデンドルフの解任を要求してきた。

そして10月末には、ヴィルヘルム2世はベルリンを離れ、大本営をベルギー領の保養地スパに移した。

ドイツも革命へ突入

予想外の事態は、ほかならぬドイツ軍内部から起きた。10月29日、海軍幕僚部はイギリス海軍への最後の攻撃のために、大洋艦隊を総出動させる決定を出した。しかし、すでにドイツの敗北を知っていた水兵たちは、それは単なる自殺行為にすぎないと考え、出航を拒否する。ヴィルヘルムス・ハーフェンと、それに続いてキールでも戦艦の乗務員たちが反抗し、反乱水兵たちは暴動を起こしはじめた。2日後彼らは上陸し、キールのまちなかに暴動を持ち込んだ。

11月3日までにキールはすっかり彼らに占拠され、これがドイツ革命の発端となった。まもなくそのニュースはベルリンに届く。そして7日にはミュンヘンにおいて、また11月9日、ベルリンにおいて労働者が武装蜂起。マックス公と仲間たちは、革命がやがてドイツ全土に広がるだろうと確信していた。11月の第1週には兵士たち、労働者たち、そして戦争に疲弊した国民が蜂起に合流し、ドイツ全域におよぶ大反乱へと拡大していった。しかもこの反乱の鎮圧を命じられた軍隊および警察は、ほとんど抵抗もせずに降伏するか、あるいは反乱者側に寝返った。多くの都市で労働者・兵士評議会が政治権力を引き継ぎ、大衆の政治集会は以前にもまして厳しく、即時講和と皇帝の退位を迫った。ベルリンの目抜き通りでは、毎日のように革命歌「インターナショナル」が流れた。

戦争の最後の週には、75万から100万のドイツ軍兵士が前線から姿を消した。

このような状況下において、中央党左派の政治家マチアス・エルツベルガーが休戦委員会の委員長に任じられた。この委員会は、多くのこの種のものとちがって軍の最高司令部代表を一人も含まなかった。このような排除策は、最高司令部を敗戦の責めからいっさいまぬかれさせようと意図した計略であったとしばしば説明されているが、実際のところこの策は、軍部代表が加わった場合はごたごたを引き起こし、戦争を引き延ばすのではないかという懸念からとられたものであった。11月7日、エルツベルガーは無線電話で、連合国軍総司令官フォッシュとの会見を求めた。翌日彼らはパリ郊外のコンピエーニュの森の列車の中で会見。事態が事態であったので、ドイツ政府はどんな条件が持ち込まれようと、休戦にとびついた。

この日、ミュンヘンで自然発生的な蜂起が起きた。在郷軍人では兵士評議会、工場では労働者評議会が結成され、その後この労兵評議会は大都市で一種の行政を引き継いだ。

ヴィルヘルム2世の退位

11月9日、革命はついに首都ベルリンにまでおよんだ。朝早くから労働者をはじめ市民たちの自然発生的なデモが起き、まちなかには「平和、パン、自由」と書かれたプラカードがあふれていた。

すでに国民の中からも、政党の中からも、ヴィルヘルム2世の退位を求める声が強くなってきており、マックス公自身もロシアで起きたような過激な革命を避ける最良の手段として、皇帝自身に退位を進言していた。しかし皇帝は耳を貸さず、10月末にベルリンを離れてベルギーのスパにおもむいたままであった。

それを知ったマックス公は、独断で皇帝の退位を布告し、あわてて首相の地位を社会民主党の指導者フリードリッヒ・エーベルトに譲った。これを耳にした社会民主党員で、国務長官でもあったフィリップ・シャイデマンは思わず熱狂的発作にかられ、国会議事堂のバルコニーから群衆に向かって革命を宣言し、「ドイツ共和国万歳」と叫んでいた。

この日、ルーデンドルフは「ドイツは一定の指導者を失い、精神を奪われ、あたかも紙くずのように解体された」と書き残している。

11月9日、陸軍総司令部では39名の前線司令官たちを大本営に召喚し、休戦の場合に陸軍が革命に反対し、皇帝のために戦う覚悟があるかどうかを報告させた。司令官たち全員の一致した判断は、否であった。こうしてドイツ軍は、国外でも国内でももはや戦闘を続けるつもりはないという結論が出た。翌10日早朝、ヴィルヘルム2世は事態の変化を感じとり、軍首脳部の助言を受けて御用列車で大本営から走り去り、オランダ国境へ向かった。ヴィルヘルム2世の退位と無言の旅立ちは、参謀本部の将校のみならず、すべての階級のドイツ軍将校に対する、まさにこん棒の一撃だった。皇帝の逃亡と革命の勝利というニュースに接して、ルーデンドルフは悲しむというより怒りの反応を示した。

休戦協定とヴェルサイユ講和条約締結

11月11日午前5時に休戦条約を締結。開戦から4年にしてようやく、この日午前11時に西部戦線の砲声は沈黙した。イギリスでは数時間のうちに再び、教会で勝利を祝う鐘の音が響きわたった。「戦勝の日」を祝うため、人々は街路に飛び出し、連合国各国の国旗が11月のどんよりとした空のもとにひるがえっていた。フランスでも同様の光景が見られた。

旗がうち振られ、大勢の人々が「ラ・マルセイエーズ」を声高らかに合唱し、フランス国民は敗北をまぬかれたと喜びにわいていた。しかし、あまり目立った祝賀の雰囲気は見られなかった。というのは、フランスはあまりにも多くの被害を受けていたからである。

一方、ドイツでは歓迎すべき歓喜の日ではなかった。ドイツ軍兵士たちは、戦場で本当に戦争に敗れたのだという認識はなく、帰還した700万の兵士のほとんど誰もが、敗北を喫した実感をもっていなかった。ドイツが無条件降伏を受け入れたことに対して、おどろきとともに裏切られたと感じた兵士が大勢《たいせい》であった。

ヒンデンブルクはこの日、すべてのドイツ軍兵士に対して最後の呼びかけをおこなった。「休戦が調印された。この日までわれわれは、名誉ある軍人であった。忠誠をもって義務に尽くしてきた。軍は壮大な偉業をなし遂げてきた。勝利をもたらす攻撃によって、ねばり強い防御によってわれわれは敵を国境から遠くで抑えることができた。われわれはかくして、祖国を恐怖と破壊からまぬかれさせたのである。敵が次第に増大し、力つきたわが同盟国が崩壊し、経済状態が次第に悪化したことで、わが政府は厳しい講和条件を受け入れることを決心し、泣かねばならなくなった。しかし、われわれは敵であふれた世界に対して4年間みごとに戦った。この戦争を誇りに思い、顔を上げて、胸を張って武器を置こうではないか」。

ルーデンドルフは、退任後にまとめた回想録の中で、「私は軍人として一生涯、私に与えられた任務を存分にまっとうしてきた。私は国を愛し、軍隊を愛し、皇室を愛し、わが国を破らんとする敵に対しては、その意志をくじき、ドイツを安全ならしめんと最善を尽くしてきた」と締めくくっている。

11月中旬には、ボリシェヴィキの策動が活発化して、ドイツ国内は騒然としてきた。身の危険を感じたルーデンドルフは、友人の勧めにしたがってスウェーデンへ移住する。11月28日になってヴィルヘルム2世は、ドイツ国王とプロイセン国王を退位すると正式に通告してきた。

連合国軍とドイツとの講和会議は、1919年5月7日から6月28日にかけて、パリ郊外のヴェルサイユ宮殿でおこなわれた。講和条約の会議では、もちろんフランスのクレマンソー、イギリスのロイド・ジョージ、それにアメリカのウィルソンの3人が主役をつとめた。この講和条約がめざしたのは、「事実上ドイツを二度と戦争のできない国にする」というものであった。

36

オーストリア＝ハンガリー帝国の崩壊

動き出したイタリア戦線

１９１８年春になると、ドイツ軍は春季攻勢に備えてイタリアから西部戦線に軍隊を引き戻すようになった。一方、背後に連合国からの援軍を抱いたイタリア軍は、ピアーヴェ戦線でようやく立ち直りはじめていた。これはイタリアの新首相オルランドが「ロンドン条約」を楯にとって連合国軍側に援助を求めた結果であり、これによってイタリアが受けた連合国軍からの支援は、援軍だけにとどまらなかった。予想もしていなかった膨大な量の兵器、石炭、食料品、資金の供給がアメリカから届いたのである。

アーネスト・ヘミングウェイ［図１］もわざわざアメリカから志願して、イタリア軍の前線に向かい、ピアーヴェ戦線にたどりついていた。彼は戦闘員としてではなく、負傷兵や前線の兵士たちにチョコレートやたばこを配る赤十字の仕事にずっと従事した。イタリ

図1　ピアーヴェ戦線にいたころの若きアーネスト・ヘミングウェイ

アは、アメリカからの救援を期待していたので、彼は大いに歓迎された。

そのころにはむろん、イギリスからもさまざまな武器が提供された。しかし、イギリス自体は現実的には余力はほとんどといってよいほどなかったのである。

イタリア軍はカポレットの戦いで壊滅的損害を受けたガス投射器でもって、なんとかオーストリア＝ハンガリー軍にしっぺ返しをしようとした。そこでディアッツはイギリス軍に頼み込んでガス投射器を入手する。１９１８年の春、正確な日時は不明であるが、イタリア軍の投射したガス砲弾は、ホスゲンと塩素だったようである。このガス投射攻撃で、オーストリア＝ハンガリー軍に予想以上の被害者が出ていた。イタリア軍は、早くもオーストリア＝ハンガリー軍に対してカポレット戦の仇討ちを果たしたことになる。この戦果は久方ぶりに国をあげて大歓迎された。

いったんは援軍の約束を果たしたものの、イギリス軍とフランス軍の大部分は3月に控えた春季攻勢のために撤退してしまい、最終的にイタリア軍は単独でドイツ・オーストリア＝ハンガリー同盟国軍に立ち向かわざるをえなくなった。

コンラートとボロイェヴィッチの確執

カポレットの戦いののち、ドイツ軍はすべての兵力をイタリア戦線から西部戦線に移動した。それはアメリカ軍の参戦に備えるためであったが、そのためにオーストリア＝ハンガリー軍はこのあと単独でイタリア軍と対戦せざるをえなくなる。

このときオーストリア＝ハンガリー軍では、アーサー・アルツ・フォン・ストラウセンブルグ上級大将が新たに参謀総長に就任していたが、彼は早急にイタリア戦線を自らの手で終結にもっていこうとしていた。ルーデンドルフに一刻も早くイタリア戦線を片づけてしまうよう繰り返し指示されていたのである。

北のトレンティーノ正面に布陣していたコンラート前参謀総長と、南のピアーヴェ戦線に陣を固めていたスヴェトザル・ボロイエヴィッチ将軍もその方針にはいちおう同意したものの、いずれもこの作戦の主導権をとることにこだわった。コンラートは北方のトレンティーノから南方への攻撃に重きをおくことを主張。ボロイエヴィッチは南方のヴェネト州西部のピアーヴェ川に沿って西方への攻撃を継続することこそ重要であると主張し、意見が対立した。コンラートの占領目標はヴェローナであり、ボロイエヴィッチの占領目標はパドヴアであった。いずれもイタリア北部を囲むようにして制圧してしまうことでは一致していた。

参謀総長ストラウセンブルグは、両者のなかをとって両軍が同時に攻勢に出る案を採用した。しかし2人とも勝手に攻撃に出ては撤退し、戦略的にはまったく調整ができなかったのである。コンラートとボロイエヴィッチはもともと犬猿の仲であり、ことあるごとにいつも対立していた。ストラウセンブルグはこの2人の将軍の提出した作戦計画の調整に大いに頭を痛めていた。

これではオーストリア=ハンガリー軍のせっかくの総攻勢の意味はないに等しい。それでも利用できる兵站支援だけは両者に均等に配布された。しかしコンラートもボロイエヴィッチもともに、初期攻撃の成果を拡張するに十分な戦力を持つことができなかった。

結局最終的には、オーストリア=ハンガリー軍の攻勢は2か所から、まったく別々に戦力を二分しておこなわれることになってしまうのであるが、その当時オーストリア=ハンガリー軍の攻撃力は種々の困難に悩まされていた。兵站線が延びきったため食料や弾薬の補給がまったく閉ざされ、きわめて危険な状況におちいっていたのである。とりわけ食料不足は深刻であった。

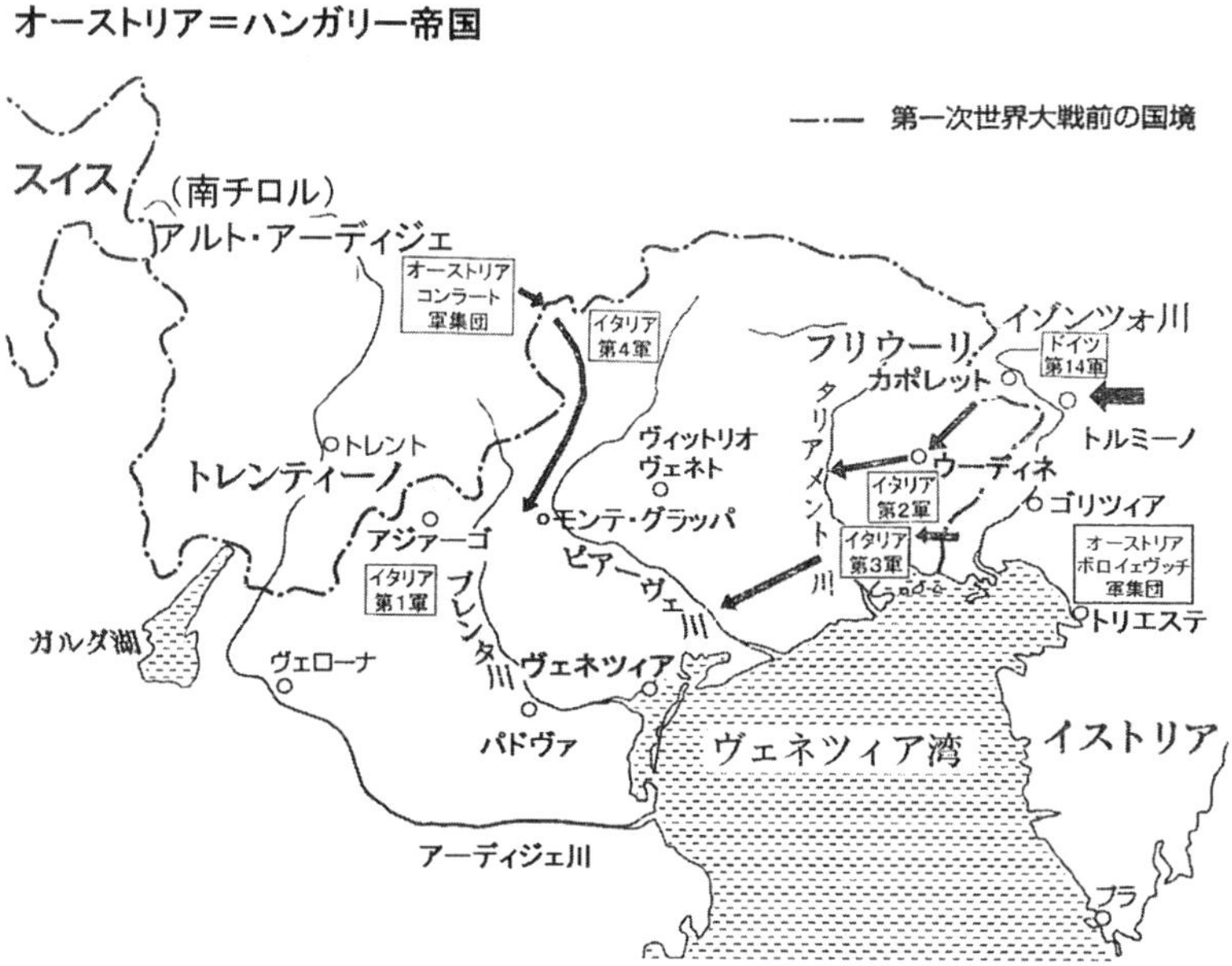

図2　1917年10月のカポレット戦後の推移

カポレットの戦いから1年後には、イタリア軍は連合国軍総司令官フォッシュの援助により大いに戦力を回復していた。イタリア軍は当時56個師団を確保していたが、そのなかにはチェコ軍1個師団、イギリス軍3個師団、フランス軍2個師団を抱えており、装備や弾薬なども連合国なみにいちだんと充実していた［図2］。

ピアーヴェ川の戦い

1918年6月15日からオーストリア＝ハンガリー軍は、ピアーヴェ川西岸に対して新たな攻撃に突入した。脱走兵から入ってくる情報によって、イタリア軍の新参謀長ディアツ大将は弾力的に対応し、防御準備に抜かりはなかった。6月15日早朝から、オーストリア＝ハンガリー軍の本格的な攻撃がはじまった。この攻撃でコンラート軍集団は、北方のアジアーゴ高原からヴィチェンツァをめざして進撃し、イタリア第4軍と第6軍を攻撃して多少の地歩を獲得。しかし、イタリア軍はオーストリア＝ハンガリー軍の反撃を十分に予知していたため、その進撃はすぐに阻止され、逆襲を受けて後退する。

一方ボロイェヴィッチ軍集団は、ピアーヴェ川下流に沿って東方から攻撃し、イタリア第3軍を広正面において約5キロメートルを後退させた。オーストリア＝ハンガリー軍はピアーヴェ川対岸に5か所の橋頭保を確保していたものの、運悪く大雨が続いてピアーヴェ川が氾濫。中州を維持することができなかったためせっかくの橋頭保を増強することができず、渡河不能となっていた。そのときイタリア空軍機がオーストリア＝ハンガリー軍の数少ない兵站線を爆破してしまったので、攻勢成功の夢はついえた。6月19日と20日には、完全な1個軍（第9軍）を予備として温存していたディアツは、迅速に側方に増援してオーストリア＝ハンガリー軍の攻撃を一蹴した。

6月22日からはじまったボロイェヴィッチの攻撃は、コンラートからの支援を得ることができず挫折した。イタリア軍は全戦線にわたって反撃に出て、オーストリア＝ハンガリー軍の攻勢を完全に阻止。6月23日には、オーストリア＝ハンガリー軍はピアーヴェ川の戦線から敗走しはじめた。

連合国軍総司令官フォッシュは、すぐさまオーストリア＝ハンガリー軍を追撃するよう指示してきた。しかし、ディアツはフォッシュの言うがままになるのを嫌ってこの指令を拒否した。ディアツは、西部戦線において連合国軍の来たるべき成功が確認されるまでは、自ら攻撃に出ずじっと待つことにしていた。彼はじつに慎重な指揮官であった。

この戦いでは、イタリア軍は「アルディーチ（大胆な者たち）」と呼ばれる特殊部隊を編成して攻撃に出た。裸になった兵士がからだをまっ黒に塗りたくり、対岸のオーストリア＝ハンガリー軍の歩哨に忍び寄ってのどを掻き切るため、毎晩のように冷たい水の中に潜っていった。いわば「ピアーヴェ川のワニ」であった。このゲリラ型の攻撃部隊の隊員たちは、情熱的な若い志願兵や、敵兵を襲撃して始末することを条件に釈放された第2軍の兵士たちから編成されていた。彼らは、最初のころは対岸の敵の首を絞めて殺すことを命じられたが、やがては大胆となり、手榴弾による攻撃、あるいは白兵戦に持ち込むなど、その戦闘能力は高く評価された。

8日間続いたピアーヴェ川の戦いで、オーストリア＝ハンガリー軍は予想外の大敗北を喫した。死傷者は15万人であり、捕虜は2万5０００人とされている。そして、戦闘可能な兵員はわずか14万7000人になったという。しかも大量の兵器を奪われ、すっかり戦意を喪失してしまった。

一方、イタリア軍も死傷者が8万人出ていた。両軍とも大量の兵士や弾薬を失い、惨たんたる結果に終わった。その後しばらくは、いずれも大きな攻勢に出ることはなく、戦闘は小康状態を保っていたが、オーストリア=ハンガリー軍はイタリア連合国軍の2倍以上の損害をこうむって後退した。

トレンティーノ方面軍を指揮していたのは、前年参謀総長を解任されたばかりのコンラートであったが、このピアーヴェ川の戦いの敗北後解任され、歴史の舞台から消え去った。彼にはなぜか不運がつきまとっていた。

ヴィットリオ・ヴェネトの戦い

ディアツは10月になって、ピアーヴェ川の前線から打って出て、ヴィットリオ・ヴェネトで最終決戦を挑むこととした。

このころになるとイタリア軍の士気は大いに高まってきていた。ディアツはこの戦いにピエトロ・バドリオ将軍を起用し、一気にオーストリア=ハンガリー軍をたたきつぶそうとする。イタリア第8軍には、イギリス軍とフランス軍師団を中核とする第10軍と第12軍が両面から支援攻撃をすることになった。このような時期になって連合国軍の積極的支援が得られたのは、オーストリア＝ハンガリー本国において政府が混乱状態となっており、休戦交渉をはじめたからであった。

1918年10月16日、カール1世が退位し、オーストリア＝ハンガリーは帝政から連邦制へと移行した。10月中旬になると、オーストリア＝ハンガリーの国内事情がにわかに不安定になってくる。これを知った連合国軍総司令官フォシュは、すぐさまイタリア軍に総攻撃の指令を出した。一方10月18日、オーストリアの社会学者で政治運動家のトマーシュ・ガリグ・マサリクは、亡命先のアメリカで正式にチェコスロヴァキアの独立を宣言する。

10月23日、政府の混乱にもかかわらず、オーストリア＝ハンガリー軍の士気はまったく崩壊していたわけではなかった。オーストリア＝ハンガリー第6軍、ベルーノ防御軍は、モンテ・グラッパの戦場における中央の緊要地形を強固に保持し、イタリア第4軍に大損害を与えて破砕した。

10月24日、ディアツは主力のイタリア軍とともに、イギリス軍、フランス軍のほかチェコ師団も加わった連合国軍の圧倒的な支援のもとに、トレンティーノおよびピアーヴェ戦線での両面攻撃に転じた。まずイタリア第10軍に属するイギリス軍部隊がピアーヴェ川を渡って戦略的に重要な島を確保し、橋頭堡を築いた。こうしてカポレットの敗戦から1周年にあたる報復攻撃として、ヴィットリオ・ヴェネトの戦いがはじまる。

10月27日、イタリア第8軍は主攻撃を開始して、ヴィットリオ・ヴェネトの方面に進撃、アドリア海沿いの平野のオーストリア＝ハンガリー第5軍を、山岳地帯に布陣している第6軍から分断しようとした。この攻勢によって両面を包囲されそうになったオーストリア＝ハンガリー第6軍は、列を乱して敗走しはじめていた。

10月28日、オーストリア＝ハンガリー政府は無条件降伏を受け入れた。母国からの報道によってオーストリア＝ハンガリー軍は、戦闘をこれ以上続行することは無意味であることを知る。そこで兵士たちはなんとか生き延びて故国へ帰還するため、連隊ごとにまとまって脱出することにした。

当時、オーストリア＝ハンガリー軍の補給路は延びきり、弾薬や食料がすっかり底をついて戦力は著しく低下していた。苦境におちいったオーストリア＝ハンガリー政府は、これ以上の戦闘の続行はもはや無理であると判断し、やむをえず10月29日に連合国軍に停戦を申し入れたのである。10月30日までにオーストリア＝ハンガリー軍はバラバラに分断され、翌31日、アジアーゴ高地から南のヴェネツィア湾に至る全戦線で退却をはじめた。

そこでイタリア第8軍は、ここぞとばかりヴィットリオ・ヴェネトに向けて攻撃に出た。そこから北方のトレンティーノに進撃し、11月1日にベルーノを奪取する。

11月2日、ハンガリー政府は正式にすべてのハンガリー軍を招集した。その日オーストリア＝ハンガリー軍最高司令部は、内部分裂を恐れて即時休戦を求め、それは24時間後に発効するはずであったが、この間すでに軍最高司令部は機能しなくなっていた。

一方、イタリア第10軍は東方に長駆《ちょうく》進撃し、11月1日にはサチレ、11月2日にはウーディネ、11月3日にはイゾンツォとカポレットを取り戻した。この日はまた、イタリア軍狙撃兵部隊が念願のトリエステに上陸し、占領している。

さらにイタリア第6軍は、11月2日にタリアメントを奪取。そして11月3日、西方ではイタリア第6軍内のイギリス軍とフランス軍がトレントに向かって進撃し、その日のうちにオーストリア領になっていたトレント市内に突入した。

これら最後の戦いにおいて、イタリア軍と連合国軍に3万8000人の犠牲者が出ていた。おどろくべきことに、オーストリア＝ハンガリー軍は死傷者3万5000人が出ており、43万人が投降してきた。このほとんどが、同盟国軍のハンガリー軍兵士たちであった。

オーストリア=ハンガリー帝国崩壊

11月3日、イタリアのパドヴァでオーストリア=ハンガリー政府と連合国とのあいだで休戦協定が締結される。翌4日にオーストリア=ハンガリー政府が降伏し、休戦条約に署名。4年間におよんだ戦闘状態はようやく終結した。ドイツも少し遅れて11月11日に休戦条約に署名した。こうしてついに、全面的に休戦協定が締結されたのである。

オーストリア=ハンガリー政府は、ドイツと同じくアメリカのウィルソン大統領の提示した「世界平和のための14カ条」を基礎として講和を調停するようウィルソンに要請した。オーストリア=ハンガリー帝国皇帝カール1世は、すでに11月11日、ドイツと連合国との休戦が成立した日に国政への関与を放棄することを国民に向け公表し、自分の居城に引きこもった。こうしてハプスブルク帝国は崩壊し、オーストリアは共和国となる。

11月14日、オーストリアからチェコスロヴァキアが独立し、首都をプラハに定める。トマーシュ・ガリグ・マサリクが初代大統領となった。オーストリア=ハンガリー政府は、まずは反抗的となっていたチェコスロヴァキアを切り離したのである。プラハでは帝国の長官がチェコ国民委員会に連絡し、彼らに国璽《こくじ》（国家の表象として用いる印章）と鉤を渡した。こうして独立国チェコスロヴァキアが誕生したのである。チェコスロヴァキアはうまく連合国の一員とみなされた。

11月16日、ハンガリー政府が共和国を宣言して独立し、カーロイ・ミハーイが初代大統領に就任した。ハンガリーもいちおう独立を果たしたものの、オーストリア＝ハンガリー帝国の一員とみなされ、強制的に武装解除されて、建前のうえでは賠償の義務を負わされた。ハンガリーはオーストリアとともに敗戦国となったのである。

無益な虐殺～勝利の代償は

曲がりなりにも戦勝国となったイタリアでは、アドリア海沿岸をめぐって、ロンドン条約で約束されたダルマツィアのほかに、イタリア系住民が多数を占める港湾都市フィウーメの権利を求める声が強く出ていた。しかし、パリ講和会議ではダルマツィアもフィウーメも、どちらもイタリア領とは認めないとする意見が多く出たため、オルランド首相もシドネイ・ソンニーノ外相もこれに抗議し、会議をボイコットして帰国した。

国内では「損なわれた勝利」という感情が広まり、１９１９年6月、オルランド内閣は退陣してフランチェスコ・サヴェエリオ・ニッティを首班とする内閣が誕生する。結局、領土に関しては同年9月のサンジェルマン条約で、旧オーストリア領のトレンティーノ、アルト・アーディジェ（南チロル）、ヴェネツィア・ジュリア、イストリアの諸地域がイタリア領となり、アルプス山脈のブレンネル峠まで国境を拡大。イタリアはこの戦争をとおしてようやく領土を広げることができた。

時のローマ教皇ヴェネディクトゥス15世は、この戦争を「無益な虐殺」と呼んで国内から多くの非難を浴びた。この戦争中にイタリアでは食料の備蓄は低下し、肥料不足が原因で収穫量も激減した。一方、連合国からの支援は無償ではなかった。この戦争でイタリアの対外的な負債は膨大なものとなっており、対アメリカで20億ドル、対イギリスで4億ポンドにも達していた。戦後のイタリアは、経済的には非常な苦境におちいっていたのである。

現代イタリアの著名な歴史学者ジュリアーノ・プロカッチは、この戦争を次のように評している。「イタリア軍は戦場においてじつに60万人もの死者を出したが、それでも総じて兵士たちはよく戦ったといえる。塹壕に身を投じた農民たちは、日常の苦しい労働に従事するときとまったく同様の、開きなおったようなあきらめをもって黙々とその義務を果たした。さらにイタリア軍というものが、少なくとも戦争の最初の2年間にあっては、ヨーロッパ各地の戦線で戦う各国軍隊の中でももっとも軍備が貧弱であり、しかも最悪の指揮体制のもとにあったことを考えてみるならば、イタリア軍兵士のねばり強さと自己犠牲には敬意を払わずにはおられないのである。事実、開戦当初のイタリア軍には、大砲、機関銃、トラック、そして将校が不足していた。カポレットの敗北まで参謀総長であったカドルナ将軍や参謀本部についていえば、彼らが重大な任務を遂行するに足る能力を備えているとはとても思われなかった。この敗北感は部隊の中に蔓延していた〝敗北主義〟のせいにしたが、むしろなんといっても、各部隊相互間の指揮系統が乱れに乱れていたところこそおもな原因と考えられる」。

とにかく予想以上に長期におよんだこの戦争が、イタリア国内におよぼした影響ははかりしれないほど大きく重大なものであった。

ヴィットリオ・ヴェネトの戦いで、イタリアに決定的な勝利をもたらしたディアツ将軍は、国内外から英雄視され、国王から爵位を授けられた。ムッソリーニのファシスト政権では陸軍大臣に推挙され、１９２４年に退役したときには元帥の称号を与えられている。

37 第一次世界大戦における人的損害

とてつもない損害

どんな戦争でも、戦時中の戦闘員と非戦闘員の犠牲者を割り出すことは至難の業である。第一次世界大戦においても同様である。一部の国で正確な記録を残している一方で、実質的にはなんら記録を残していない国もある。ただ、注目すべきことは、戦闘の間接的影響に起因する民間人の死亡者数を明確に特定した国は少ないということである。

戦争が終わると、フランスは少なくとも表面的には、ヨーロッパ大陸における最強国となったように思われた。だが夥しい数の人命が失われた。ロジャー・プライスの「フランスの歴史」によると、800万人近い動員兵士のうち132万2100人（18・8パーセント）が戦死した。戦死者の割合は、歩兵では25パーセントに達し、若い将校や下士官クラスではもっと高かった。その他の多くの兵士（約420万人）が負傷し、重症を負うか、病気やトラウマで心身が衰弱し、市民生活に復帰できないことが多かった。若年層の減少は、のちに労働力不足とフランス軍兵士の減少をまねくこととなり、フランスはほぼそのままの状況で第二次世界大戦に突入してゆくこととなる。

スペンサー・タッカーの「第一次世界大戦の百科事典」には、各国の動員者、死亡者と負傷者のくわしい数字が紹介してある。同じ連合国であるイギリスでは570万人が動員され、約72万人が戦死、約166万人が負傷した。もちろん、カナダ、オーストラリアや他の植民地からの軍隊も相当な被害を受けていた。イタリアでは約500万人が動員され、約68万人が戦死、負傷者は約94万人。ベルギーでは38万人が動員され、死者は約4万5000人、負傷者は約7万8000人であった。そしてアメリカでは474万人が動員され、約21万人が戦死、負傷者は約23万人にのぼった。連合国側で最悪だったのは、ロシアであった。1200万人が動員され、約185万人が戦死した。負傷者はおよそ500万人を数えた。

一方、同盟国側では、ドイツで1325万人が動員され、戦死者は約180万人、負傷者は495万人にもおよんだ。オーストリア＝ハンガリーでは780万人が動員され、約150万人が戦死、負傷者は約362万人にのぼった。その他、同盟国となっていたブルガリアやトルコでも相当な被害が出ていた。

捕虜や逃亡者は、ロシアがもっとも多く約250万人、オーストリア＝ハンガリーが約220万人でこれに次ぎ、ドイツが約115万人、イタリアが約60万人、フランスが約53万人、イギリスが約17万人である。捕虜については、ロシアはスラブ系民族であるチェコスロヴァキア人などを厚遇したという。

ただし、1918年以前の捕虜の実数は必ずしも信頼できない。少人数で投降した場合は、捕虜のための警護が必要となるし、食料も満足でなかったため抹殺されるのが通例であった。その点、士官や将校たちは情報を得るため生かされることが多く、幸運であった。

ジャン＝ジャック・ベッケールとゲルト・クルマイヒは、大戦中の脱走者や軍事裁判にかけられた兵士の数を紹介している。ドイツ軍ではおよそ10万人の脱走があったと推定されているが、戦時中に動員された兵士の数に対してはおどろくほど少ない数字であろうとしている。ドイツの軍事裁判官は、1914年と1918年のあいだにわずか48件しか死刑を宣告していない。この間、フランスでは600件、イギリスでは346件が死刑を宣告されている。イタリア軍に至っては、公式の軍事裁判による処刑者の数はまったくあきらかにされていない。1918年9月以降、自分たちの部隊に合流することをやめた兵士の数はおよそ100万人にのぼるとされているが、これらの兵士たちが皆、連合国軍に投降したわけではない。

本稿では、その他のヨーロッパ諸国やその植民地からの戦死者や負傷者は割愛した。戦闘の間接的な犠牲者には、ドイツへの経済封鎖の結果、1918年の休戦協定調印後に餓死したドイツの約75万人の民間人、同年以降に蔓延したインフルエンザ（スペインかぜ）によるアメリカやヨーロッパの数百万人の死亡者、オスマントルコ（オスマン帝国）によるアルメニア人数十万人の大虐殺の犠牲者、ボリシェヴィキ政権後に起きたロシア内戦の際の数え切れない死傷者がある。

とにかく、戦争当事国においてはとてつもなく膨大な、予想をはるかに超えた死傷者が出ていたのである。

この戦争では、ヨーロッパの列強といわれたドイツ帝国やオーストリア＝ハンガリー帝国が崩壊し、イギリス、フランス、イタリアが勝利した。しかしながら、人的ならびに経済的損害は予想以上に大きく、全体としてヨーロッパはもはや世界の中心ではなくなった。ロシア帝国も瓦解し、革命の渦に巻き込まれていた。

そしてその一方で、大西洋を越えたアメリカがもっとも実力のある存在となり、産業と農業がこの戦争によってさらに成長し、世界の政治や経済の中心となっていったのである。

38 第一次世界大戦における化学戦とその意義

次々と化学兵器を投入

この大戦がはじまった翌年、1915年4月にドイツ軍は、西部戦線における塹壕戦の行きづまりを打開するため、あえて塩素の放射攻撃に踏み切った。ドイツが最初に化学兵器を使用したことは、ドイツ化学産業の優位性を考えればおどろくにあたらない。当時ドイツはありあまるほどの塩素を保有していた。その軍事利用に着目したのが、ドイツの誇る偉大な化学者、フリッツ・ハーバーであった。彼のもとには、オットー・ハーンをはじめとして化学界の俊才が数多く集まり、続々と新たな化学兵器の開発とその防御に関する研究が続けられていた。

この戦争における毒ガスの投入は、ドイツ軍参謀本部の決定によってなされた。その理由は、イギリスやフランスでは化学工業があまり発達しておらず、彼らが毒ガスを生産することはとても無理であろうと読んだからである。実際イギリスは、塩素をほんの少ししか保有していなかったし、フランスはまったくといってよいほど塩素を生産していなかったのである。

ドイツ軍は1915年4月22日、ベルギーのイープル付近でボンベから塩素を放射した。これにはフランス軍・アルジェリア部隊が浮き足立ち、パニックにおちいった。第2回目の塩素攻撃は4月24日、イギリス軍所属のカナダ軍の第1師団に向けておこなわれた。このときの兵士は、吐き気や息苦しさで苦しみながらも、ガス雲に向かって突撃を続け、ドイツ軍の進撃をどうにか押しとどめた。ドイツ軍は、風の吹き戻しによるガス中毒を予防するため早くも防毒マスクを開発していた［図1］。

この2回もの塩素攻撃は、イギリスやフランスの化学者たちを激怒させ、報復に奮い立たせることと

図1　1915年当時のドイツ軍のM1915年式の吸収管つきガスマスク

なった。彼らはドイツ軍のおこなった野蛮行為を大いに非難しながらも、裏では早急に同じ毒ガスを量産し、それによる報復攻撃を推進しはじめたのである。

ドイツ軍が西部戦線でまずは勝利をおさめたのだが、1915年7月12日には、東部戦線でロシア軍に向けて毒ガス放射攻撃をおこない、この戦線では塩素に加えてホスゲンも放射。この際の攻撃の効果については、攻撃の指揮にあたっていたオットー・ハーンが、ロシア軍兵士たちが死亡したり、のたうちまわり苦しんでいる悲惨な状況を目撃し、衝撃を受けたことを彼の自伝の中に書き残している。ロシア軍兵士たちにはまったく予備知識がなく、予想外に深刻な心理的ダメージを与えていた。彼らはなんらの防御対策もとっていなかったのである。

だが一方、こうしたガスの放射攻撃は、風向きが変わると攻撃側にもまったく同様の被害が出るといった問題がしばしば生じていた。このためドイツ軍の歩兵や砲兵部隊の指揮官たちは、最初のころは塩素の放射攻撃をあまり快く思っていなかった。

より毒性の強いガスを

イギリス軍による最初の塩素ガスの報復攻撃は、1915年9月25日、ロースでおこなわれた。この攻撃は、ドイツ軍を無力化するのにはある程度有効であったが、風の吹き返しによってイギリス軍のほうにも、約２０００人というまったく予想外の被害者が出ており、うち10人が死亡している。

その後も塹壕戦の行きづまりを打開するため、塩素放射攻撃が続行されたが、目立った効果はみられず、ガスマスクをうまく着用すればこの兵器はあまり有効ではないように思われていた。しかし、そのころドイツの化学者たちは、新しい、より毒性の強いガスでの実験を重ねていたのである。

こうして１９１５年12月19日、ドイツ軍はイープルで、塩素よりもはるかに毒性が強いホスゲンを戦場に投入した。これは塩素に比して色も目立たず、臭気もあまりないので、イギリス軍はこの新たな毒ガスに警告を与え、改良に改良を重ねたガスマスクを支給していた。ところが、このホスゲンの毒性は予想外に強く、呼吸困難をきたし、死亡者が続出していた。必要に迫られ、当時はフランス軍も独自でガスマスクを開発していた。

イギリスは、ホスゲンをまったく保有していなかったため、１９１６年からフランス政府に頼み込み、わざわざ購入しなければならなかった。

こうして１９１６年までに、すべての主要交戦国は、攻撃戦略に毒ガスを利用するまでになっていた。第一次世界大戦においては、最前線に送り込まれる兵士たちは、この化学戦に対して生き延びるための訓練をせざるをえなかったのである。戦時中、兵士たちはしばしばガスマスクの使用を強いられたが、この防御装置の効果は高いものの、戦闘能力は著しく損なわれていた。

１９１６年のヴェルダンの戦いでは、フランス軍がホスゲンを充填した化学砲弾を投入した。このときのフランス軍は先進的であり、これでようやく風向きにとらわれず、正確に攻撃目標を狙ってつぶすことができた。これに対してドイツ軍は、ジホスゲン砲弾を開発し、大量に実戦に投入する。しかしホスゲンにしてもジホスゲンにしても、ガスマスクで十分防御できることがわかった。一方では、ジフェニルクロロアルシンやジフェニルシアノアルシンなどの催涙ガス弾を併用した。それらを充填した砲弾は「青十字弾」と呼ばれ、これはガスマスクを容易に通り抜け、涙や、くしゃみを引き起こした。こうしてガスマスクをはずしたすきに、またジホスゲン弾の洗礼を受けることになり、これでジホスゲンの効果を高めることになったのである。

１９１７年に入ると、この化学砲弾はようやく砲兵部隊の指揮官たちに信頼されるようになった。イギリス軍もフランス軍も、ドイツ軍に負けじと濃厚なガスを送り込む手段を研究し続けていた。１９１７年のはじめには、イギリスではリーベンスが新しい毒ガス攻撃装置である投射器を開発。このリーベンス投射器には、敵がガスマスクを装着する前に、短時間のうちに高濃度のガスを、狙った敵の塹壕内にかなり正確に撃ち込めるといった利点があった。このように新たな化学兵器が投入されるたびに、ガスマスクはさらに改良が加えられていった。1918年の半ばには、おおかたの軍隊は塩素にもホスゲンにも満足すべき効果のあるガスマスクを備えるに至った。

1918年6月末には、イギリスは週あたり2万6000発のホスゲンガス砲弾と、4000ないし5000発のホスゲンをつめたリーベンス投射弾を保有するようになっている。

マスタードガスへのおびえ

こうして連合国軍では、毒ガス弾に対するガスマスクの改良などで防御態勢がようやく確立された。ところが1917年7月に、ドイツ軍はまったく新たな毒ガス、マスタードガス弾で攻撃してきた。マスタードガス弾が導入されると、毒ガス戦術の犠牲は一変し、多数の死傷者を出すようになる。このガスは、従来のガスマスクが有効でなく、肺のみならず眼や皮膚にも障害をきたした。たとえ少量でさえ皮膚には火傷を起こし、広範に水疱やびらんができ、それがなかなかよくならない。眼には激しい結膜炎が起き、のちに失明する者まで出た。このガスの特有の毒性については折しもまったく予想もしていなかっただけに、前線の兵士たちは戦争中ずっとおびえ続けることとなった。塩素やホスゲンであれば、気象条件によって数分から数時間内に拡散し、消失してしまうのだが、このガスは戦場の水や土の中にいつまでも残存し続け、毒性を発揮したのである。このマスタードガスで攻撃を受けたあと、数日から数週間して攻撃地点に入ると、太陽によって地面があためられた結果、ガスが湧き出し、それに暴露した兵士たちは失明したり、火傷をしたり、気管支炎になったりする。のちにはこれによって肺炎をきたすこともあった。このガスは、長期間にわたり敵兵を無力化するのである。またこのガスを吸入した兵士たちが退避壕に押し込まれると、やがて他の兵士たちも二次的にこのガスに暴露され、障害を受けるケースがよく見られた。

そしてこのガスで攻撃を受けると、より長時間防毒マスクを着用せざるをえず、軽傷でも戦場から離脱せざるをえなくなった。失明や火傷がなかなか治らない場合、軍医たちはどうすることもできず、これらに対しては治療対策の研究が進められることになる。

連合国軍の指揮官たちは、このマスタードガスによる士気の低下や、軽傷者が意外と多く出ることをまったく知らされていなかった。マスタードガスは、最終的には殺傷能力こそ低かったものの、長期間にわたって数多くの将兵を戦闘不能にすることができるため、ドイツ軍はこれこそまさに理想的な化学兵器であると考えるようになり、のちに「化学兵器の帝王」と呼ばれることになる。

そしてもちろん、イギリスやフランスもすぐにマスタードガスの生産に取り組んだが、連合国はあいにくその原料を保有しておらず、すぐにはそれを開発し、手にすることができなかった。彼らは非常に苦労を重ね、戦争末期になってようやくこのガスを作り出すことに成功した。

フランス軍が自国で生産したこのガス砲弾で攻撃できたのは、第二次マルヌ会戦において1918年7月15日になってからのことであった。その後、しばしばマスタードガス弾を使用した。終戦までに砲撃したマスタードガスは1000トンにおよんだ。イギリス軍に至っては、8月以降にドイツ軍から捕獲したマスタードガス弾で攻撃してきたが、9月30日にはじめて独自に開発したマスタードガス砲弾で攻撃できたのである。このたった1回だけ使用されたマスタードガス砲弾によって、イギリス軍の前線コミーヌに配置されていたアドルフ・ヒトラーは、その忍び寄るガスに倒れた。彼は両眼をおかされ、永久に盲目になりはしないかという恐怖で一瞬絶望的になった。このことは、ヒトラーの「わが闘争」にも明記されている。この事実を知ったチャーチルにとっては、よほど痛快なことであったことであろう。わざわざ彼の著書「第二次世界大戦」の中でもこのことを披露している。

１９１８年9月26日からはじまった、アメリカ軍によるヒンデンブルク線の突角部サン・ミエルに対する攻撃では、ドイツ軍のマスタードガス砲弾攻撃によって大損害をこうむった。アメリカ軍はこれまで体験したこともない毒ガス攻撃によって、ドイツ軍に対してすっかり恐れをなしてしまう。この攻撃では、高性能爆薬とマスタードガス弾の砲撃が主役を演じた。ここではマスタードガス弾が雷鳴をとどろかせたのである。アメリカ軍を含む連合国軍には、ドイツ軍によるマスタードガス弾砲撃と巧みな突撃部隊の浸透によって甚大な被害が出ていた。

このガス攻撃に対して連合国軍側は、それを手に入れるまでは従来のホスゲンを充填したガス砲弾で対応するしかなかった。その後、ドイツ軍は連合国軍の進撃をゆるめるためにも、また撤退を円滑にするためにもマスタードガス弾を使用した。アメリカ軍は11月1日にはじめてマスタードガス弾３万６００発をブルゴーニュの森に向けて発射した。これはフランス製といわれている。

こうして１９１８年の終戦までに、西部戦線においてすべての主要交戦国はこのマスタードガスを主要な攻撃手段とすることになる。ただこれらの攻撃は、ドイツ軍の敗北を早めるには遅きに失していた。イタリア政府も、遅ればせながら国をあげてこのガスの大量生産を開始することにした。ムッソリーニも、化学兵器のなかでもこの物質に注目していた。実際にイタリアでこの完成品が生産できるようになったのは、すでに戦争が終わったのちのことである。戦争が１９１９年までもつれ込んでいれば、さらに多くの毒ガス弾が使用されたことであろう。アメリカが開発した新たな毒ガス、ルイサイト砲弾（マスタードガスと同様のびらん剤砲弾で即効性が特徴）が投入されたはずだからである。

化学戦の犠牲者は

第一次世界大戦が終結するまでに、主要な戦闘国は39種類の毒物を約12万４０００トン以上使用し、それらの大半は６６００万発の砲弾によって撒かれた。このなかで、ドイツ軍が使った毒ガスの量は６万８０００トン、フランス軍は３万６０００トン、イギリス軍は２万５０００トンであった。

戦争が終結する１９１８年には、毒ガスを入れた化学砲弾は、全砲弾の４分の１から３分の１にもなっていた。砲撃方法の改善と、より効果的な毒ガスが開発され、化学兵器の使用率は１９１５年から１９１６年には２倍となり、１９１７年から１９１８年には４倍にも増加していた。

この大戦において、実際に毒ガスの犠牲者はどのくらい出ていたのか、数字で出すことはなかなか難しい。各国とも綿密に化学戦の犠牲者を記録していたわけではない。犠牲者の数を、ある場合は過大に報告したり、また逆にあえて少なく記録したりしていたことがうかがえる。それに加えて、化学戦による犠牲者は通常兵器の犠牲者と混同された場合も少なくない。死亡者の数は、アメリカ軍やイギリス軍をのぞいて、実際のところ正確には把握されていないのである。とくに塹壕内に残された死体や、捕虜収容所で死亡した敵兵の死因についてはいちいち特定できるはずもなかった。

この化学戦の死傷者に関してハーバーの息子ルッツ・ハーバーは、著書「魔性の煙霧」の中で、それまでに報告されてきたデータを分析し、非戦闘員の犠牲者をのぞいた統計として次のような大まかな数字を提示している。イギリス軍は18万6000人、フランス軍は13万人、ドイツ軍は10万7000人、アメリカ軍は7万3000人である。これら以外の国については、信頼性が低いとしながらも、イタリア軍が2万人以上、オーストリア＝ハンガリー軍が5000人、その他が2万人とし、この中に含まれていないロシア軍については、約47万人という統計があるものの、これは信頼性にとぼしい過大な数字としている。

彼はまた、毒ガスによる推定戦死者数は、イギリス軍が5万9000人、フランス軍が

6万3000人、ドイツ軍が4万人、アメリカ軍が1万5000人にのぼったとしている。

他方、トーマス・J・クローウェルは、ドイツ軍は負傷者19万1000人、死者9000人、イギリス軍は負傷者18万6000人、死者8100人、フランス軍は負傷者18万2000人、死者8000人、イタリア軍は負傷者6万人、死者4600人、オーストリア＝ハンガリー軍は負傷者9万7000人、死者3000人、アメリカ軍は負傷者7万2800人、死者1500人、ロシア軍は負傷者36万3000人、死者5万6000人であったと述べている。

とにかく、化学戦でとくに大きな被害を受けたのが、ロシア軍とイタリア軍である。ロシア軍についてはガス防御対策が皆無であり、兵士たちも毒ガスへの注意や教育をまったくといってよいほど受けていなかったため、ドイツ軍が予想した以上に被害者がたくさん出ることになった。多くの兵士たちが、ドイツ軍の毒ガス攻撃に恐れおののき、退却に退却を重ねていった。これによってロシア軍は大きな敗北を喫し、兵士たちは戦意を喪失し、やがては革命が勃発してロシア帝国の崩壊につながった。そういう意味では、ロシアにおいては化学戦が歴史を大きくぬりかえたと言っても過言ではない。そして一方では、イタリア軍にも予想外の大きな被害が出ていた。

第一次世界大戦において、西部戦線で参謀将校であった軍事評論家J・F・C・フラーは、「アメリカ軍がこの大戦でこうむった損害、25万8000人の中で7万8000人、すなわち27・4%がガスによるものである。死亡率は、通常兵器による死亡率25%と比較して非常に少なく、約3パーセントにとどまっている」と述べている。ルッツ・ハーバーのまとめた1918年の統計をみると、イギリス軍、フランス軍、ドイツ軍の死亡率も3%以下にとどまっており、1917年までよりもあきらかに減少している。これは化学兵器に対する治療法や防御対策が、大いに改善されたことによるといえる。

化学戦の脅威

この大戦にドイツ軍兵士として従軍したレマルクは、小説「西部戦線異状なし」で自らの体験をまじえて次のように書き残している。おそらく1916年ごろのことであろう。「不意にやられた毒ガスで、新兵の大勢が根こそぎ倒されたが、このとき自分たちを待っているものがなんであるか、それを考える頭さえできていなかったのである。塹壕の下の掩蔽部は、蒼ざめた顔と黒くなった唇でいっぱいであった。ある砲弾穴の中では、マスクのはずし方が早すぎた。毒ガスというものは、こういう窪んだ穴の中にもっとも長く停滞していることをまるで知らないのである。穴の上にいる仲間がマスクをはずしているのを見て、さっそく自分たちも脱いでしまったから、そこでたっぷりと吸い込んで、肺を焼いてしまったのである。そうなったらもう見込みはない。血を吐き、窒息して、苦しんでしまうばかりである」。

どのような状況であれ、ガスマスクの着用は士気の低下をもたらした。というのは、それをつけると肺に十分な酸素を供給できず、少し動いただけでも著しく体力を消耗するのである。

ガスマスクは、1915年末ごろより急速に開発が進んだ。1917年には吸収缶つきのガスマスクが一般的となった。吸収缶は活性炭や解毒剤を詰めた容器であり、この中に外気をとおしてガスの成分を中和させた。ただし解毒剤は30分しかもたないので、吸収缶を取りかえる際に毒ガスを吸い込んでしまう危険性があった。

1918年になると、毒ガスは前線に配置された兵士たちにとってはあたりまえの兵器となっていた。兵士たちは、通常兵器がいかに恐ろしいものであるか、その影響は理解できた。しかしマスタードガスをわずかに吸入しただけで、重篤な慢性の呼吸器障害をきたしたり、皮膚に広範な火傷をきたしたり、結膜炎を起こして開眼不能となり、失明したり、徐々に衰弱して死んでいくことになろうとは、誰が予想できたであろうか。

この大戦において化学兵器の威力や脅威は、他の新兵器とは比べようもなく高かった。

前線にいた兵士たちにとっては、レマルクが述べているように、ガスマスクの配備や装着などの対応のしかたによって生死を分ける、まさに恐るべき兵器であり続けたことはいうまでもない。一方では、兵士たちを無力化するのにも大きな効果を発揮したといえる。不意に襲ってくる新型の未知の毒ガスに対して、前線の兵士たちは恐れおののいていた。

第一次世界大戦では、潜水艦、戦車、機関銃、戦略爆撃機、長距離砲などが次々と導入された。なかでも化学兵器はもっとも脅威的な、残酷な兵器であった。すでに述べてきたように、化学戦における膨大な犠牲者の数は、化学戦の恐ろしさを如実に物語っている。

化学戦の再発を防ぐため、大戦終結から6年後の1925年に、38か国が署名国となって「窒息性ガス、毒性ガス又はこれらに類するガス及び細菌学的手段の戦争における使用の禁止に関する議定書」(通称ジュネーブ議定書)があらためて作成され、二度とこのような化学戦が起きないよう取り決めがなされた。これでもはや化学戦は起きないものと考えられたが、終戦後、アメリカをはじめイギリス、フランス、イタリア、ソ連、さらに日本は、化学兵器の開発と生産を続行していたのであった。

1935年には、イタリアのムッソリーニが、エチオピア戦争においてマスタードガス弾を大量に投下し、エチオピアを征服することに成功した。

日本軍は、日中戦争において1938年からマスタードガスをはじめとしてさまざまな化学兵器を投入した。

そして第二次世界大戦末期においてアメリカは、ドイツ軍に対してマスタードガス弾で攻撃しようとしていた。それを満載したジョン・ハーベイ号が、イタリアのバリ港でドイツ空軍の空襲を受けて撃沈され、流れ出したマスタードガスを浴びたアメリカ海軍の兵士たちに、数多くの死傷者が出たことはあまりにも有名である。

一方ドイツは、第二次世界大戦前から新たな毒ガス、神経剤（タブン、サリン、ソマン）を開発していた。第一次世界大戦の化学戦の状況を目の当たりにしてきたヒトラーは、連合国軍による報復攻撃やアメリカ軍の参戦を恐れて、それらの兵器の使用を躊躇したようである。

21世紀になってもなお、化学兵器の脅威はぬぐい去ることができない。最近でも中東諸国で化学兵器が使用されたという報告が相次いでいる。アメリカやロシアのほか、北朝鮮も猛毒の神経剤ＶＸを保有していることが知られている。

こうして化学兵器は、現在はどこでも、誰でも入手・生産ができるような状況になってきており、”貧者の核兵器“と呼ばれるようになってきた。

39 愛国者ネルンスト、ハーバーとハーンの戦後の明暗

ワルター・ネルンスト（1864－1941）

１９１７年にネルンストは、軍事研究を終えて大学に復帰した。その後は理論物理学の研究に埋没し、ヴィルヘルム2世から絶大な信頼を受けた。

１９１８年、戦争は終わり、ネルンストは愛する2人の息子を失っていた。戦後、化学兵器の研究をおこなったネルンストは、戦争犯罪人として告発される恐れがあったため、一時スウェーデンやスイスに移住した。しかし、化学者が犯罪人のリストからはずされると再びベルリンに戻った。このころになるとネルンストの実績はいちだんと高く評価され、枢密顧問官の称号が授与された。

１９２０年、熱力学の基本法則の一つである「熱力学第3法則」の功績によりノーベル化学賞を受賞。翌年にはベルリン大学の総長に選ばれた。１９２２年には国立物理工学研

究所の所長に任ぜられたが、ここでは所員の官僚的な体質とそりがあわず、2年後には役を降り、ベルリン大学で物理学教室の主任として研究生活を続けた。

1933年に69歳となったネルンストは引退し、ツイベレの自宅に閉じこもった。翌年の誕生日には、世界中から誕生祝いが届いたという。彼の人柄によって多くの友人ができていたのである。ネルンストの3人の娘のうち2人がユダヤ人と結婚していたため、ヒトラーからの弾圧を受け、国外への逃亡を余儀なくされた。1941年11月15日、ネルンストは昏睡状態におちいり、3日後の18日、妻の見守るなかで息を引きとる。ネルンストの死後100周年を祝う会には、多くの弟子たちが集まった。そしてこの年、ネルンストが熱力学第3法則を着想したベルリン大学の講堂は、ヴァルター・ネルンスト講堂と名づけられた。

ネルンストとハーバーは、化学兵器開発の面で意見が分かれたものの、2人ともドイツが肥料および弾薬としてアンモニアを必要としているのを痛感していた。アンモニア合成でハーバーに先を越されたネルンストは、あまりに早くそれへの興味を失ったことを残念がっていた。このアンモニア合成法をめぐっては、ハーバーと激論を戦わせたこともあったが、ハーバーの成功には称賛を惜しまなかった。ネルンストは本質的には理論家であったが、ハーバーは徹底した化学技術者であった。

フリッツ・ハーバー（1868－1934）

一方、ヴィルヘルム2世の退位・亡命、ルーデンドルフの退任、ドイツ軍の降伏は、ハーバーのような熱烈な愛国者にとっては大きな衝撃であった。彼は妻や家族をかえりみず、ひたすらドイツ人として、ドイツの勝利のためにあらん限りの努力をしてきた。戦争が終結すると、当然のこととして戦争責任を問うため国際法廷を開き、戦争犯罪人を処罰するということが話題となってきた。実際にそれがおこなわれるとなると、化学戦を指導し、発展させてきたハーバーが戦争犯罪人の主要人物の一人としてあがってくる可能性があり、そのリストに彼の名前があがっているというううわさが流れた。こうなってくると死刑はまずまぬかれない。ハーバーはこのうわさによってすっかり精神的に参ってしまい、廃人同様になったといわれた。そして休戦とともに彼は公式の場から姿を消し、スイスに亡命した。その地で彼は連日、おそらく今まで味わったことがない深い悲しみに包まれていた。

その彼に思いがけない朗報が飛び込んできた。1919年11月に、スウェーデンの学士院は1918年度ノーベル賞化学部門の受賞者としてハーバーを選んだと発表した。それはもちろん、空中窒素固定法によるアンモニア合成の業績が高く評価されたものであった。

ノーベル賞選考委員会は、彼のすぐれた業績に注目し、じっと戦争が終わるまで発表を抑えていたのである。この発表に対して、連合国であるイギリスやアメリカから激しい非難がスウェーデンの学士院に寄せられた。しかし、彼らはそれを頑としてはねつけ、ハーバーの業績は「ドイツのみならず全人類への貢献に対する勝利である」という祝辞を述べた。授賞式は1919年におこなわれたものの、それには連合国側の受賞者たちは同席を拒否している。

ハーバーは帰国し、もとのカイザー・ヴィルヘルム研究所に戻って精力的に研究を再開する。彼は、ヴェルサイユ条約によってドイツに課せられた天文学的な膨大な賠償金を支払うために、自ら海水中の金を取り出す計画を練り、実際に航海に出たが、この研究は失敗に終わる。それでもその後、彼のもとには日本を含め世界各地から研究者が集まってきた。ドイツは当時インフレ下にあり、厳しい研究費不足であったため、実業家の星一《ほしはじめ》（SF作家星新一の父）が中心となって、日本の財界はハーバーへの積極的な支援を惜しまなかった。ハーバーはもともと大の親日家であり、日本にも招かれ、各地を訪れて歓待されている。

しかし、ヒトラーが政権をにぎると、ユダヤ人であったハーバーは研究所から追放され、国外に出てゆかなければならなくなった。ヒトラーはドイツのあらゆる分野にいるユダヤ人の指導者たちを、徹底的に排除しはじめた。ハーバーは根っからの愛国者であり、なんとかしてドイツ化学界を再興しようとしたが、ヒトラーにとっては彼の業績などはどうでもよく、ただのユダヤ人にすぎなかったのである。

ハーバーのドイツ化学界への復帰の夢もついえた。からだが少しずつ衰弱してきたので、亡命先のスイスからドイツへ帰国しようとしていた1934年1月29日、国境近くのバーゼルにたどりついたところで、心筋梗塞で急死した。どのドイツの新聞もハーバーの訃報にふれることはなかったが、葬儀にはナチス政府の圧力にもかかわらず、多くの参列者があったという。

1年後の1935年1月29日、ハーバーが亡くなった日にマックス・プランク（1918年、ノーベル物理学賞受賞）は追悼会を開催しようと考えた。ナチス政権はドイツの大学の全構成員に、その追悼会への参加を禁止した。しかし、追悼会は決行され、これにはドイツ化学会の研究者や化学工業会の大物たちが大勢参加した。会場は満員であったという。

オットー・ハーン（1879–1968）

ハーン［図1］はこの追悼会で、ハーバーのドイツ国家へのたゆみない貢献を高く評価する感動的な演説をおこなった。

大戦中、ハーバーのもっとも信頼のおける部下となっていたハーンは、カイザー・ヴィルヘルム研究所に籍をおいて、放射化学の研究を続けていた。1916年12月には、総司令部に配置がえされ、今度は新たなガス弾の開発と製造にかかわるよう命令される。ガス弾に関しては、カール・デュースベルグの指揮のもとにレバークーゼンの化学工場で精力的に開発に取り組み、そこでハーンは「毒ガスの専門家」として有名になっていた。そこではジホスゲンとホスゲンとの混合物の製造の指導もする。自らが実験台になる危険なガスマスクの防御効果の試験にも参加した。彼は事故で一度ホスゲン中毒になり、入院せざるをえなかった。その仕事が終わると、ハーンは再び前線に呼び戻された。彼はこの間もカイザー・ヴィルヘルム研究所で、研究仲間である女性化学者リーゼ・マイトナーとともに研究を続け、新しい同位元素プロトアクチニウムを発見する。

戦後の1921年には、最初の核異性体（ウラニウムZ）を発見。また1938年には中性子をあてることによりウランに核分裂が起きることを発見し、核分裂生成物を世界で

図1　1938年、核分裂を発見したころのオットー・ハーン

最初に化学界に紹介した。この発見によって1944年、ノーベル化学賞を受賞している。

ドイツの敗戦により、1946年春までイギリスに抑留されたが、抑留中の1945年8月6日、アメリカ軍が広島市に原子爆弾を投下し、10万人以上の犠牲者が出たことを知らされた。ハーンの自伝によると、「私は名状しがたいほどのショックを受けて打ちのめされた。無数の罪もない婦人や子どもたちの大きな不幸について考えることは、ほとんど耐えがたいことであった。ほんのしばらくのあとに第2の爆弾が長崎にも投下され、ついに日本をして戦争の遂行をあきらめさせることになった」。自分の発見した研究がこのような悲劇につながることは、まったく予想もしていなかっただけに大いに嘆いた。親日家であったハーンは、この悲劇を二度と繰り返さないよう彼なりの努力を続けた。翌年帰国後、カイザー・ヴィルヘルム協会の総裁に就任。1948年から1960年までマックス・プランク協会（前身はカイザー・ヴィルヘルム協会）会長をつとめ、ドイツ化学界の重鎮としてドイツの復興に努力を惜しまなかった。

1957年4月12日、ハーンは18人の化学者の連名で、ドイツ連邦共和国はいかなる種類の核兵器の開発も断念する、という有名な「ゲッティンゲン宣言」をおこなった。

その後、彼は原子力の平和利用を推進した。1968年7月28日、長い闘病生活ののちゲッティンゲンで死去した。

あとがき

本書の執筆のきっかけは、２００３年に「生物兵器と化学兵器」を出版させていただいた中央公論新社の石川昴編集長からの一本の電話である。彼が神田の古本屋でたいへん興味ある本を見つけ、私がかならずや大きな関心をもつと思いわざわざ連絡してこられ、さっそくその本を送ってくださった。その中に添えてあった手紙には、この本は歴史的にもたいへん重要かつ貴重な本であり、翻訳していただけたら、すぐに出版いたしますとある。それは、「The Poisonous Cloud」と題する本で、第一次世界大戦で使用された化学兵器や化学戦についてさまざまな角度からじつに詳しく紹介してある。著者は、イギリスのサレー大学の経済学者、ルッツ・ハーバー教授。彼は第一次世界大戦の際にドイツの化学戦を指導してきたフリッツ・ハーバーの次男である。彼がその本の執筆に取り組むことになったきっかけは、大戦中にドイツを敵としてイギリスで化学戦を指導してきたハロルド・ハートレー卿から、50年前にこの世を去った父の化学戦への取り組みについてぜひ詳しくまとめるよう強い勧めと励ましがあったからであるとされている。著者は専門外のことなので、イギリス化学界の多くの専門家の協力を得ながら相当苦労してこの本をまとめ上げ、ようやく1996年に出版された。

読みはじめてみると、私にとってまったく未知のことばかりがじつに詳細に記されており、すっかりこの本の魅力にとりつかれ、翻訳に取り組むこととなった。ただこの本は、詳細な脚注を含めるとなにしろ400ページもの超大作であり、私にとっては軍事用語や文学的表現など難解な内容が多く、翻訳にくじけそうになることもたびたびであった。そこでこの作業のため睡眠時間を1時間減らすこととし、編集長との約束に応じるべく努力を重ねたが、本文だけの翻訳にほぼ3年もかかってしまった。それでもまだ70ページもある脚注の翻訳が残っている。ため息をつきながら、私の名誉にかけて翻訳し続けた。ようやく脚注の解説もほぼ終わり、翻訳のめどがついたので編集長に連絡しようと思っていた矢先、東京出張の際立ち寄った浜松町の書店で「20世紀とはどんな時代だったのか。戦争編・ヨーロッパの戦争」(読売新聞社刊、1999年発行)を見つけ、なんとなくページをめくっていると、驚くべきことが記載されているのをまのあたりにして愕然となり、立ちすくんだ。私が長年すべてをかけ苦労して取り組んだ本は、千葉経済大学経済学部の佐藤正弥教授がすでに翻訳を終えておられ、内容確認のためたびたびヨーロッパに出かけ、戦場となった地区を実際に見てまわっておられたのである。あとでわかったことだが、佐藤教授はそれ以前にルッツ・ハーバー教授の書いた経済学関係の本を翻訳・出版しておられ、親交を深めていた関係から私が翻訳中の本を手がけておられたのである。

私は大学に戻って、佐藤教授におそるおそる電話をしてみた。佐藤教授もなんで医学部の教授からと不審に思われたそうである。その後、福岡でお会いした際、佐藤教授は翻訳した膨大な原稿を持ってこられた。難解な脚注もみごとに解説されておられ、深く感動した。先生も口には出されなかったが相当の期間をかけておられたようである。そこで佐藤教授のご提案で、私が監修者となり、医学関係の記載の部分を監修させていただくことになった。この本は2001年に原書房から「魔性の煙霧」と題して出版された。このようにして日本語版がでたことをハーバー教授もたいへん喜ばれ、感謝の意味も含めてこの本の執筆に際して引用した膨大な書物、小冊子、聞き取りメモ、写真類が佐藤教授に送られてきた。それらの保存を私が依頼されたのである。

私はこれらの貴重な資料をまとめ、なんとかして後世に記録として残しておかなければならないと思った。そこで私なりにあらためて第一次世界大戦とはどのようなものであったかを調べなおすことにした。そしてこの大戦における化学戦の実態をあきらかにし、それが実際にどのような影響や役割を果したのか、なんらかのかたちで詳しい記録として残しておきたいという思いがつのってきた。

幸いにして、多くの友人から、第一次世界大戦に関与した政治家、軍の指導者や兵士、化学戦に関与した人たち、化学兵器の被害者、その戦争を目撃したジャーナリストたちのたくさんの資料をいただいたし、さらには国会図書館や九州大学図書館のご厚意で貴重な資料を数多く入手することができた。

こうしてこれらの膨大な記録を整理し、まとめて、残しておくことが、私にしかできない、しかも私に与えられた使命であると思うようになった。

本書で取り上げた化学兵器は、第一次世界大戦で大々的に投入され、すでに述べてきたように戦局に多大な影響をおよぼした。第二次世界大戦では実際に使用こそされなかったが、そのさなかに新たな化学兵器が開発されていた。その後、化学兵器の生産は世界各地で今でも続けられており、中東での小規模な戦闘やテロにも相変わらず使用されている。日本でもサリンやＶＸ事件などが発生した。そういう意味でも、第一次世界大戦における化学兵器や化学戦への影響をあらためて私なりにまとめておくことがきわめて重要であると痛感した。

この本を第一次世界大戦の終結した１００年後、２０１８年11月11日にようやく出版にこぎつけることができたことは望外の喜びである。本書執筆にご協力いただいた方々のご厚情に衷心より御礼申し上げたい。

また本書の出版にあたり、私の使命を理解して長い間ご支援くださった作家の帚木蓬生先生、佐藤正弥千葉大学名誉教授、大道学館編集長の古山正史氏、元夕刊デイリー新聞社の坂本光三郎記者、元陸上自衛隊医官の新地浩一先生、元聖路加国際病院救急部の奥村徹先生、九州大学医学部の同級生、飯田彰君にはたとえようもない感謝の気持ちでいっぱいである。本書の編集・校正に際しては祥文社印刷の花村美月部長にたいへんお世話になった。重ねて心から御礼申し上げる。さらに膨大な資料の収集・整理等にご協力いただいた小野本雪絵氏と森若有希子氏に厚く謝意を表したい。

２０１８年11月

井上尚英

第一次世界大戦関連略年表

1914年

6月28日	■サライエボ事件
7月28日	■オーストリア＝ハンガリー、セルビアに宣戦布告
	■チャーチル、イギリス海軍の動員令を発令
7月29日	■ロシア部分的動員令を発令
7月31日	■ロシア総動員令を発令
	■オーストリア＝ハンガリー総動員令を発令
8月1日	■ドイツ、ロシアに宣戦布告。ドイツ・オーストリア＝ハンガリー・フランスが総動員令を発令
8月2日	■ドイツ軍、ルクセンブルク侵攻
8月3日	■ドイツがフランスに宣戦布告
	■イギリス、ドイツに宣戦布告
8月4日	■ドイツ、ベルギーに宣戦布告
	■ドイツ軍、ベルギー侵攻
	■フロンティアの戦い（～25日）。アルザス＝ロレーヌでフランス軍、ドイツに侵攻
	■アメリカ大統領ウィルソン、中立を宣言
8月5日	■リエージュの戦い（～16日）。ドイツ軍、ベルギーの誇るリエージュ要塞攻撃
	■イギリス政府、キッチナーを陸相に指名
8月6日	■オーストリア＝ハンガリー、ロシアに宣戦布告
	■セルビア、ドイツに宣戦布告
8月7日	■イギリス遠征軍、フランスに上陸
8月11日	■フランス、オーストリア＝ハンガリーに宣戦布告
8月12日	■イギリス、オーストリア＝ハンガリーに宣戦布告
8月17日	■ロシア第一軍（レネンカンプフ軍）、東プロイセンに侵攻

●第一次世界大戦関連略年表

8月19日	■イギリス遠征軍後続部隊、フランスに上陸
8月22日	■ロシア第二軍（サムソノフ軍）東プロイセンに侵攻
8月23日	■ドイツ、第八軍司令官にヒンデンブルクを起用 ■モンスの戦い。イギリス遠征軍、はじめてベルギーでドイツ軍と激突し、敗退 ■ロシア軍、ガリツィアに侵攻（～9月1日）。オーストリア＝ハンガリー軍敗退
8月24日	■ドイツ軍100万人、フランスに侵入。フランス全軍敗走
8月25日	■ドイツ軍、ルーヴァン市民を虐殺
8月26日	■タンネンベルクの戦い（～30日）。東部戦線でドイツ軍によりロシア第二軍はじめての壊滅的な敗北
9月1日	■ロシア軍総司令官ニコライ大公辞職
9月2日	■ドイツ軍、パリに肉迫、フランス政府ボルドーに移る
9月3日	■ドイツ第一軍司令官クルック独断で方向転換
9月4日	■パリ軍事総督ガリエニ、ジョフルに全軍反撃を進言
9月5日	■第一次マルヌ会戦（～9月12日）。西部戦線でドイツ軍と連合国軍との雌雄を決した戦い
9月6日	■フランス軍、ドイツ軍と激戦開始
9月9日	■第一次マズール湖沼の戦い（～14日）。ドイツ軍、ロシア第一軍に総攻撃し、撃退 ■モルトケ参謀総長、ドイツ軍にエーヌ河畔へ撤退命令
9月11日	■ガリツィアの戦い。オーストリア＝ハンガリー軍、ロシア軍と激突
9月13日	■第一次エーヌ会戦 ■ドイツ軍エーヌ川北岸を要塞化して連合国軍の攻撃を撃退
9月14日	■ドイツ軍参謀総長、モルトケからファルケンハインに
9月16日	■ロシア第一軍、東プロイセンから撤退
10月10日	■ドイツ軍、アントワープ占領 ■ドイツ軍にイープル突破命令がくだる
10月13日	■イギリス軍、イープルを占拠
10月18日	■第一次イープル会戦（～11月22日）。ドイツ軍、連合国軍とも死闘を繰り返す。短期決戦の夢破れる

10月27日 ■ドイツ軍、西部戦線にて「くしゃみガス」弾で砲撃
11月18日 ■フランス政府、ボルドーからパリに戻る

1915年

1月23日 ■オーストリア＝ハンガリー陸軍参謀長コンラート、カルパチア山脈での冬季攻勢
1月31日 ■ドイツ軍、東部戦線ではじめて「非致死性の毒ガス」砲弾を試射
2月7日 ■第二次マズール湖沼の戦い（～22日）。ドイツ軍とオーストリア＝ハンガリー軍連携によるロシア軍包囲作戦
2月19日 ■ガリポリの戦い（～1916年1月）
3月18日 ■連合国海軍（主力イギリス）、ダーダネルス海峡攻撃に失敗
4月22日 ■第二次イープル会戦（～5月25日）。ドイツ軍、初の致死性毒ガス（塩素）放射攻撃
4月25日 ■イギリス軍（アンザック軍を含む）、ガリポリ半島上陸
4月26日 ■ロンドン条約（イタリア参戦の密約）締結
5月7日 ■イギリス客船ルシタニア号撃沈さる
5月23日 ■イタリア、オーストリア＝ハンガリーに宣戦布告
5月31日 ■ドイツ軍、東部戦線ではじめてガス放射攻撃を開始
6月3日 ■オーストリア＝ハンガリー軍、プルジェムイスル要塞を確保
6月12日 ■ドイツ軍、東部戦線で2回目のガス放射攻撃
6月15日 ■イギリス軍、はじめてガス部隊を編制
6月23日 ■イゾンツォの戦い（第一次、～7月7日）
6月29日 ■オーストリア＝ハンガリー軍によるイタリア軍への塩素とホスゲンの混合ガス放射攻撃
7月6日 ■ドイツ軍、東部戦線で3回目のガス放射攻撃
7月18日 ■イゾンツォの戦い（第二次、～8月3日）
8月6日 ■ドイツ軍、東部戦線で4回目のガス放射攻撃
8月26日 ■ロシア軍最高司令官ニコライ大公更迭。後任にニコライ2世自ら就任

9月25日　■ロースの戦い（～11月4日）。イギリス軍、はじめて塩素でガス報復攻撃。自軍にも被害
　■フランス軍主体でシャンパーニュ攻勢
9月27日　■イギリス軍、再度塩素放射攻撃
10月6日　■ドイツ・オーストリア＝ハンガリー同盟国軍、セルビア攻撃開始
10月18日　■イゾンツォの戦い（第三次、～11月3日）
10月19日　■ドイツ軍、シャンパーニュで塩素とホスゲンの混合ガスで放射攻撃
10月20・27日　■ドイツ軍、フランス軍に対して再度放射攻撃
11月10日　■イゾンツォの戦い（第四次、～12月2日）
12月19日　■イギリス遠征軍司令官、フレンチからヘイグへ交代

1916年

1月　■イギリス軍、敗北し、ガリポリ半島から撤退完了
2月21日　■ヴェルダン攻防戦（～12月18日）。ドイツ軍、ヴェルダンへ大規模な空爆を開始
2月25日　■ドイツ軍、ドーモン堡塁占領
2月末　■フランス軍がホスゲン砲弾で攻撃
3月2日　■フランス軍、ドーモン堡塁奪還をめざすも失敗
3月9日　■イゾンツォの戦い（第五次、～17日）
3月16日　■ロシア軍、プリピャチ湿地南方から総攻撃開始
3月18日　■ダーダネルス海峡の戦い
5月7日　■ドーモン堡塁で弾薬の爆発事故
5月19日　■ドイツ軍、ジホスゲン砲弾（緑十字弾）で報復
5月31日　■ヴォー堡塁攻防戦（～6月7日）。フランス軍兵士たちの必死の防御が称賛される
6月4日　■ブルシーロフ攻勢（～8月10日）。オーストリア＝ハンガリー軍、徹底的に崩壊、ドイツ軍が救援。
　ロシア軍にも大量の犠牲者
6月5日　■イギリス陸相キッチナー乗船のハンプシャー号が触雷沈没

6月7日	■ヴォー堡塁陥落
6月13日	■イギリス軍、ソンム地区で塩素ガス放射攻撃
6月22日	■ドイツ軍、ジホスゲン弾で再度攻撃
	■フランス軍、ホスゲン弾で攻撃
6月25日	■イギリス軍、ソンム地区で塩素とホスゲンの混合ガス（白い星）を放射攻撃
7月1日	■ソンムの戦い（～11月18日）。フランス軍、シアン化水素砲弾で攻撃
	■イギリス軍、歴史的大敗北（死傷者6万、うち戦死2万）
7月2日	■ドイツ軍、東部戦線で塩素ガス放射攻撃
7月9～10日	■ドイツ軍、ジホスゲン弾で3回目の攻撃
8月6日	■イゾンツォの戦い（第六次、～18日）
8月8日	■ローンバインの戦い（～10日）
8月11日	■ブレスト＝リトフスク要塞の陥落
8月26日	■ドイツ軍参謀総長ファルケンハイン、ヴェルダン攻防戦の失敗とブルシーロフ攻勢により更迭
8月27日	■ルーマニア、オーストリア＝ハンガリーに宣戦布告。連合国側に立って参戦
8月28日	■イタリア、ドイツに宣戦布告
	■ドイツ軍、東部戦線で塩素ガス放射攻撃
8月29日	■ヒンデンブルクが参謀総長、ルーデンドルフが参謀次長に就任
9月14日	■イゾンツォの戦い（第七次、～17日）
9月15日	■イギリス軍初の戦車投入
9月18日	■ドイツ・オーストリア＝ハンガリー同盟国軍、ルーマニアに反攻開始
9月22・24日	■ドイツ軍、東部戦線で塩素とホスゲンガス放射攻撃
10月8日	■ドイツ軍、東部戦線で塩素とホスゲンの混合ガスで放射攻撃
10月10日	■イゾンツォの戦い（第八次、～12日）
10月17日	■ドイツ軍、東部戦線で大がかりな混合ガス放射攻撃
11月1日	■イゾンツォの戦い（第九次、～4日）

1917年

11月21日 ■オーストリア＝ハンガリー皇帝フランツ・ヨーゼフ1世死去。後継者、カール1世
12月6日 ■ルーマニアの首都ブカレスト陥落。ルーマニア敗退
12月15日 ■イギリス首相、アスキスからロイド・ジョージに交代
12月25日 ■ニヴェル指揮下のフランス軍、ヴェルダンで大反撃。ドイツ軍大敗北
12月30日 ■フランス軍の実質指揮、ジョフルからニヴェルへ移る
■ラスプーチン暗殺さる

2月1日 ■ドイツ、無制限潜水艦作戦開始宣言
2月26日 ■ロイド・ジョージの主張により、イギリス軍もニヴェルの指揮下におくこととなる
3月1日 ■アメリカ政府、ツインメルマン電報を新聞に公表
3月12日 ■ロシア軍反乱、内務省・軍司令部を襲撃
■イゾンツォの戦い（第十次、～6月8日）
3月15日 ■ニコライ2世退位。ロシア2月革命成立
3月16日 ■ドイツ軍いっせいに撤退、ヒンデンブルク線で守備につく
4月4日 ■イギリス軍、アラス戦線でリーベンスガス投射器で、塩素とホスゲンの混合弾を大量投射攻撃
4月6日 ■アメリカ、ドイツに宣戦布告
4月9日 ■カナダ軍、ヴィミー稜線に突撃、12日に制圧
■アラスの戦い（～5月23日）
4月16日 ■ニヴェル攻勢（～5月9日）。フランス軍予想外の大敗
■レーニン、ドイツ外務省の計らいでスイスから封印列車で帰国
4月23日 ■ポアンカレ大統領、ニヴェルに攻撃中止を勧告
4月29日 ■フランス軍、出動を拒否し、次々と反乱（～5月28日）
5月1日 ■ロシア臨時政府、東部戦線の戦闘維持を表明
5月15日 ■フランス軍参謀総長、ニヴェルからペタンへ

5月18日	■ケレンスキー、ロシア臨時政府の陸相に就任
6月7日	■メッシーヌの戦い（～14日）、イギリス軍による坑道爆破攻撃
6月18日	■ペタン、兵士の待遇改善を実施し、反乱沈静化をはかる
7月1日	■ケレンスキー攻勢（～23日）。ロシア軍の崩壊はじまる
7月12日	■ドイツ軍、西部戦線ではじめてマスタードガス弾で砲撃
7月13日	■ドイツ、宰相ベートマン辞任
7月21日	■ケレンスキー、臨時政府首相に就任
7月31日	■第三次イープル会戦（パッシェンデールの戦い、～11月10日）。泥まみれの戦闘となる。イギリス軍大敗。ドイツ軍、マスタードガス弾で砲撃
8月19日	■イゾンツォの戦い（第十一次、～9月12日）
8月31日	■ルーデンドルフ、極秘裏にレーニン支持を打ち出す
9月3日	■ドイツ軍、リガを占領し、ペトログラードに迫る。ロシア軍にマスタードガス弾攻撃
9月15日	■ケレンスキー、ロシア共和国宣言
10月24日	■カポレットの戦い（第十二次イゾンツォの戦い、～11月7日）。
	■ドイツ軍、独自のガス投射器を使い塩素とホスゲンの混合ガス弾で攻撃。イタリア第二軍大敗
10月28日	■イギリス、フランスがイタリアに援軍派遣
10月末	■ドイツ軍、マスタードガス弾をイタリア戦線でも使用
11月6～7日	■赤衛隊、臨時政府のある冬宮を占領。ロシア10月革命成立、ケレンスキー失脚。レーニン、ボリシェヴィキ単独支配のソヴィエト政府樹立
11月9日	■イタリア軍参謀総長、カドルナからディアツへ
11月10日	■ヘイグ、第三次イープル会戦で勝利宣言を出す
11月16日	■フランス首相にクレマンソー就任
11月20日	■カンブレーの戦い（～12月8日）。イギリス軍、戦車を投入し、ヒンデンブルク線を突破。イギリス軍ひさかたぶりの大勝利。ドイツ軍マスタードガス弾で反撃
12月7日	■アメリカ、オーストリア＝ハンガリーに宣戦布告

1918年

12月15日 ■ドイツとソヴィエト政府、休戦協定に合意

1月8日 ■アメリカのウィルソン大統領、「平和のための14カ条」発表
1月31日 ■ロシア「ロシア・ソヴィエト連邦社会主義共和国」の成立を宣言
2月18日 ■ドイツ東部軍参謀長ホフマン、ペトログラードに進撃
3月3日 ■ロシアと同盟国、ブレスト=リトフスク講和条約調印
3月9日 ■ドイツ軍、西部戦線にてマスタードガス弾で砲撃（～19日）
3月21日 ■ルーデンドルフ「カイザーシュラハト」発動、総反撃に出る（～7月18日）
■ドイツ軍、第一次攻勢／ソンム攻勢（～4月5日）。マスタードガス、ジホスゲンなどの砲弾で最大級の毒ガス攻撃
3月23日 ■ドイツ軍、巨大砲「パリ砲」でパリを砲撃（～4月7日）。パリ市民に死傷者続出
4月7・8日 ■ドイツ軍、西部戦線にてマスタードガス弾で砲撃
4月9日 ■ドイツ軍、第二次攻勢／リース攻勢（～29日）
4月14日 ■連合国軍総司令官にフォッシュ就任
4月28日 ■フランス軍新参謀長にペタン就任
5月7日 ■ルーマニア、同盟国と講和条約（ブカレスト条約）締結
5月27日 ■ドイツ軍、第三次攻勢／エーヌ攻勢（～6月4日）
■ドイツ軍、ジホスゲンとジフェニルクロロアルシン弾で砲撃
5月29日 ■チェコスロヴァキア軍団、反乱を開始
5月31日 ■アメリカ軍、シャトー・ティエリーに布陣
6月1日 ■アメリカ軍、シャトー・ティエリーではじめて戦闘に参加
6月8日 ■ドイツ軍、第四次攻勢／ノワイヨン-モンディディエ攻勢（～12日）。ドイツ軍、各種毒ガス砲弾で攻撃
6月15日 ■ピアーヴェ川の戦い（～23日）。
6月23日 ■オーストリア=ハンガリー軍、イタリア軍にマスタードガス弾を使用。オーストリア=ハンガリー軍、イタリア軍に大敗

7月	■フランス軍、はじめて自国製のマスタードガス弾で攻撃
7月15日	■ドイツ軍、第五次攻勢／シャンパーニュ＝マルヌ攻勢（〜17日）
7月17日	■ニコライ2世一家、エカテリンブルグにて処刑さる
7月18日	■フォッシュ、逆襲に転ず。連合国軍大反撃開始。エーヌ＝マルヌ攻勢（第二次マルヌ会戦）
8月8日	■連合国軍、起死回生のアミアン大攻勢はじまる（ルーデンドルフの言う「ドイツ陸軍暗黒の日」）
8月15日	■ルーデンドルフ、戦争終結を覚悟
9月1日	■アメリカ軍、連合国軍とともに戦闘開始
9月3日	■フォッシュ、「全軍に戦闘開始」を命ず
9月12日	■アメリカ軍主体でサン・ミエル攻撃開始。ドイツ軍、アメリカ軍にマスタードガス弾で攻撃。ドイツ軍敗退
9月26日	■フォッシュ、西部戦線で総攻撃続行（〜28日）
10月3日	■ドイツ新首相にマックス大公就任
10月5日	■連合国軍、ヒンデンブルク線を突破
10月14日	■イギリス軍、はじめて自国製のマスタードガス弾で攻撃
	■ドイツ政府、ウィルソン大統領と休戦交渉開始
10月16日	■カール1世退位。オーストリア＝ハンガリー、帝政から連邦制へ
10月24日	■ヴィットリオ・ヴェネトの戦い（〜11月4日）。オーストリア＝ハンガリー軍崩壊
10月26日	■ルーデンドルフ、参謀次長を辞任
11月1日	■アメリカ軍、ドイツ軍にマスタードガス弾攻撃
11月3日	■オーストリア＝ハンガリー政府、連合国と休戦協定調印
	■ドイツ、キール軍港で水兵反乱。ドイツ革命勃発
11月5日	■ドイツ軍、マース川から総撤退はじまる
	■ドイツ軍兵士75万〜１００万人以上が戦線を離脱か
11月9日	■ヴィルヘルム2世、退位承諾
11月10日	■ヴィルヘルム2世、オランダに亡命

●第一次世界大戦関連略年表

- 11月11日 ■ドイツで議会制民主主義を旨とするワイマール共和国が樹立
- 11月11日 ■ドイツ降伏、コンピエーニュで休戦協定調印。第一次世界大戦終わる
- 11月14日 ■チェコスロヴァキア共和国、成立宣言
- 11月16日 ■ハンガリー共和国、成立宣言

1919年

- 1月18日 ■パリ講和会議開始
- 5月7日 ■ドイツへの講和条件の手交
- 6月28日 ■ヴェルサイユ条約（連合国対ドイツ）調印
- 9月10日 ■サン＝ジェルマン条約（連合国対オーストリア）調印
- 11月27日 ■ヌイイ条約（連合国対ブルガリア）調印

1920年

- 3月19日 ■アメリカ議会上院、ヴェルサイユ条約批准否決（2度目）
- 6月4日 ■トリアノン条約（連合国対ハンガリー）調印
- 8月10日 ■セーヴル条約（連合国対トルコ）調印（未発効）

References　引用文献

Ⅰ. ロシア史

1) シューリギン（岡野五郎 訳）：革命の日の記録．河出書房．東京，1956
2) スタインベルグ（蒼野和人 訳）：左翼エス・エル戦闘史．鹿砦社．東京，1956
3) ヴォーリン（野田茂徳・千賀子 訳）：1917年・裏切られた革命 — ロシア・アナキスト．林書店．東京，1968
4) フランソワ・クサヴィエ・コカン（佐藤亀久 訳）：ロシア革命．白水社．東京，1975
5) アンソニー・サマーズ、トム・マンゴールド（高橋正 訳）：ロマノフ家の最期　1918年7月16日になにが起こったか．パシフィカ．東京，1977
6) ハリソン・E・ソールズベリー（後藤洋一 訳）：黒い夜白い雪　上・下．時事通信社．東京，1983
7) ジョン・リード（原光雄 訳）：世界をゆるがした十日間　上・下．岩波文庫．東京，1986
8) ジョナサン・サンダース（藤岡啓介 訳）：ロシア1917．アイピーシー．東京，1991
9) マーク・スタインバーグ、ヴラジーミル・フルスタリョーフ（川上洸 訳）：ロマーノフ王朝滅亡 — 革命期の政治の夢と個人の苦闘．大月書店．東京，1997
10) 田中陽兒、倉持俊一、和田春樹 編：世界歴史体系ロシア史 3．山川出版社．東京，1997
11) ロイ・メドヴェージェフ（石井規衛 訳）：10月革命．未來社．東京，1998
12) リチャード・パイプス（西山克典 訳）：ロシア革命史．成文社．横浜，2000
13) 鈴木肇：人物ロシア革命史．恵雅堂出版．東京，2003
14) ニコラ・ヴェルト（石田規衛 訳）：ロシア革命．創元社．大阪，2004
15) ロバート・サーヴィス（中嶋毅 訳）：ロシア革命　1900-1927．岩波書店．東京，2005
16) 鈴木肇：不滅の敗者ミリュコフ — ロシア革命神話を砕く．恵雅堂出版．東京，2006
17) 稲子恒夫 編著：ロシアの20世紀　年表・資料・分析．東洋書店．東京，2007
18) 池田嘉郎：革命ロシアの共和国とネイション．山川出版社．東京，2007
19) E・H・カー（塩川伸明 訳）：ロシア革命　レーニンからスターリンへ、1917-1929．岩波書店．東京，2008
20) 和田春樹 編：ロシア史．山川出版社．東京，2008
21) 土肥恒之：図説 帝政ロシア　光と闇の200年．河出書房新社．東京，2009
22) 下斗米伸夫：図説 ソ連の歴史．河出書房新社．東京，2011
23) 斎藤治子：令嬢たちのロシア革命．岩波書店．東京，2011

Ⅱ. ドイツ史

1) フリッツ・フィッシャー（村瀬興雄 監訳）：世界強国への道　Ⅰ,Ⅱ — ドイツの挑戦 —．岩波書店．東京，1983
2) 加来祥男：ドイツ化学工業史序説．ミネルヴァ書房．京都，1986
3) 赤間剛：ヒトラーの世界．三一書房．東京，1990
4) セバスティアン・ハフナー（山田義顕 訳）：ドイツ帝国の興亡　ビスマルクからヒトラーへ．平凡社．東京，1991
5) アラン・ワトソン（ロタ翻訳研究会 訳）：ドイツとドイツ人．エディションq．東京，1994
6) ヴァルター・ゲルリッツ（守屋純 訳）：ドイツ参謀本部興亡史．学習研究社．東京，1998
7) ハンス-ウルリヒ・ヴェーラー（大野英二、肥前榮一 訳）：ドイツ帝国　1871-1918年．未來社．東京，2000
8) 若尾祐司、井上茂子 編著：近代ドイツの歴史．ミネルヴァ書房．京都，2005
9) ヴォルフガング・イェーガー、クリスティーネ・カイツ（中尾光延、小倉正宏、永末和子 訳）：ドイツの歴史　現代史．明石書店．東京，2006
10) ヴィプケ・ブルーンス（猪股和夫 訳）：父の国　ドイツ・プロイセン．慧文社．東京，2006
11) 室潔：ドイツ軍部の政治史　1914〜1933．早稲田大学出版部．東京，2007
12) 石田勇治：20世紀ドイツ史．一穂社．東京．2009
13) セバスチァン・ハフナー（魚住昌良 監訳、川口由紀子 訳）：図説 プロイセンの歴史．東洋書林．東京，2010
14) シュテファン・ツヴァイク（片山敏彦 訳）：人類の星の時間．みすず書房．東京，2010
15) 三宅正樹、石津朋之、新谷卓、中島浩貴：ドイツ史と戦争：「軍事史」と「戦争史」．彩流社．東京，2011
16) 成瀬治、山田欣吾、木村靖二：世界歴史大系　ドイツ史 3　1890〜現在．山川出版社．東京，2011
17) 渡部昇一：ドイツ参謀本部．ワック出版社．東京，2012

Ⅲ. オーストリア史

1) 南塚信吾 編：ドナウ・ヨーロッパ史．山川出版社．東京，2002
2) ゲオルク・シュタットミュラー（矢田俊隆 解題、丹後杏一 訳）：ハプスブルク帝国史 — 中世から1918年まで．刀水書房．東京，2008
3) ロビン・オーキー（三方洋子 訳）：ハプスブルク君主国　1765-1918　マリア・テレジアから第一次世界大戦まで．NTT出版．東京，2010
4) 増谷英樹、古田善文：図説 オーストリアの歴史．河出書房新社．東京，2011

Ⅳ. フランス史

1) 柴田三千雄、樺山紘一、福井憲彦：世界史大系　フランス史 3. 山川出版社. 東京，1995
2) ロジャー・プライス（河野肇 訳）：フランスの歴史. 創土社. 東京，2008
3) 佐々木真：図説 フランスの歴史. 河出書房新社. 東京，2011
4) マリエル・シュヴァリエ、ギヨーム・ブレル（福井憲彦、遠藤ゆかり、藤田真利子 訳）：フランスの歴史　近現代史. 明石書店. 東京，2011

Ⅴ. イギリス史

1) ピーター・クラーク（西沢保、市橋秀夫、椿建也、長谷川淳一 訳）：イギリス現代史　1900-2000. 名古屋大学出版会. 名古屋，2004
2) ブライアン・ボンド（川村康之 訳、石津朋之 解説）：イギリスと第一次世界大戦　歴史論争をめぐる考察. 芙蓉書房出版. 東京，2006
3) 佐々木雄太：世界戦争の時代とイギリス帝国. ミネルヴァ書房. 京都，2006
4) 木畑洋一、秋田茂 編著：近代イギリスの歴史　16世紀から現代まで. ミネルヴァ書房. 京都，2011

Ⅵ. ポーランド史

1) アンジェイ・ガルリツキ（渡辺克義、田口雅弘、吉岡潤 監訳）：ポーランドの高校歴史教科書　現代史. 明石書店. 東京，2005

Ⅶ. アメリカ史

1) ウィリアム・ルクテンバーグ（古川弘之、矢島昇 訳）：アメリカ一九一四－三二 ― 繁栄と凋落の検証 ―. 音羽書房鶴見書店. 東京，2004
2) アラン・R・ミレット、ピーター・マスロウスキー（防衛大学校戦争史研究会 訳）：アメリカ社会と戦争の歴史　連邦防衛のために. 彩流社. 東京，2011
3) 中村甚五郎：アメリカ史「読む」年表辞典. 原書房. 東京，2014

Ⅷ. イタリア史

1) 森田鉄郎、重岡保郎：世界現代史 22　イタリア現代史. 山川出版社. 東京，1977
2) 清水廣一郎、北原敦 編：概説イタリア史. 有斐閣. 東京，1993
3) ジュリアーノ・プロカッチ（豊下楢彦 訳）：イタリア人民の歴史Ⅱ. 未來社. 東京，1996
4) クリストファー・ダガン（河野肇 訳）：イタリアの歴史. 創土社. 東京，2007
5) 北原敦 編：イタリア史. 山川出版社. 東京，2008
6) ロザリオ・ヴィッラリ（村上義和、阪上眞千子 訳）：イタリアの歴史　現代史. 明石書店. 東京，2008
7) シモーナ・コラリーツィ（村上信一郎 監、橋本勝雄 訳）：イタリア20世紀史　熱狂と恐怖と希望の100年. 名古屋大学出版会. 名古屋，2010

Ⅸ. 東欧史

1) アンリ・ボグダン（高井道夫 訳）：東欧の歴史. 中央公論社. 東京，1993

Ⅹ. 世界史からみた第一次世界大戦

1) 神谷不二 他：世界の戦争 9　二十世紀の戦争. 講談社. 東京，1985
2) 三浦一郎、金澤誠：年表要説　世界の歴史. 社会思想社. 東京，1991
3) 江口朴郎：世界の歴史 14　第一次大戦後の世界. 中央公論新社. 東京，1992
4) 宍戸寛、山上正太郎：12. 世界の歴史　二十世紀の世界. 社会思想社. 東京，1993
5) 三野正洋、田岡俊次、深川孝行：20世紀の戦争. 朝日ソノラマ. 東京，1995
6) 木村靖二、柴宣弘、長沼秀世：世界の歴史　世界大戦と現代文化の開幕. 中央公論社. 東京，1997
7) 木村靖二：二つの世界大戦. 山川出版社. 東京，1998
8) A.L.サッチャー（大谷堅志郎 訳）：燃え続けた20世紀　戦争の世界史. 祥伝社. 東京，2000
9) J.M.ロバーツ（福井憲彦 訳）：世界の歴史　帝国の時代 8. 創元社. 大阪，2003
10) 歴史学研究会：世界史史料 10　20世紀の世界Ⅰ　ふたつの世界大戦. 岩波書店. 東京，2006
11) ウィリアムソン・マーレー、マクレガー・ノックス、アルヴィン・バーンスタイン（石津朋之、永松聡 監訳、歴史と戦争研究会 訳）：戦略の形成. 中央公論新社. 東京，2007
12) ジェフリー・リーガン（森本哲郎 訳）：「決戦」の世界史　歴史を動かした50の戦い. 原書房. 東京，2008
13) R・G・グラント（樺山紘一 監）：戦争の世界史大図鑑. 河出書房新社. 東京，2008
14) ヘールト・マック（長山さき 訳）：ヨーロッパの100年　上　何が起き、何が起きなかったのか. 徳間書店. 東京，2009

15）松村劭：世界全戦争史．エイチアンドアイ．東京，2010
16）小関隆：徴兵制と良心的兵役拒否　イギリスの第一次世界大戦経験．人文書院．京都，2010
17）藤原辰史：カブラの冬　第一次世界大戦期ドイツの飢餓と民衆．人文書院．京都，2011
18）クリスティアン・ウォルマー（平岡緑 訳）：鉄道と戦争の世界史．中央公論新社．東京，2013
19）マシュー・ホワイト（住友進 訳）：殺戮の世界史．早川書房．東京，2013
20）パトリック・J・ブキャナン（河内隆弥 訳）：不必要だった二つの大戦　チャーチルとヒトラー．図書刊行会．東京，2013
21）大津留厚：捕虜が働くとき　第一次世界大戦・総力戦の狭間で．人文書院．京都，2013

XI．第一次世界大戦 — 総論
1）箕作元八：世界大戦史　前・後編．富山房．東京，1919
2）森五六：世界大戦史講話．菊池屋書店．東京，1935
3）楳本捨三：いまなぜ第一次世界大戦か　教科書では学べない戦争の素顔．光人社．東京，1985
4）ピエール・ミケル（福井芳男、木村尚三郎 監訳）：世界の生活史 18　第一次世界大戦．東京書籍．東京，1991
5）リデル・ハート（森沢亀鶴 訳）：戦略論　間接的アプローチ．原書房．東京，1994
6）A・J・P・テイラー（倉田稔 訳）：目で見る戦史　第一次世界大戦．新評論．東京，1995
7）西井一夫：第一次世界大戦1914-1919　総力戦とロシア革命　二つの全体主義．毎日新聞社．東京，1999
8）桜井哲夫：戦争の世紀　第一次世界大戦と精神の危機．平凡社．東京，1999
9）リデル・ハート（上村達雄 訳）：第一次世界大戦　上・下．中央公論新社．東京，2000
10）バーバラ・W・タックマン（山室まりや 訳）：八月の砲声．筑摩書房．東京，2003
11）サイモン・アダムズ（猪口邦子 訳）：写真が語る第一次世界大戦．あすなろ書房．東京，2005
12）グイド・クノップ（中村康之 訳）：戦場のクリスマス．原書房．東京，2006
13）ウィリアムソン・マーレー、マクレガー・ノックス、アルヴィン・バーンスタイン（石津朋之、永松聡 監訳）：戦略の形成　上 — 支配者、国家、戦争．中央公論新社．東京，2007
14）図説 第一次世界大戦　開戦と塹壕戦　上・下．学研プラス．東京，2008
15）J・F・C・フラー（中村好寿 訳）：制限戦争指導論．原書房．東京，2009
16）山上正太郎：第一次世界大戦　忘れられた戦争．講談社．東京，2010
17）リデル・ハート（後藤冨男 訳）：第一次大戦　その戦略．原書房．東京，2010
18）歴史群像アーカイブ 20　第一次世界大戦　上．学研マーケティング．東京，2011
19）歴史群像アーカイブ 21　第一次世界大戦　下．学研マーケティング．東京，2011
20）ジャン＝ジャック・ベッケール、ゲルト・クルマイヒ（剣持久木、西山暁義 訳）：仏独共同通史　第一次世界大戦　上・下．岩波書店．東京，2012
21）木村靖二：第一次世界大戦．筑摩書房．東京，2014
22）アンリ・イスラン（渡辺格 訳）：第一次世界大戦の終焉　ルーデンドルフ攻勢の栄光と破綻．中央公論新社．東京，2014
23）マイケル・ハワード（馬場優 訳）：第一次世界大戦．法政大学出版局．東京，2014
24）フォルカー・ベルクハーン（鍋谷郁太郎 訳）：第一次世界大戦　1914-1918．東海大学出版部．神奈川，2014
25）山室信一、岡田暁生、小関隆、藤原辰史 編：第一次世界大戦　2 総力戦．岩波書店．東京，2014
26）別宮暖朗：第一次大戦陸戦史．並木書房．東京，2014
27）H・P・ウィルモット（五百旗頭真、等松春夫 監、山崎正浩 訳）：第一次世界大戦の歴史大図鑑．創元社．大阪，2014
28）軍事史学会編：第一次世界大戦とその影響．錦正社．東京，2015
29）マーガレット・マクミラン（真壁広道 訳、滝田賢治 監修）：第一次世界大戦　平和に終止符を打った戦争．えにし書房．東京，2016
30）飯倉章：第一次世界大戦史　諷刺画とともに見る指導者たち．中央公論新社．東京，2016

— 英文資料 —
1）Stephen Graham：Russia and the world; a study of the war and a statement of the world-problems that now confront Russia and Great Britain. The Macmillan Company. Norwood, 1917
2）A. J. P. Taylor：The First World War. An illustrated history. Penguin Books. London, 1966
3）Shane B. Schreiber：Shock Army of The British Empire. The Canadian Corps in the Last 100 Days of the Great War. Praeger Publishers. Westport, 1966
4）Bruce I. Gudmundsson：Stormtroop Tactics. Innovation in the German army, 1914-1918. Praegar Publisher. Westport, 1989
5）Nigel Cave：Battle Ground Europe. A guide to battlefields in France & Flanders. Wharncliffe Publishing Limited. South Yorkshare, 1990

6) Tim Travers : How The War Was Won. Command and Technology in the British Army on the Western Front 1917-1918. Routledge. New York, 1992
7) James Joll : The origins of the first world war. The Silber Library. Esex, 1992
8) Ian Drury : German Stormtrooper 1914-18. Osprey Publishing Ltd. New York, 1995
9) Philip Warner : World War One. A Chronological Narrative. Brockhampton Press. Arms and Armour Press. London, 1995
10) Ian Sumner : The French Army 1914-18. Osprey Publishing Ltd. Oxford, 1995
11) Stephen Pope & Erizabeth-Anne Wheal : The Macmillan Dictionary of The First World War. Macmillan Reference Book. London, 1997
12) D. S. V. Fosten, R. J. Marrion, G. A. Embleton : The German Army 1914-18. Osprey Publishing. Oxford, 1997
13) Michael Barthorp : The old contemptibles. Osprey Publishing Ltd. Oxford, 1997
14) Philip J. Haythornthwaite : A photohistory of world war one. Brockhampton Press. London, 1998
15) Robin Neillands : The Great War Generals on the Western Front 1914-1918. Robinson Publishing Ltd. London, 1999
16) Ian Westwell : World War Day by Day.. The Brown Reference Group ple. London, 1999
17) John Keegan : The first world war. Hutchison.London, 1999
18) Niall Ferguson : The Pity of War. Penguin Books. London, 1999
19) Richard Holmes : The western front. BBC worldwide Ltd. London, 1999
20) Jon E. Lewis : True World War I Stories. Gripping eye-witness accounts from the days of conflict and pain. Robinson. London, 1999
21) Mark R. Henry : US Marine Corps in World War I. 1917-1918. Osprey Publishing Ltd. Oxford, 1999
22) Simon Fowler, William Spencer, Stuart Tamblin : Army Service Records of the Fist World War. PROPublications. Surrey, 1999
23) Ole Steen Hansen : The War in the Trenches. White-Thomson Publishing Ltd. London, 2000
24) Peter Oldham : The Hindenburg line. Pen & Sword Books Limited. South Yorkshire, 2000
25) Albert Palazzo : Seeking Victory on the Western Front. The British Army & Chemical Warfare in World War 1. University of Nebraska Press. Lincoln, 2000
26) Cornish, N. : The Russian Army, 1914-1918. Osprey Publishing. New York, 2001
27) Robin Cross : World War I in photographs. Parragon Book. Bath, 2001
28) Stephen Bull : World War I Trench Warfare(1), (2). Osprey Publishing Ltd. Oxford, 2002
29) Nigel Thomas : The German Army in World War I (1), (2), (3). Osprey Publishing Ltd. New York, 2004
30) David Fromkin : Europe's Last Summer Who Started The Great War in 1914?. Alfred A. Knopf. New York, 2004
31) Dayvid Stevenson : 1914-1918 The History of The First World War. Penguin Books Ltd. New York, 2005
32) Peter Gatrell : Russia's First World War. Pearson Education Limited. Harlow, 2005
33) Michael S. Neiberg : Fighting The Great War. A Grobal History. Harvard University Press. Cambridge, 2005
34) Clifton J. Cate. Charles C. Cate : Notes. A Soldier's Memoir of World War I. Trafford Publishing. Victoria, 2005
35) Spencer C. Tucker : The Encyclopedia of World War I. ABC-CLIO, Inc. Santa Barbara, 2005
36) Mike Chappell : The British Army in World War I (1), (2). The Western Front 1916-18. Osprey Publishing Ltd. Oxford, 2005
37) Dale Clarke : British Artillery 1914-19. Osprey Publishing Ltd. Oxford, 2005
38) Nik Cornish : The Russian army and the first world war. Spellmount Limited. Gloucestershire, 2006
39) Norman Stone : World War One. A Short History. Penguin Books. New York, 2007
40) Will Ellsworth-Jones : We Will Not Fight…. The Untold Story of World War One's Conscientious Objectors. Aurum Press Limited. London, 2008
41) H.G.Hartnett : A digger's story of the Western Front. Over the Top. Allen & Unwin. London, 2009
42) Allan R. Millett. Williamson Murray : Military Effectiveness. Volume 1.The First World War. Cambridge University Press. Cambridge, 2010
43) H. G. Hartnett : Over the Top. A digger's story of the Western Front.. Allen & Unwin. London, 2011
44) Julie Chitwood : The World After WW1.1918-1921. Cinc. St. Louis, 2011
45) Alan G. V. Simmonds : Britain and World War One. Routledge. London, 2012
46) Christopher Clark : The Sleepwalkers. How Europe Went To War In 1914. Penguin Books. New York, 2013

47) Peter Hart：The Great war. 1914-1918. Profire Books Ltd. London, 2014
48) Holger H. Herwig：The First World War. Germany and Austria-Hungary 1914-1918. Bloomsbury Academic. London, 2014
49) John Gooch：The Italian Army and The First World War. Cambridge University Press. Cambridge, 2014
50) Alexander Watson：Ring of Steel. Germany and Austria-Hungary in World War I. Basic Books. London, 2014
51) Jack S. Levy. John A. Vasquez：The Outbreak of The First World War. Structure, Politics, and Decision-Making. Cambridge University Press. Cambridge, 2014
52) David R. Woodward：The American Army and The First World War. Cambridge University Press. Cambridge, 2014
53) Elizabeth Greenhalgh：The French Army and The First World War. Cambridge University Press. Cambridge, 2014
54) Douglas Newton：The Darkest Days. The Truth Behind Britain's Rush to War. 1914. Verso, 2014
55) Maurice Graffet Neal：A Long Way To Tipperary?. Two and a half years in the trenches of world war I. Stephanie Hiller. London, 2014

― 独文資料 ―
1) Gerhard Hirschfeld, Gerd Krumeich, Irina Renz：Enzyklopädie. Erster Weltkrieg. Ferdinand Schöningh. Paderborn, 2004
2) Hew Strachan：Der erste Weltkrieg. C. Bertelsmann Verlag. München, 2004
3) Ludger Grevelhörster：Der erste Weltkrieg und das Ende des Kaiserreiches. Aschendorff Verlag. Münster, 2004
4) Michael Salewski：Der erste Weltkrieg. Ferdinand Schöningh. Paderborn, 2004
5) Stephan Burgdorff. Klaus Wiegrefe：Der 1. Weltkrieg. Die Ur-Katastrophe des 20. Jahrhunderts. Deutsche Verlags-Anstalt. München, 2004
6) Wolfgang J.Mommsen：Die UrKatastrophe Deutschlands. Der Erste Weltkrieg 1914-1918. Klett-Cotta Verlag. Suttgart. 2004.
7) Robert-Tarek Fischer：Österreich-Ungarns Kampf um das Heilige Land. Peter Lang. Wien, 2004
8) Adrienne Thomas：Aufzeichnungen aus dem Ersten Weltkrieg. Böhlau Verlag GmbH & Cie. Köln, 2004
9) Lüder Meyer-Arndt：Die Julikrise 1914：Wie Deutschland in den Ersten Weltkrieg stolperte. Bohlau Verlag GmbH & Cie. Koln, 2006
10) David Stevenson：1914-1918. Der Erste Weltkrieg. Artemis & Winkler. London, 2006
11) Katja Wüstenbecker：Deutsch-Amerikaner im Ersten Weltkrieg. US-Politik und nationale Identitäten im Mittleren Westen. Franz Steiner Verlag. Stuttgart, 2007
12) Wolfgang U. Eckart：Medizin und Krieg. Deutschland 1914-1924. Ferdinand Schöningh. Paderborn, 2014

― 仏文資料 ―
1) Antonella Astorri & Patrizia Salvadori：Histoire illustrée de la Première Guerre Mondiale. Editions Place des Victoires. Paris, 2000
2) Bruno Cabanes, Anne Duménil：Larousse de la Grande Guerre. Larousse. Paris, 2007
3) François Icher：La Première Guerre Mondiale. au jour le jour. Editions de La Martinière. Paris, 2007
4) Gary Sheffield：La Première Guerre Mondiale. Cariton Books Ltd. Paris, 2008
5) Pierre Vallaud：14-18 la première guerre mondiale. Acropole. Paris, 2008
6) Jean-Claude Laparra & Pascal Hesse：Le Sturmbataillon Rohr. 1916-1918. Histoire & Collections. Paris, 2010

XII. 第一次世界大戦 ― 戦闘各論
― マルヌの戦い ―
1) ジェフリー・リーガン（森本哲郎 訳）：「決戦」の世界史　歴史を動かした50の戦い．原書房．東京，2008
2) Holger H. Herwig：The Marne, 1914. The opening of world war I and the battle that changed the world. Mapping Specialists, Ltd. New York, 2009
3) 瀬戸利春：マルヌの奇跡　歴史群像アーカイブ 20. 第一次世界大戦　上．pp18-33．学研パブリシング．東京，2011
4) Ian Senior：Invasion 1914. The Schlieffen Plan to the Battle of the Marne.Osprey Publishing. New York, 2012
5) アンリ・イスラン（渡辺格 訳）：マルヌの会戦　第一次世界大戦の序曲　1914年　秋．中央公論新社．東京，2014

— 塹壕戦 —
1）Stephen Bull：World War 1 Trench Warfare（1）1914-16. Osprey Publishing. New York, 2002
2）Stephen Bull：World War 1 Trench Warfare（2）1916-18. Osprey Publishing. New York, 2002
3）松代守弘：塹壕戦　歴史群像アーカイブ 20. 第一次世界大戦　上. pp8-13. 学研パブリシング. 東京, 2011

— タンネンベルクの戦い —
1）バーバラ・W・タックマン（山室まりや 訳）：八月の砲声. 筑摩書房. 東京, 2003
2）瀬戸利春：タンネンベルク殲滅戦　歴史群像アーカイブ 20. 第一次世界大戦　上. pp34-48. 学研パブリシング. 東京, 2011

— シャンパーニュ・アルトワの戦い —
1）瀬戸利春：シャンパーニュ・アルトワ会戦　歴史群像アーカイブ 20. 第一次世界大戦　上. pp50-63. 学研パブリシング. 東京, 2011

— ヴェルダン攻防戦 —
1）William Martin：Verdun 1916.‘They shall not pass’Osprey Publishing. Oxford, 2001
2）瀬戸利春：ヴェルダン要塞攻防戦　歴史群像アーカイブ 20. 第一次世界大戦　上. PP130-142. 学研パブリシング. 東京, 2011

— カンブレーの戦い —
1）瀬戸利春：カンブレーの戦い　戦略・戦術・兵器詳解　図説 第一次世界大戦　下. pp28-31. 学習研究社. 東京, 2008
2）田村尚也：カンブレー1917　歴史群像 93. pp33-49. 学習研究社. 東京, 2009

— アミアンの戦い —
1）瀬戸利春：アミアンの戦い　図説 第一次世界大戦　下. pp40-46. 学習研究社. 東京, 2008
2）田村尚也：アミアン1918　歴史群像 94. pp33-49. 学習研究社. 東京, 2009
3）田村尚也：アミアン1918　歴史群像アーカイブ 21. 第一次世界大戦　下. pp115-134. 学研パブリッシング. 東京, 2011

— ソンムの戦い —
1）Martin Middlebrook：The First Day on the Somme. Penguin Books. London, 1971
2）Chris McCarthy：The Somme. The Day-By-Day Account. Arms & Armour Press. London, 1993
3）Robin Prior and Trevor Wilson：The Somme. Yale University Press. London, 2005
4）白石光：ソンム会戦　第一次世界大戦　下. 学習研究社. pp12-19. 東京, 2008
5）Andrew Robertshaw：Somme 1 July 1916. Tragedy and triumph. Osprey Publishing. New York, 2008
6）Alastair H. Fraser, Andrew Robertshaw, Steve Roberts：Ghosts on the Somme. Filming the Battle, June-July 1916. Pen & Sword Books Ltd. South Yorkshire, 2009
7）Chris Schoeman：The Somme Chronicles. South Africans on the Western Front. Zebra Press. Cape Town, 2014
8）Andrew Robertshaw：Somme. 1916. Battle Story. The History Press. Gloucestershire, 2014

— ヴィミー尾根の戦い —
1）Alexander Turner：Vimy Ridge 1917. Byng's Canadians Triumph at Arras. Osprey Publishing Ltd. New York, 2005

— メッシーヌ尾根の戦い —
1）Peter Oldham：Battleground Europe. Messines Ridge. Leo Cooper, Pen & Sword Bookes Ltd. South Yorkshire, 1998

— アウバー尾根の戦い —
1）Edward Hancock：Battleground Europe. Aubers Ridge. Pen & Sword Books LTD. South Yorkshire, 2005

— パッシェンダールの戦い —
1）Peter H. Liddle：Passchendaele in Perspective. The Third Battle of Ypres. LeoCooper. London, 1997

— カポレットの戦い —
1）瀬戸利春：カポレットの戦い　図説 第一次世界大戦　下. pp24-27. 学習研究社. 東京, 2008

― カイザーシュラハト ―
1）瀬戸利春：カイザーシュラハト　図説 第一次世界大戦　下．pp32-39．学習研究社．東京，2008
2）瀬戸利春：カイザーシュラハト　歴史群像アーカイブ 21. 第一次世界大戦　下．pp100-114．学研パブリッシング．東京，2011

― ヒンデンブルク線 ―
1）Peter Oldham：Battleground Europe. The Hindenburg Line. Pen & Sword Books Ltd. South Yorkshire, 1997

― ブルシーロフ攻勢 ―
1）Timothy C. Dowling：The Brusilov Offensive. Indiana University Press. Bloomington and Indianapolis, 2008

XIII．化学兵器と化学戦
1）古木仁：工業中毒　治療および予防法．金原商店．東京，1925
2）西澤勇志智：新兵器化学　毒ガスとケムリ．内田老鶴圃．東京，1925
3）大坪軍医正：世界大戦ニ於ケル独軍ノ損害．軍医団雑誌．272：85-90．1936
4）福井信立：毒ガスについて　日本外科学会雑誌 40　1078-1098．1939
5）田口章太：化学戦．財団法人日本文化中央連盟．東京，1940
6）竹村文祥：毒ガス医学．南江堂．東京，1941
7）湯浅達三：毒ガス中毒　臨床医学 30　1321-1331．1942
8）堀口博：毒ガス弾・焼夷弾．竜吟社．東京，1943
9）ルードルフ・ハンズリアン（第六陸軍技術研究所 訳）：化学戦．干城堂出版部．東京，1943
10）参謀本部編：戦史叢書　第六号　瓦斯戦史．偕行社．東京，1932. 1944
11）湯浅達三：防空医学と毒ガス障害 1　11-14．1944
12）和気朗：生物化学兵器．中央公論社，1968
13）宮田親平：毒ガスと科学者．光人社．東京，1991
14）編集委員会：化学兵器について　中毒研究 8　11-17．1995
15）ジャン・ド・マレッシ（橋本到、片桐祐 訳）：毒の歴史　人類の営みの裏の軌跡．新評論．東京，1996
16）井上尚英、槇田裕之：イペリットによる中毒の臨床．臨床と研究．73：155-160, 1996
17）アンジェロ・デル・ボカ編著（高橋武智 監）：ムッソリーニの毒ガス　植民地戦争におけるイタリアの化学戦．大月書店．東京，2000
18）ルッツ・F・ハーバー（佐藤正弥 訳、井上尚英 監）：魔性の煙霧　～第一次世界大戦の毒ガス攻防戦史～．原書房，2001
19）E・クロディー（常石敬一、杉島正秋 訳）：生物化学兵器の真実．シュプリンガー・フェアラーク東京．東京，2003
20）ジョナサン・B・タッカー（内山常雄 訳）：神経ガス戦争の世界史　第一次世界大戦からアル＝カーイダまで．みすず書房．東京，2008
21）ブリジット・グッドウィン（岸田伸幸 訳、山岡道男 監）：太平洋戦争　連合軍の化学戦実験　オーストラリアにおける毒ガス人体実験．原書房．東京，2009
22）ジョーゼフ・ボーキン（佐藤正弥 訳）：巨悪の同盟　ヒトラーとドイツ　巨大企業の罪と罰．原書房．東京，2011
23）小林直樹：化学戦　人類が生み出した第一次世界大戦の悪夢．歴史群像アーカイブ　第一次世界大戦　上．pp78-85．学研パブリシング．東京，2011
24）トマス・J・クローウェル（藤原多伽夫 訳）：戦争と科学者　世界史を変えた25人の発明と生涯．原書房．東京，2012
25）エドワード・M・スピアーズ（上原ゆうこ 訳）：化学・生物兵器の歴史．東洋書林．東京，2012

― 英文資料 ―
1）Elliot, J.H., and Tovell, H. M：The Effects of Poisonous Gases as Observed in Returning Soldiers. Int. J. Surg. 29：383-388, 1916
2）Auld, S. J. M：Method of gas warfare. J. Wash. Acad. Sci. 8：45-57, 1918
3）James Thayer Addison：The Story of The First Gas Regiment... Houghton Mifflin Company. NewYork, 1919
4）Thorpe, T. E：Chemical warfare. Nature. 109：40-41, 1922
5）Prentiss A M：Chemicals in war. A treatise on chemical warfare. McGraw-Hill Book Company. New York, 1937
6）Porton：A Brief History of The Chemical Defence Experimental Establishment. 1961
7）D. P. Jones：The Role of Chemists in Research on War Gases in the United States During World War I. University Microfilms. Ann Arber, 1970
8）Haller, J.S., 'Gas Warfare：Military-medical Responsiveness of the Allies in the Great War, 1914-1918. New York State J. Med. 90：499-510, 1990
9）Donald Richter：Chemical Soldiers. British Gas Warfare in World War I. Leo Cooper. London, 1994

10) Simon Jones : World War I Gas Warfare Tactics and Equipment. Osprey Publishing. Oxford, 2007
11) John Lee : The Gas Attack Ypres 1915. Pen & Sword Books Ltd. South Yorkshire, 2009

XIV. 戦史関係者の自伝、評論、報告書など

— ウィルヘルム2世 —

1) Christopher Clark : Kaiser Wilhelm II. A Life in Power. Penguin Books. London, 2000
2) Holger Afflerbach : Kaiser Wilhelm II. als Oberster Kriegsherr im Ersten Weltkrieg. Quellen aus der militärischen Umgebung des Kaisers. 1914-1918. Oldenbourg Verlag. München, 2005
3) Christopher Clark : Kaiser Wilhelm II. Profiles in Power. Routledge. New York, 2013

— ヒンデンブルク —

1) 安達堅造：フォン・ヒンデンブルク元帥．冨山房．東京，1935
2) T. R. Ybarra : Hindenburg The Man With Three Lives. Duffield and Green. New York, 2005
3) Wolfram Pyta : Hindenburg. Herrschaft zwischen Hohenzollern und Hitler. Siedler Verlag. München, 2009

— ルーデンドルフ —

1) Franz Uhle-Wettler : Erich Ludendorff in seiner Zeit. Soldat. Stratege. Revolutionär. Eine Neubewertung. Edition Kurt Vowinckel-Verlag. Augsburg, 1995
2) General Ludendorff : My war memories.1914-1918. The Naval & Military Press Ltd. Eastbourne, 2005
3) Manfred Nebelin : Ludendorff. Diktator im Ersten Weltkrieg. Siedler Verlag. München, 2010
4) エーリヒ・ルーデンドルフ（伊藤智央 訳）：ルーデンドルフ総力戦．原書房．東京，2015

— ファルケンハイン —

1) エーリッヒ・フォン・ファルケンハイン（外山卯三 訳）：ドイツ最高統帥論．新正堂．東京，1944

— ホフマン —

1) General Max Hoffmann : Der Krieg der versäumten Gelegenheiten. Verlag für Kulturpolitik. München, 1923

— ロンメル —

1) エルヴィン・ロンメル（浜野喬士 訳）：歩兵は攻撃する．作品社．東京，2015

— ヒトラー —

1) Thomas Weber : Hitler's First War. Oxford University Press. New York, 2010
2) アドルフ・ヒトラー（平野一郎、将積茂 訳）：わが闘争　上．1. 民族主義的世界観．角川書店．東京，2011

— フリッツ・ハーバー —

1) フリッツ・ハーバー（田丸節郎 訳）：ハーバー博士講演集　— 国家と芸術の研究 —．岩波書店．東京，1931
2) Morris Goran : The Story of Fritz Haber. University of Okurahoma Press, 1967
3) 広田鋼蔵：アンモニア合成法の成功と第一次世界大戦の勃発．現代化学．47 : 60-67, 1975
4) 広田鋼蔵：F・Haberの祖国．現代化学．48 : 24-31, 1975
5) A・D・バイエルヘン（常石敬一 訳）：ヒトラー政権と科学者たち．岩波書店．東京，1980
6) Eberhard Friese : Fritz Haber und Japan. Ein Vortrag zum fünfzigsten Todestag des Begründers des Berliner Japaninstitutes. Verlag Ute Schiller. Berlin, 1985
7) 小塩節：第一次世界大戦後のドイツ科学を私費で救った「信念の経済人」星一．Agora Febrary. 36-39, 1997
8) Margit Szöllösi-janze : Fritz Haber. 1868-1934. Eine Biographie. Verlag C. H. Beck. Munchen, 1998
9) 島尾永康：人物科学史　— パラケルススからポーリングまで —．朝倉書店．東京，2002
10) 宮田親平：毒ガス開発の父ハーバー　愛国心を裏切られた化学者．朝日新聞社．東京，2007
11) トマス・J・クローウェル（藤原多伽夫 訳）：戦争と科学者 — 世界史を変えた25人の発明と生涯 —．原書房．東京，2012
12) ジョン・コーンウェル（松宮克昌 訳）：ヒトラーの科学者たち．作品社．東京，2015

— ハーン —

1) オットー・ハーン（山崎和夫 訳）：オットー・ハーン自伝．みすず書房．東京，1977
2) K・ホフマン（山崎正勝、小長谷大介、栗原岳史 訳）：オットー・ハーン　— 科学者の義務と責任とは —．シュプリンガー・ジャパン．東京，2006

— ネルンスト —
1) K. メンデルスゾーン（藤井かよ、藤井昭彦 訳）：ネルンストの世界　— ドイツ科学の興亡 —．岩波書店．東京，1976

— ヴィルシュテッター —
1) リヒャルト・ヴィルシュテッター（高尾樽雄、高尾佐知子 訳）：リヒャルト・ヴィルシュテッター自伝．日本図書刊行会．東京，2004

— フォッシュ —
1) 石丸優三：フォッシュ元帥．春秋社．東京，1938
2) Elizabeth Greenhalgh：Foch in Command. The Forging of a First World War General. Cambridge University Press. Cambridge, 2011

— ジョッフル —
1) 世界思潮研究会：ジョッフル将軍．世界思潮研究会．東京，1922
2) 世界思潮研究会訳纂：ジョッフル将軍．陸軍書報社．東京，1938
3) André bourachot：Marshal Joffre. The Triumphs, Failures and Controversies of France's Commander-in-Chief in the Great War. Pen & Sword. Books Ltd. South Yorkshire, 2010

— ムッソリーニ —
1) マクス・ガロ（木村裕主 訳）：ムッソリーニの時代．文藝春秋．東京，1987
2) ロマノ・ヴルピッタ：ムッソリーニ — イタリア人の物語 —．中央公論新社．東京，2000
3) ニコラス・ファレル（柴野均 訳）：ムッソリーニ　上・下．白水社，東京，2011

— パーシング —
1) Gen. John J. Persing：Final Report of Gen. John J. Pershing. Commander-in-Chief. American Expeditionary Forces. Goverment Printing Office. Washington, 1920

— ヘミングウェイ —
1) デービッド・サンディソン（三谷眸 訳）：並はずれた生涯　アーネスト・ヘミングウェイ．産調出版．東京，2000

— チャーチル —
1) ウィンストン・チャーチル（廣瀬將、村上啓夫、内山賢次 訳）：世界大戦1～9．非凡閣．東京，1937
2) W・S・チャーチル（佐藤亮一 訳）：第二次世界大戦1～４．河出書房新社．東京，2005
3) ソフィー・ドゥデ（神田順子 訳）：チャーチル．祥伝社．東京，2015

— ロイド・ジョージ —
1) ロイド・ジョージ（内山賢次、片岡貢、村上啓夫 訳）：世界大戦回顧録1～9．改造社．東京，1940

— フォークス —
1) C. H. Foulkes："Gas!". The story of the special brigade. William Blackwood & Sons Ltd. Edinburgh and London, 1934

— ホールデン —
1) J.B.S.Haldane：Callinicus. A Defence of Chemical Warfare. Kegan Paul & Co LTD. London, 1925

— ハートレイ —
1) H.Hartley：A General Comparison of British and German Methods of Gas Warfare. The Journal of the Royal Artillery. Vol XLVL No. 11. February, 1920

— ニコライ２世 —
1) ドミニク・リーベン（小泉摩耶 訳）：ニコライⅡ世 — 帝政ロシア崩壊の真実 —．日本経済新聞社．東京，1993
2) ロバート・K・マッシー（佐藤俊二 訳）：ニコライ二世とアレクサンドラ皇后　ロシア最後の皇帝一家の悲劇．時事通信社．東京，1997
3) H・カレール=ダンコース（谷口侑 訳）：蘇るニコライ二世　中断されたロシア近代化への道．藤原書店．東京，2001
4) 加納格：ニコライ二世とその治世　戦争・革命・破局．東洋書店．東京，2009

— レーニン —
1) M・C・モーガン（菅原崇光 訳）：レーニン　革命のリーダーシップ像．番町書房．東京，1971
2) ドミートリー・ヴォルコゴーノフ（白須英子 訳）：レーニンの秘密　上・下．ＮＨＫ出版．東京，1995

— ラスプーチン —
1) フェリクス・ユスポフ（原瓦全 訳）：ラスプーチン暗殺秘録．青弓社．東京，1994
2) ダグラス・マイルズ（原求作 訳）：ラスプーチン．国文社．東京，1996

— ケレンスキー —
1) アレクサンドル・ケレンスキー（倉田保雄、宮川毅 訳）：ケレンスキー回顧録．恒文社．東京，1967

— トロツキー —
1) レオン・トロツキー（栗田勇、澁澤龍彦、濱田泰三、林茂 訳）：わが生涯Ⅱ．現代思潮社．東京，1968
2) レオン・トロツキー（高田爾郎 訳）：トロツキー自伝Ⅱ．筑摩書房．東京，1990
3) トロツキー（西山克典 訳）：ロシア革命 —「十月」からブレスト講和まで．柘植書房．東京，1995

— アピス —
1) デイヴィッド・マッケンジー（柴宣弘、南塚信吾、越村勲、長場真砂子 訳）：暗殺者アピス　第一次世界大戦をおこした男．平凡社．東京，1992

— 戦車 —
1) 齋木伸生：世界の「戦車」がよくわかる本．PHP研究所．東京，2009
2) マーティン・J・ドアティ（毒島刀也 監訳）：図解世界戦車大全．原書房．東京，2010
3) 瀬戸利春：陸戦の死命を制した新兵器　戦車誕生　歴史群像アーカイブ 21. 第一次世界大戦　下　pp17-26. 学研パブリッシング．東京，2011
4) ハインツ・グデーリアン（大木毅 訳、田村尚也 解）：戦車に注目せよ．作品社．東京，2016

— インフルエンザ —
1) ピート・デイヴィス（高橋健次 訳）：四千万人を殺したインフルエンザ　スペイン風邪の正体を追って．文藝春秋．東京，1999
2) 加地正郎：インフルエンザの世紀　「スペイン風邪」から「鳥インフルエンザ」まで．平凡社新書．東京，2005
3) 内務省衛生局 編：流行性感冒「スペイン風邪」大流行の記録．平凡社．東京，2008
4) 時実雅信：スペイン風邪　歴史群像 99．学研パブリッシング．東京，2010

— 文学作品 —
1) ミハイル・ショーロホフ（樹下節、江川卓 訳）：静かなるドン．角川書店．東京，1955-1958
2) ロジェ・マルタン・デュ・ガール（山内義雄 訳）：チボー家の人々．白水社．東京，1984
3) アンリ・バルビュス（田辺貞之助 訳）：砲火　上．岩波書店．東京，1992
4) レマルク（秦豊吉 訳）：西部戦線異状なし．新潮社．東京，1993
5) ミハイル・アファナーシェヴ・ブルガーコフ（中田甫、浅川彰三 訳）：白衛軍．群像社．東京，1993
6) エミリオ・ルッス（柴野均 訳）：戦場の一年．白水社．東京，2004
7) アーネスト・ヘミングウェイ（金原瑞人 訳）：武器よさらば．光文社．東京，2007

毒ガスの夜明け

第一次世界大戦と化学戦の真実

平成30年11月11日　初版第1刷発行

著　　　者●井上　尚英

発　行　者●古山　正史

発　行　所●大道学館出版部

九州大学医学部法医学教室内

福岡市東区馬出3丁目1-1（〒812-8582）

TEL 092-642-6895　郵便振替01720-9-39512

印刷・製本●祥文社印刷株式会社

ISBN978-4-924391-78-9

落丁、乱丁の場合は発行元がお取り替えいたします。